JN099381

アソシエイト試験

ポケットスタディ

AWS認定 デベロッパーアソシエイト

[DVA-C02対応]

Study Guide for Developer Associate

トレノケート株式会社
山下光洋 著

秀和システム

■注意

(1) 本書は著者が独自に調査した結果を出版したものです。
(2) 本書は内容について万全を期して作成いたしましたが、万一、ご不備な点や誤り、記載漏れなどお気付きの点がありましたら、出版元まで書面にてご連絡ください。
(3) 本書の内容に関して運用した結果の影響については、上記(2)項にかかわらず責任を負いかねます。あらかじめご了承ください。
(4) 本書の全部、または一部について、出版元から文書による許諾を得ずに複製することは禁じられています。
(5) 商標
OS、CPU、ソフト名その他は、一般に各メーカーの商標、または登録商標です。
なお、本文中ではTMおよび®マークは明記していません。
書籍中では通称、またはその他の名称で表記していることがあります。ご了承ください。

はじめに

本書を手にとっていただきましてありがとうございます。

本書はAWS認定デベロッパーアソシエイト試験［DAV-C02対応］の対策本です。

AWS認定デベロッパーアソシエイト合格のために、知識を増やしていただくことを目標としていますが、その過程において、開発者が本来注力すべきである開発により注力してもらえるよう、AWSが提供している様々なサービスに触れていただければと思いながら執筆いたしました。

開発現場には、

「ハードウェアの管理に時間をとられて開発する時間がない」

「開発環境を整えるだけでも時間がかかってしまう」

「デプロイがボトルネックになってしまってリリースサイクルが遅くなる」

……など、開発を阻害する要因が数多くあります。

AWSのサービスをフル活用していただくことで、これらの阻害要因を取り除き、開発者が本来力を注ぎこみ、腕の見せどころとなるべき開発で思う存分に力を発揮していただけるものと信じております。

自社のアプリケーションを開発される方にとっても、お客様のアプリケーションの開発を担当される方にとっても、この「AWS認定デベロッパーアソシエイト」は強力で有効な技術力のエビデンスとなり、社内外のお客様や担当の方が安心して皆さんに開発を依頼してくださるようになることでしょう。

私自身もAWS認定デベロッパーアソシエイト試験（DVA-C01、DVA-C02）に合格しておりますので、ご安心いただければと思います。

いつも書いているエピソードで恐縮ですが、筆者は過去に「あなたのその知識は独学ですか？」と聞かれたことがあります。

知識のある人のレベルを測るためには、その人よりも高い知識レベルが必要です。でもその知識レベルの人がいなければ、誰もレベルを測ることができませんし、判断もできません。

このように、課題を解決できる技術が理解されず、知らないことを理由にして制約の多い従来の技術のみが採用されるような現場が少しでも減ること、そして、開発エンジニアが本来行うべき課題解決やサービスの創出に注力できることを願いながら、本書を執筆しました。

本書が、皆さんの開発現場の課題の解決のヒントになること、その実現へつながることを通じて、関わるすべての人々の日々の幸せへのきっかけになることを願っております。

本書が皆さんのお手元に届く頃には、掲載した手順画面が異なっている場合もあります。AWSでは、昨日まで見ていた画面が今日は変わっている、ということもよくあります。これは日々成長しているサービスの特徴ともいえます。画面が多少異なっていても、機能に違いがあるわけではありません。新しい画面は、操作性が向上してより使いやすくなっているはずです。本書でも手順の参考用として画面を掲載していますが、画面や手順を細かく覚えていただく必要はありません。

それよりも「触って動かして確認」を繰り返して、どんな機能があるのか、何をすれば何ができるのか、を知っていただくことを推奨いたします。

トレノケート株式会社 山下光洋

（本書内の情報は2023年7月現在のものです）

Contents

ポケットスタディ AWS認定 デベロッパーアソシエイト

SECTION 4　デプロイ

SECTION 5　トラブルシューティングと最適化

SECTION 1

AWS認定デベロッパーアソシエイト

この章では、AWS認定デベロッパーアソシエイトの試験ガイドから読み解く出題傾向の解説をします。

1 試験ガイドの解説

公式の試験ガイドを中心にAWS認定デベロッパーアソシエイト試験（DVA-C02）の概要を解説します。

●AWS認定試験

最初にAWS認定の全体像を解説します。

AWS認定は、クラウドにおいての専門知識を持っていることを証明します。

「クラウドにおいての専門知識」と、ひと言でいっても、設計、運用、開発と役割も違えば、ネットワーク、セキュリティ、分析など専門分野も違います。そこでAWS認定には、役割とレベルと専門知識別に設計された認定試験が用意されています。

▼AWS認定の概要

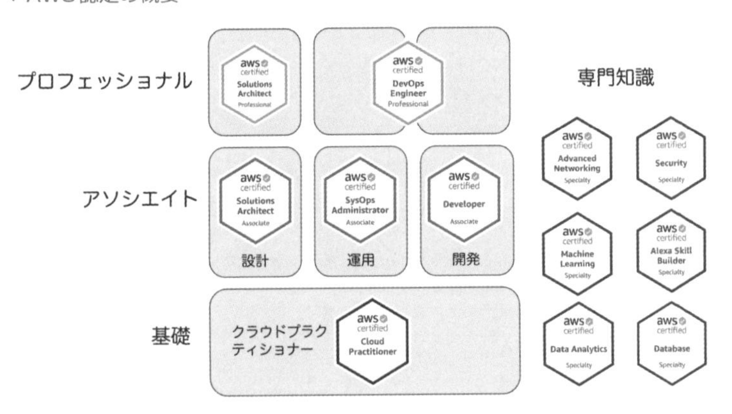

まず、基礎となるクラウドプラクティショナーは、AWSの基礎的な知識が問われる認定です。6ヶ月間ほどAWSに携わった人へ向けて設計されています。開発、運用、設計に携わる方々だけではなく、営業、人事、経理、経営など、組織においてAWSに関わる様々な役割向けの認定試験です。AWSのメリット、サービスごとの基礎知識、コストの知識やサポートについても幅広く問われます。

次に、本書が対象としているアソシエイトレベルです。アソシエイトレベルから、役割に応じて、設計、開発、運用に分かれます。AWSを使った実務経験1年間の人が対象です。ソリューションアーキテクトは、課題や様々な要件に応じて、AWSを使ってソリューション（解決策）を設計、提案できることなどが問われる認定試験です。SysOpsアドミニストレーターは、デプロイ、管理、運用についてベストプラクティスに基づき、コストの最適化、セキュリティ要件に基づくことができるかなどが問われる認定試験です。デベロッパーアソシエイトの詳細は後述しますが、AWSにおける開発、デプロイ、デバッグについて最適な選択ができるかが問われる認定試験です。

プロフェッショナルレベルは、実務経験2年間の人が対象です。シンプルな課題要件だけではなく、アソシエイトレベルではあまり問われないような、制約に基づいたトレードオフが求められる長文問題が頻出します。実際の現場で発生しそうな課題について、AWSを使用する中での最適な判断力が問われます。開発と運用は、DevOpsエンジニアプロフェッショナルとして1つの認定試験になります。

専門知識の試験は現在6つ用意されていて、それぞれの専門分野においての標準知識と、その専門分野をAWS上で実現するための知識が問われます。必ずしも難易度がプロフェッショナルレベルやそれ以上というものでもありませんが、AWSの知識だけではなく該当分野についての専門知識ももちろん必要です。

●AWS認定デベロッパーアソシエイト

AWS認定デベロッパーアソシエイトは、AWSベースでのアプリケーション開発の1年間の実務経験のある開発担当者が対象、と認定試験ガイドには書かれて

います。本書では、これからAWSで開発する開発者の方々に理解していただくことも考慮して解説をします。
　この節では試験ガイドを基に、評価する能力、推奨知識、試験内容を解説します。AWS認定デベロッパーアソシエイトには前提条件がないので、他の認定試験に合格していなくても受験が可能です。この節の内容は試験対策には大きく影響しないと思われるので、読み飛ばしていただいても結構です。受験する目的や実務経験と合致しているかどうかを判断したい方はお読みください。

■評価する能力

　AWS認定デベロッパーアソシエイトの公式ページでは、大きく2つの能力を評価すると書かれています。

❶AWSのコアサービス、使用、基本的なAWSアーキテクチャのベストプラクティスに関する知識と理解
❷AWSを使用したクラウドベースのアプリケーションの開発、デプロイ、およびデバッグの習熟度

　また、検証対象として次の能力も書かれています。

・AWSでのアプリケーションの開発および最適化
・継続的インテグレーションと継続的デリバリー（CI/CD）ワークフローを使用したパッケージ化およびデプロイ
・アプリケーションコードとデータの保護
・アプリケーションの問題の特定と解決

　これらは平たく言うと、❷の開発、デプロイ、セキュリティ、デバッグです。
　❶に示されている内容は、AWSの主要なコアサービス、特にマネージドサービスについての知識と理解です。
　それぞれどのような課題を解決するか、どんなユースケースに使われるか、どのような使い方をするのが最適か、についての理解度が評価されます。
　サービスそのもの、そして各機能ができた（追加された）背景（解決する課題）とユースケース、設定するパラメータをおさえていきましょう。
　主要なパラメータとしては、API名とマネジメントコンソール、ドキュメントに表記される機能名などを知っておいたほうがいいでしょう。機能名については、表記ゆれや様々な表現が使われる場合もあるので、厳密な名称よりも、何を有効

にすれば何が実現できるのか、本質的な意味で理解するようにしましょう。

❷に示されている内容は、開発、展開（特にデプロイ）、セキュリティ、デバッグ（特にトラブルシューティング）のスキルが評価されます。

開発では、ソースコードの穴埋め問題のような特定言語に偏ったものよりも、開発環境や設定、セキュリティ権限などに重きが置かれています。というのも、AWSを使った開発には「ユーザーが慣れ親しんだ主要な言語で開発ができる」という特徴があります。どれか特定の言語の知識しかないユーザーはAWSを使えない、ということはありません。そのため、認定試験でもアソシエイトレベルでは特定の言語について細かく聞かれるようなことはないという傾向が見られます。ただし、IAMポリシーなどで使用されているJSON、CloudFormationのYAMLなど、処理の順番がわかる程度の4〜5行のPythonコードなどを読めるスキルレベルがあるといいでしょう。

デプロイに関しては、AWSのマネージドサービスを使ったデプロイが中心にはなりますが、一般的なデプロイ手法でAWSのドキュメントに出てくるものはおさえておきましょう。

セキュリティに関しては、リソースに対してのアクセス制限とデータ保護について、各サービスの機能を確認しましょう。

デバッグについては、各サービスでのトラブルシューティングや、エラーキャッチした際にどう開発設計するかなどのスキルが評価されます。AWSにはデバッグするためのモニタリングサービスや、追跡調査できるサービスがありますので、それらをおさえるとともに、各サービス特有のトラブルシューティングについてもおさえておきましょう。実際の開発現場でも、特徴を知っておかないと想定した結果にならない機能もあります。そういった特性を知って開発ができるかどうかも、評価されるポイントです。

この大きな2つの評価対象となる能力をおさえていただくことで、AWSを使った現場での開発に活かせるよう、その上で認定試験にも挑んでいただけるよう、本書では解説をしていきます。

■推奨される知識

推奨される知識として挙げられているものは、それを知っていると試験の問題に回答しやすいと考えられます。全般的なIT知識とAWSの知識に分類されて記載されています。推奨知識に挙がっているものが具体的に、どのあたりを指しているのかを以下にまとめます。

■推奨される全般的なIT知識

● 1種類以上の高水準プログラミング言語の習熟

SDKが用意されている1種類以上の言語で、リファレンスを見ながら開発できるレベル。

●アプリケーションライフサイクル管理に関する理解

開発、ビルド、テスト、デプロイ、運用、改善といった一般的なライフサイクル。

●コードを書き込むためのクラウドネイティブアプリケーションの基礎的な理解

主にマネージドサービスを利用したサーバーレスアーキテクチャと各サービスの使用方法。

●実用的なアプリケーションの開発能力

コンパイル、デプロイ戦略、Dockerコマンドなどコンテナに関する知識、キャッシュ戦略、拡張性などの実装能力。

●開発ツールの使用経験

IDEなどの開発環境構築、ライブラリなど外部依存関係の使用、Gitなどによるバージョン管理。

■推奨されるAWSの知識

● AWSサービスAPI、AWS CLI、およびSDKを使用したアプリケーションの開発および保護

SDKが用意されている言語、APIの直接実行時の注意点、CLIやSDKは何が便利なのかの認識、使用する際の認証方法と認証情報の保護。

Lambdaなどマネージドサービスの組み合わせや、EC2を選択する際のALBやオートスケーリングの使い方。

● CI/CDパイプラインを使用したAWSアプリケーションのデプロイ

AWS コードサービス、IaC関連サービスを使用した継続的デプロイとデプロイ戦略。

■試験分野

本書では、試験ガイドの「試験内容の概要」に記載されている試験分野と「対象知識」、「対象スキル」に沿って、AWSのサービス、機能、設計、ベストプラクティスについて解説します。

試験分野と本書のSECTIONの対応は以下のとおりです。

分野：AWSのサービスによる開発	SECTION2 開発
分野：セキュリティ	SECTION3 セキュリティ
分野：デプロイ	SECTION4 デプロイ
分野：トラブルシューティングと最適化	SECTION5 トラブルシューティングと最適化

MEMO

SECTION 2

開発

SECTION 2の試験分野は「開発」です。
開発環境の選択肢と、AWSサービス単位での
機能を中心に解説します。

1 AWSの開発について

AWSではシステム全体の要件ではなく、システムを構成する機能要件に応じてサービスを選択して組み合わせます。このSECTIONでは、各サービスの各機能がどのような要件を満たすかを中心に解説します。AWSのすべてのサービスは、現在300前後あります。

サービスのうち、認定DVA試験において重要と考えられるサービスを重点サービスとして解説します。ほかにも概要を知っておいたほうがよさそうなサービスは、適宜、紹介します。

AWSの重点サービス

このSECTIONで扱う主なサービスは次のとおりです。

- Amazon S3
- Amazon DynamoDB
- Amazon ElastiCache
- Amazon Aurora
- AWS Lambda
- Amazon API Gateway
- AWS Step Functions
- Amazon ECS
- Amazon Kinesis
- Amazon EventBridge
- Amazon Simple Notification Service (Amazon SNS)
- Amazon Simple Queue Service (Amazon SQS)

AWS SDKは様々なプログラム言語に用意されています。AWSで開発を始めるエンジニアが、使い慣れた言語を使って素早く開発を始められるのがメリットです。特定の少ない種類のプログラム言語を開発者が勉強する必要はありません。そのため、認定DVA試験でも特定言語のプログラム記述について、穴埋め問題のように細かく問われる可能性は低いと考えます。

2 グローバルインフラストラクチャ

リージョン、アベイラビリティーゾーン、エッジロケーションなどを総称して、グローバルインフラストラクチャといいます。リージョン、アベイラビリティーゾーン、エッジロケーションの関係と、各サービスに対してどこまでをユーザーが考慮するべきかを知ってください。

●AWSリージョン

▼リージョン

本書執筆時には、全世界30ヶ所以上の地域に**AWSリージョン**があります。認定DVA試験では、「リージョンの数はいくつですか？」などとAWSリージョンの数を聞かれることはないと考えます。

AWSサービスを使用するときに、ユーザーが最初に選択するのがリージョンです。

●アベイラビリティーゾーン

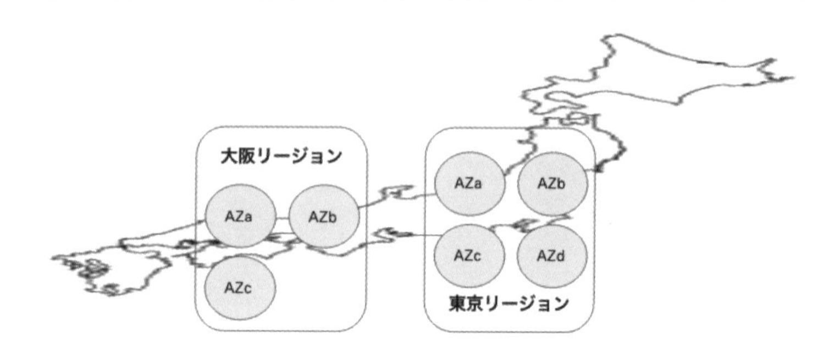

各リージョンには、**アベイラビリティーゾーン（AZ）**が必ず2つ以上あります。

アベイラビリティーゾーンはデータセンターのグループです。いくつのデータセンターで構成されているか、データセンターは具体的にどこにあるのか、などは公開されていないので知る必要はありません。データセンターをセキュアに信頼性高く運用するのは、責任共有モデルにおいてAWSの責任です。ユーザーが気にする範囲ではありません。

●エッジロケーション

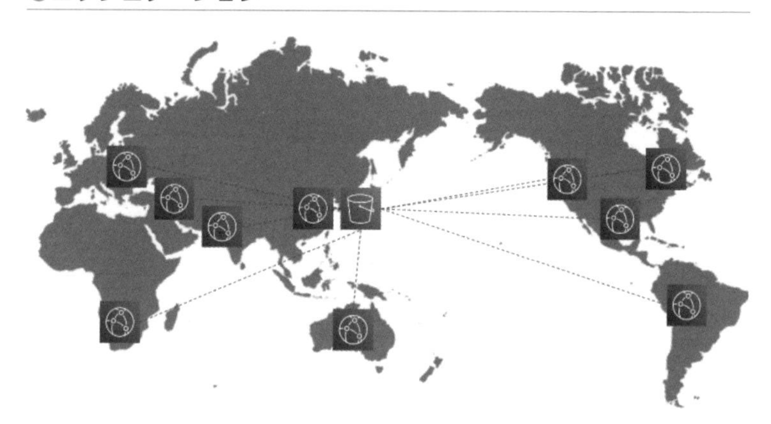

エッジロケーションは全世界で550ヶ所以上、リージョンとは違う場所にもある拠点です。いくつかのサービスが展開されていますが、特に重要なサービスとしてCloudFrontがあります。

CloudFrontでは、全世界のエッジロケーションを使ってキャッシュを配信できます。私の個人ブログ（https://www.yamamanx.com/）もCloudFrontを使っています。

画像など静的なデータは東京リージョンS3バケットから配信しています。ですが、CloudFrontを使っているので、ユーザーから東京リージョンまでのリクエストは実行されず、ユーザーから最も近い（レイテンシーが低い）エッジロケーションからキャッシュデータが返されています。こうすることで、ページビューを速くするなどパフォーマンスの向上を実現しています。

ほかにもセキュリティ強化、コスト最適化においても効果があります。世界中に展開するグローバルなサービスをデプロイするのにも非常に効果的です。

▼グローバルインフラストラクチャとサービス

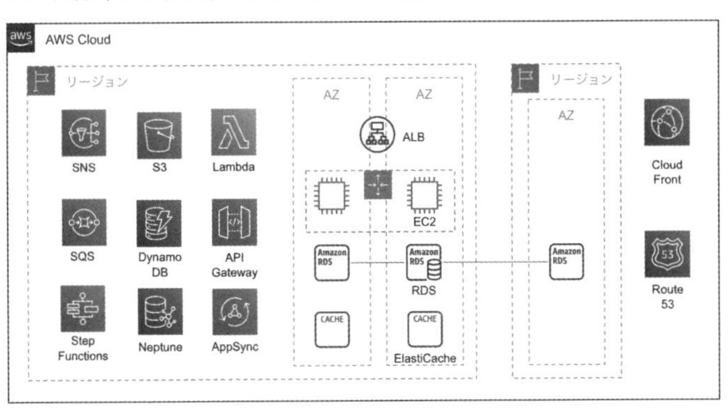

上図は、ユーザーがAWSの各サービスを使うときに意識するグローバルインフラストラクチャを表した図です。ユーザーがアベイラビリティーゾーンを意識するサービスが意外に少ないことが見てとれます。

AZの外側、リージョンに直接配置されているサービスは、ユーザーがアベイラビリティーゾーンをほぼ意識する必要のないサービスです。もちろん、データや実行環境の実体は、AWSのデータセンターにありますし、アベイラビリティーゾーンはデータセンターのグループですので、リージョンに直接配置しているサービスも、厳密にいうとアベイラビリティーゾーンの中にあることになります。

そのため、ユーザーが「どのアベイラビリティーゾーンを使う」とか「いくつのアベイラビリティーゾーンを使う」といったことを意識しなくても、自動的に複数のアベイラビリティーゾーンが使われます。ユーザーがアベイラビリティーゾーンを決定したり意識したりする必要がほぼないため、図ではアベイラビリティーゾーンの外側に配置されています。

CloudFrontと**Route 53**は、エッジロケーションを使って展開されるサービスですので、リージョンの外側に配置されています。

Application Load Balancer（**ALB**）は、複数のアベイラビリティーゾーンを選択して起動できるので、複数のアベイラビリティーゾーンにまたがるように表現されています。実際には、物理的に離れたデータセンターをまたぐことはできないので、Application Load Balancerもそれぞれのアベイラビリティーゾーンに実体があるということです。

EC2インスタンスは、起動するときに、1つのアベイラビリティーゾーンしか選択できません。オートスケーリングにより、複数のアベイラビリティーゾーンで同じ構成のEC2インスタンスを起動して、Application Load Balancerでリクエストを分散します。

RDSインスタンスは、複数のアベイラビリティーゾーンをグループにしたサブネットグループというネットワーク上で起動します。書き込み可能なプライマリが配置されるのは1つのアベイラビリティーゾーンだけで、その他のアベイラビリティーゾーンにはレプリケーションスタンバイが作成されます。

また、**リードレプリカ**という読み込み用の非同期レプリカを作成できます。リードレプリカは、他リージョンにもクロスリージョンリードレプリカとして作成できます。

ElastiCacheも、複数のアベイラビリティーゾーンからなるサブネットグループで使用できます。

各サービスを組み合わせた設計を考えるときに、アベイラビリティーゾーンを意識する必要があるのはどのサービスか、どうやって複数のアベイラビリティーゾーンを使うことができるかを知っておくと、設計しやすくなります。

3 開発環境

AWSの開発環境について解説します。

AWS API

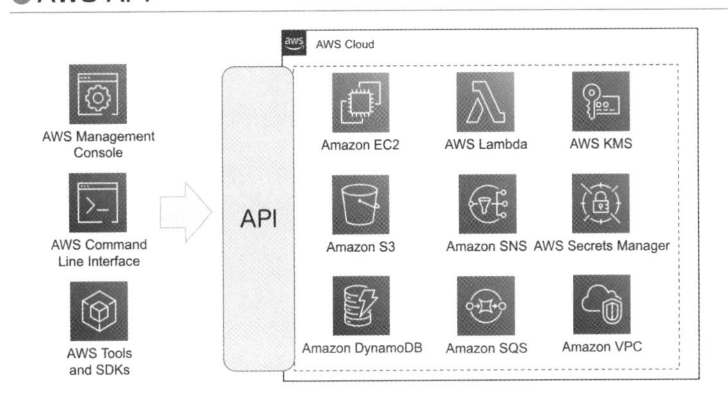

AWSの各サービスへのリクエストは、マネジメントコンソールで操作しても、**AWS CLI**(**コマンドラインインターフェイス**)で操作しても、SDK(ソフトウェア開発キット)からリクエストを実行しても、AWSのAPI(アプリケーションプログラミングインターフェース)に対してリクエストが実行されます。

■署名バージョン4を使用してリクエストに署名する

例えば、S3バケットの一覧を取得するときのAPIリクエストとしては、S3のAPIエンドポイントs3.amazonaws.comに対してGETリクエストを実行します。このときの認証は、S3バケットの一覧を表示する権限を持っているユーザーのアクセスキーIDとシークレットアクセスキーを使用し、**署名バージョン4**によって署名を作成する必要があります。作成した署名をAuthorizationヘッダーまたはクエリパラメータに含めて、リクエストを実行します。

詳細は割愛しますが、以下の手順が必要です。

❶正規リクエストを作成します。

❷正規リクエストと追加のメタデータを使用して、署名の文字列を作成します。

❸AWSシークレットアクセスキーから署名キーを取得します。次に署名キーと手順❷で準備した文字列を使用して署名を作成します。
❹作成した署名をAuthorizationヘッダーに追加するか、クエリ文字列パラメータとして追加します。

こうすることで、リクエスト送信情報と転送データの保護、リプレイ攻撃からの保護を実現しています。

署名と、さらに次の情報もAuthorizationヘッダーまたはクエリパラメータに含ませてリクエストを実行します。

- **署名に使用したアルゴリズム（AWS4-HMAC-SHA256）**
- **認証情報スコープ（Credential）**
- **署名付きヘッダーの一覧（SignedHeaders）**
- **計算された署名（Signature）**

以下は実際に作成したAuthorizationヘッダーの情報です。

```
AWS4-HMAC-SHA256
Credential=AKIAYJN6JLIG2D3G5F4M/20201228/us-east-1/
s3/aws4_request,
SignedHeaders=host;x-amz-content-sha256;x-amz-date,
Signature=2b514e7030f7b1817e083f1e498f16a42d1a50b6
40b182fcbdaa7c018f57ede8
```

アプリケーションのプログラムソースコード内に、このAPIリクエストを記述することで、AWSの各サービスを組み合わせたアプリケーションを開発します。
AWS SDKやAWS CLIを使用することで、この署名バージョン4を用いた署名情報の作成は自動的に行われます。
ユーザーはIAMロールを使用するか、アクセスキーを直接使用してCLI、SDKが使用する認証情報を設定するだけです。

■認証情報の優先順位

AWS SDKやAWS CLIを使用すると、設定されている認証情報を使って、署名などAWSのAPIリクエストに必要な情報が自動生成されます。SDKやCLIがどの認証情報を使うかの優先順位があるので覚えておきましょう。優先順位を知ることで、認証情報をコントロールしやすくなります。

また、想定していたとおりに認証がなされなかった場合のトラブルシューティングも容易になります。

認証情報の優先順位は以下のとおりです。

❶コードのオプションやパラメータで指定されたアクセスキー情報
❷環境変数（AWS_ACCESS_KEY_ID、AWS_SECRET_ACCESS_KEY）
❸aws/credentialsファイル
❹EC2のIAMロール（インスタンスプロファイル）

●AWS CLI

AWS CLIではコマンドでAWS APIを呼び出せます。CLIコマンドはWindowsコマンドプロンプトやmacOS、Linuxのシェルターミナルから実行できます。

現在、AWS CLIのバージョンは2です。バージョン1にはない機能がありますので、新たに使い始める際にはバージョン2を使用します。既存の環境でバージョン1を使用している場合もバージョン2にアップグレードします。

■ローカル端末でのCLIの開始方法

Windows、Linux、macOSそれぞれ用のインストーラーが用意されているのでダウンロードしてインストールします。

ECR Public、DockerHubにあるAWS CLIのコンテナイメージを使用もできます。

実行する端末に認証情報を設定します。

もっともシンプルな方法は、IAMユーザーのアクセスキーとシークレットアクセスキーを作成して設定する方法です。ただし、静的なキーを扱いますので漏洩した際のリスクを減らすためにも、最小権限の原則を守り定期的に更新します。設定する際はaws configureコマンドを実行します。詳細はSECTION 3の認証で解説します。

```
$ aws configure
AWS Access Key ID [None]: AKIAIOSFODNN7EXAMPLE
AWS Secret Access Key [None]: wJalrXUtnFEMI/K7MDENG/
bPxRfiCYEXAMPLEKEY
Default region name [None]: ap-northeast-1
Default output format [None]: json
```

●AWS CloudShell

マネジメントコンソールから**AWS CloudShell**を使用できます。マネジメントコンソール検索フィールド右にあるCloudShellアイコン、または左下にあるアイコンとCloudShellリンク、CloudShellサービス検索から実行できます。

CloudShellでAWS CLIなどを直接実行できます。わざわざローカル端末にAWS CLIをインストール、認証情報を設定しなくても、マネジメントコンソールから安全に使用できます。

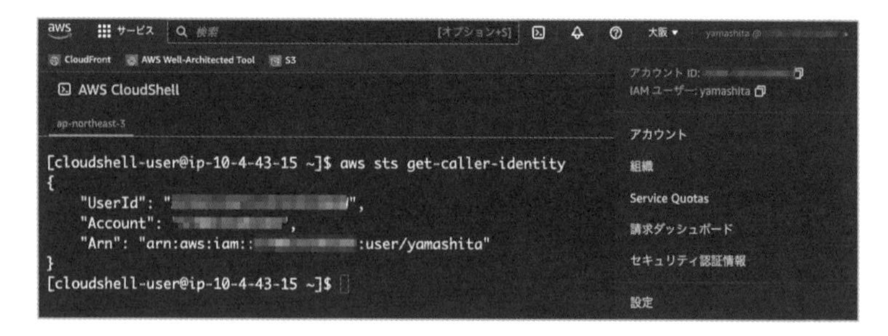

CloudShellではマネジメントコンソールにログインしているIAMユーザーの認証情報が使用されます。

■CloudShellの環境

CloudShellでは、Amazon Linux 2に基づく環境が無料で使用できます。以前はAWS CLIを使うためだけに後述のCloud9を使用したり、CLI実行用のEC2インスタンスを一時的に起動したりしていました。

以下の環境が用意されています。

- 1 vCPU, 2GB RAM
- 1GBの永続ストレージ（120日間）
- AWS CLI
- EB CLI
- Amazon ECS CLI
- AWS SAM CLI
- AWS Tools for PowerShell
- Node.jsランタイム
- Python3ランタイム
- Gitほかの主なコマンド

●AWS SDK

- Python
- Java
- .NET（C#）
- Node.js
- JavaScript
- C++
- Go
- Ruby
- PHP
- Kotlin
- Rust
- Swift
- SAP ABAP

AWSは上記の一般的によく使われている言語のSDKを用意しています。開発者はSDKを使うことによって使い慣れた言語で開発できるので、他の言語の学習は必須ではありません。

SDKは、前述の署名の作成やSECTION 5で解説するエクスポネンシャルバックオフアルゴリズムによる再試行など、APIリクエストにおいてプログラムが必要とする処理を自動的に実行します。

SDKは、各言語のパッケージ管理ツールを経由してインストールすることで使用できます。

●AWS Toolkit

開発者が使い慣れたIDE（統合開発環境）に**AWS Toolkit**を追加することで、さらに開発効率を上げることができます。

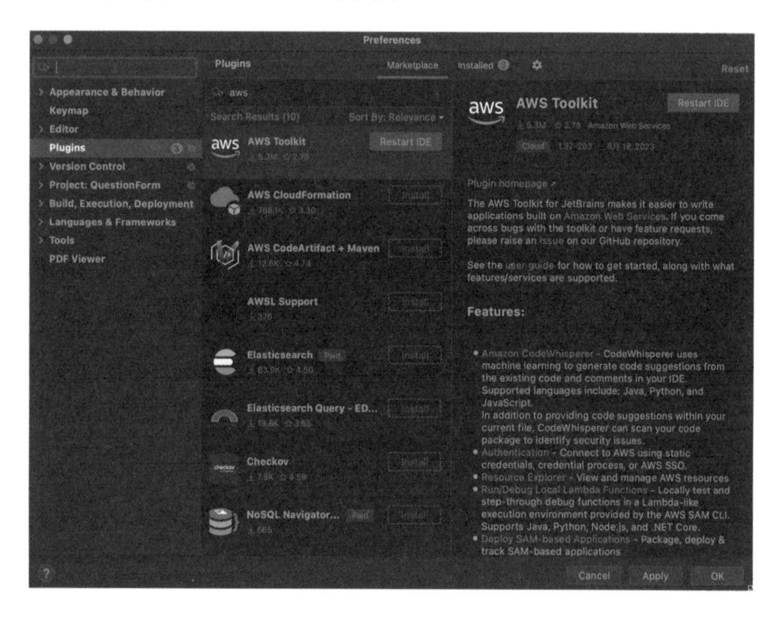

この画面はPyCharmにAWS Toolkitをインストールした画面です。このように、各IDEのプラグインから簡単に追加でき、コードの作成、テスト、デバッグ、デプロイが効率化されます。

Amazon CodeWhisperer

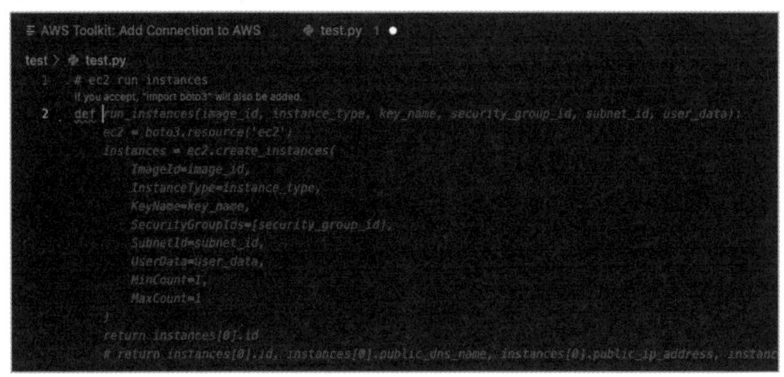

一部のIDEでは、Toolkitで**Amazon CodeWhisperer**を有効にできます。CodeWhispererはコメントで実行したい内容を入力すると、ソースコードを生成してくれます。開発者のコーディングを加速してくれるAIサービスです。

AWS Cloud9

AWSが提供するIDEで**AWS Cloud9**というサービスがあります。
以下の特徴があります。

- **すぐに開発を始めることができる**
- **複数ユーザーでリアルタイム共有ができる**
- **サーバーレスのデプロイが簡単**

▼AWS Cloud9

■すぐに開発を始めることができる

開発を始めるために必要なランタイムやToolkit、コマンドがすでに構成済みです。

▼Cloud9のRunメニュー

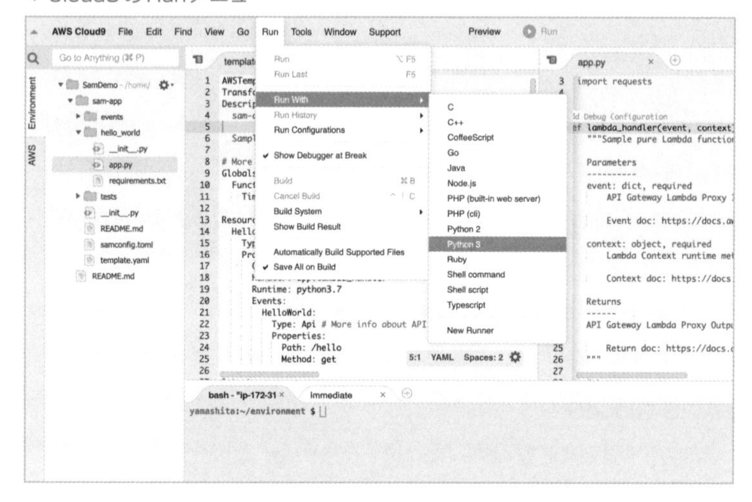

Cloud9を起動してすぐに開発を始めることができます。

■複数ユーザーでリアルタイム共有ができる

▼Cloud9でのリアルタイム共有

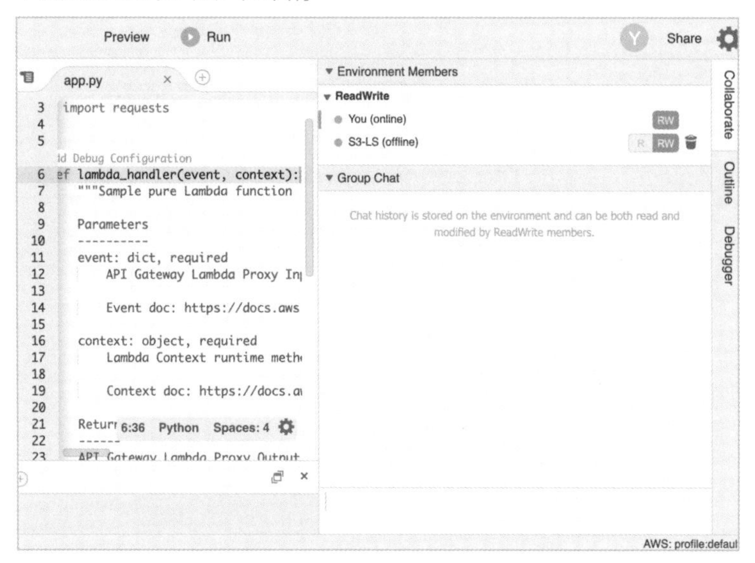

他のIAMユーザーを招待して、リアルタイムにペアプログラミングなどが行えます。付属のチャットツールにより、同一の画面でコミュニケーションができます。

■サーバーレスのデプロイが簡単

すでに**SAM**（**Serverless Application Model**）がインストール済みで、プロジェクトの初期処理から開発、テスト、デプロイまでをCloud9で一貫して行うことができます。SAMの具体的な使い方についてはSECTION 4をご確認ください。

4 ストレージ

ストレージサービスでは主にAmazon S3と関連サービスの解説をします。S3以外では、EBSとEFSについて概要、使い方、ユースケースを知っておいてください。

●Amazon Elastic Block StoreとAmazon Elastic File System

▼EBSとEFS

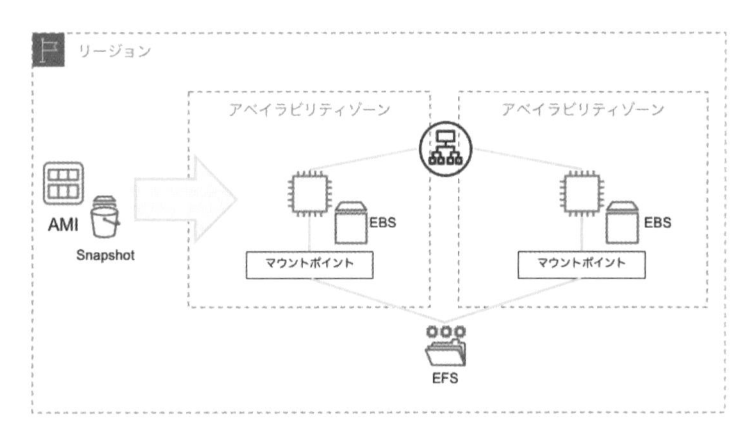

Amazon Elastic Block Store（EBS）ボリュームは、EC2インスタンスにアタッチして使用します。アタッチするEC2インスタンスと同じアベイラビリティーゾーンに作成します。

EBSボリュームは、アベイラビリティーゾーン内で自動的にレプリケーションされています。バックアップであるスナップショットはAWSがS3を使って保存します。OSやソフトウェアをインストールして使います。

AMIに紐付いているスナップショットからEBSボリュームが作成されて、EC2インスタンスにアタッチされます。

▼EC2インスタンス起動ウィザードのEBS設定画面

EBS ボリューム　詳細を非表示

▼ ボリューム 1 (AMI ルート) (カスタム)

ストレージタイプ 情報
EBS
デバイス名 - *required* 情報
/dev/xvda
スナップショット 情報
snap-0469d93f94758c587
サイズ (GiB) 情報
8
ボリュームタイプ 情報
gp3
IOPS 情報
3000
終了時に削除 情報
はい
暗号化済み 情報
暗号化済み
KMS キー 情報
(デフォルト) aws/ebs
キー ID: alias/aws/ebs
スループット 情報
125
新しいボリュームを追加

上図はEC2インスタンス起動ウィザードで、EBSボリュームの設定をしている画面です。このケースでは、容量は8GBがデフォルトで設定されています。さらに大きな容量が必要なときは、確保しておく必要があります。用途に応じてボリュームタイプを選択することができます。ボリュームを暗号化することもできます。

上図はEC2インスタンス起動ウィザードで、EBSボリュームの設定をしている画面です。このケースでは、容量は8GBがデフォルトで設定されています。さらに大きな容量が必要なときは、確保しておく必要があります。用途に応じてボリュームタイプを選択できます。ボリュームを暗号化もできます。

Amazon Elastic File System（EFS）は、EC2インスタンスからマウントして使用します。

EFSファイルシステムは、複数のアベイラビリティーゾーンにマウントポイントを作成できます。

EBSボリュームはOSやソフトウェアなどを起動するために使用し、増減するデータの保存先としてはEFSを使用します。こうすることで、EC2インスタンスとEBSボリュームを使い捨てにでき、オートスケーリングが容易になり、アーキテクチャ（設計）にスケーラビリティを持たせることができます。

ファイルシステムをマウントして使用できるので、オンプレミスで使用しているモノリシックなアプリケーションをカスタマイズしなくても、データの保存先を変更するだけで、AWSに移行できます。

amazon-efs-utilsパッケージをLinuxにインストールすると、マウントヘルパーを使って簡単にマウントコマンドを実行できます。

```
$ sudo mount -t efs fs-12345678:/ /mnt/efs
```

前記はファイルシステムID fs-12345678を、/mnt/efsにマウントしたコマンドです。

```
$ sudo mount -t efs -o tls fs-12345678:/ /mnt/efs
```

転送中データの暗号化をする場合は、このように-o tlsオプションをつけてマウントします。

●Amazon Simple Storage Service (S3)

Amazon Simple Storage Service (S3) は、ユーザーがシンプルに (簡単に) 使うことができる、インターネット対応のストレージサービスです。

▼S3バケットの作成

Amazon S3 > バケットを作成

バケットを作成

バケットは S3 に保存されたデータのためのコンテナです。詳細

一般的な設定

バケット名

mybucket-yamashita

バケット名は一意である必要があり、スペース、または大文字を含めることはできません。バケットの命名規則をご参照ください

リージョン

アジアパシフィック (東京) ap-northeast-1

既存のバケットから設定をコピー - オプション

次の設定のバケット設定のみがコピーされます。

バケットを選択する

リージョンを選択して、オブジェクトの入れ物であるバケットを作成することで、簡単に使用を開始できます。様々なオプションも設定できます。

次にS3の特徴を解説したあと、何を有効にすれば何ができるか、このあとそれぞれの機能をユースケースごとに解説します。

■S3の主な特徴

S3の主な特徴として、以下の4点があります。

- **オブジェクトストレージ**
- **インターネット対応**
- **無制限にデータを保存**
- **柔軟なセキュリティ設定**

●オブジェクトストレージ

S3をアプリケーションに含めて開発する上で知っておくべき重要な特徴は、S3がオブジェクトストレージだということです。S3は保存データをオブジェクトとして扱います。S3バケットに格納されているデータをそのまま編集はできません。更新する場合は、同じ名前（オブジェクトキー）で上書き更新する必要があります。頻繁に更新するデータを扱うケースには向いていません。

●インターネット対応

S3の操作では、HTTP/HTTPSプロトコルでAPIリクエストを実行することで、オブジェクトをアップロードしたりダウンロードしたりします。保存したオブジェクトにはインターネットからアクセス可能です。その反面、アプリケーションからインターネットに対して接続する必要があるのですが、SECTION 3で紹介するVPCエンドポイントを使用することで、プライベートなネットワークからの接続も可能です。

●無制限にデータを保存

S3バケットを作成するときに、保存容量を確保しておく必要はありません。保存された実容量に対して請求が発生します。その総容量に制限はありません。無制限にデータを保存できます。

●柔軟なセキュリティ設定

S3バケットもアップロードしたオブジェクトも、プライベートの状態なので、そのままだとアクセスできません。後述するアクセスコントロールリストやバケットポリシーを使って、セキュリティを詳細に設定できます。誰が、どのオブジェクトにアクセスするか、に対して柔軟なセキュリティ設定が可能です。

■S3の主なユースケース

S3の主なユースケース（データレイク、バックアップ、配信、コンテンツストレージ）と主要なオプション機能を解説します。

■データレイク

あらゆる場所から、あらゆる形式のデータをそのままの形で保存して、集計や機械学習などの様々な分析用途で使用するための保管場所のことをデータレイクと呼びます。その保管場所として最適なサービスがS3です。

様々なアプリケーションやIoTセンサーから発生するデータを、構造化・非構造化の区別なく保存可能なオブジェクト対応のストレージであり、ユーザーはPutリクエストによってデータをアップロードし続けることができます。

オブジェクトデータを無制限に保存できて、99.999999999%という高い耐久性の設計で保存されます。S3ではデータの作成通知イベントによって、リアルタイムなデータの加工・分析もできます。

AWS Glue

データを加工、変換します。データカタログというデータの構造をテーブル設計として作成します。クローラーによるデータカタログテーブルの自動作成もできます。

Amazon EMR

マネージドサービスとしてApache Hadoop/Sparkなどの分析やデータ加工処理用のOSSを提供しています。

Amazon Redshift

マネージドDWH(データウェアハウス)サービスです。
S3からデータをロードして使うこともできますし、Redshift Spectrumを使用して、S3のデータを直接分析もできます。

Amazon SageMaker

S3に蓄積したデータを使って、継続的に推論モデルを作成できます。

Amazon Athena

S3に蓄積したデータについて、直接、SQLクエリでの分析ができます。複数ファイルをまとめてデータベーステーブルのように扱うことができます。

Amazon QuickSight

様々なデータソースのデータをグラフなどで可視化できるBI(ビジネスインテリジェンス)サービスです。

AWS Lake Formation

AWS Lake Formationを使用することで、S3とGlueやAthenaを使用したデータレイクを素早く構築できます。データに対して、行レベル、列レベルで詳細なアクセス権限を設定できます。

■S3 Select

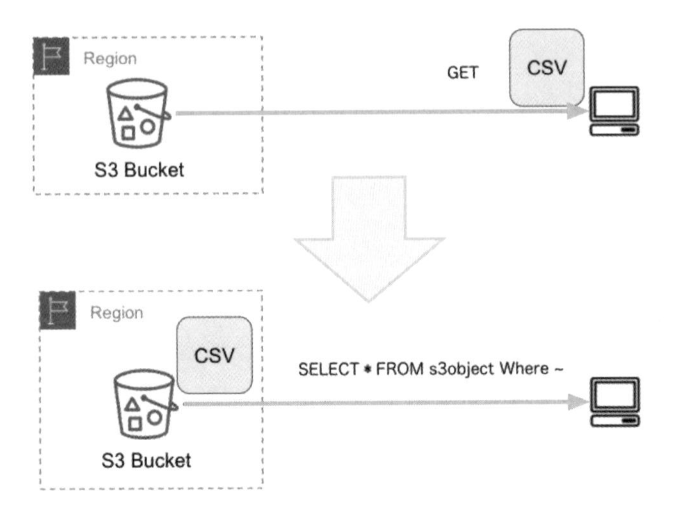

サイズの大きい１つのオブジェクトデータをクライアントにダウンロードして分析していると、ダウンロードするための時間とデータ転送コストが発生します。

アプリケーションが使いたいデータは、そのデータの一部分の場合もあります。そういったときは、**S3 Select**を実行することにより、SQL文で抽出したデータだけをダウンロードできます。こうして、データ転送時間（パフォーマンス）とデータ転送コストを低減できます。

S3 SelectはCLI、SDKからも使用できますし、マネジメントコンソールからも実行できます。

▼S3 Selectをマネジメントコンソールで実行

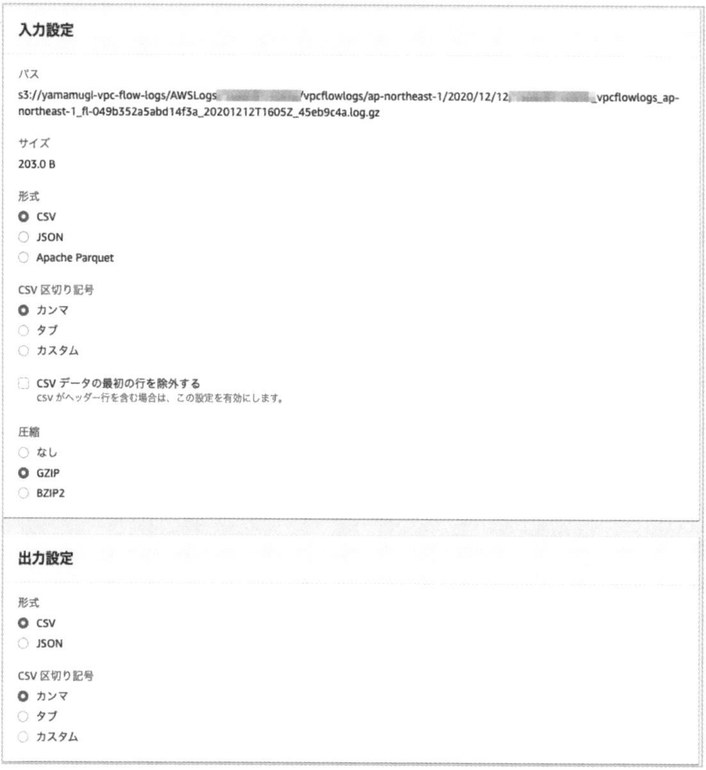

入力設定

パス

s3://yamamugi-vpc-flow-logs/AWSLogs/vpcflowlogs/ap-northeast-1/2020/12/12/_vpcflowlogs_ap-northeast-1_fl-049b352a5abd14f3a_20201212T1605Z_45eb9c4a.log.gz

サイズ

203.0 B

形式

- ◉ CSV
- ○ JSON
- ○ Apache Parquet

CSV 区切り記号

- ◉ カンマ
- ○ タブ
- ○ カスタム

☐ CSV データの最初の行を除外する
CSV がヘッダー行を含む場合は、この設定を有効にします。

圧縮

- ○ なし
- ◉ GZIP
- ○ BZIP2

出力設定

形式

- ◉ CSV
- ○ JSON

CSV 区切り記号

- ◉ カンマ
- ○ タブ
- ○ カスタム

マネジメントコンソールでオブジェクトを選択して、Selectアクションを実行してみると、上図のような画面になります。

対象のデータフォーマットは、CSV、JSON、Apache Parquetです。

■バックアップとアーカイブ

データのバックアップ先やアーカイブ先として使用されるケースもよくあります。

●バージョニングとオブジェクトロック

例えば、アプリケーションのログデータを1年間保存しておかなければならない要件があったとします。そして、そのログデータは誰も削除や上書きをしてはいけない要件があったとします。そのような要件で検討できるのがバージョニングとオブジェクトロックです。
　バージョニングから解説します。バージョニングはバケット単位で有効にできます。

▼S3バケットのバージョニング

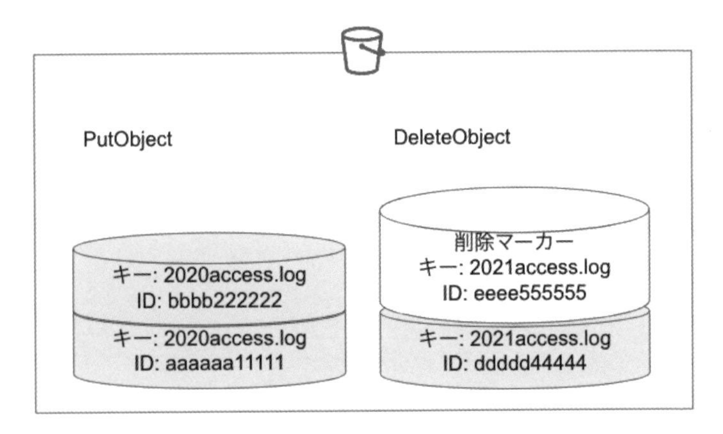

　バージョニングが無効なS3バケットでは、同じオブジェクトキーでPutObject（アップロード）すると、オブジェクトが上書きされて上書き前のオブジェクトはなくなります。
　バージョニングを有効にしたS3バケットでは、上書き前のオブジェクトも上書き後のオブジェクトもそれぞれバージョンIDが設定されて、バケットに残っています。

　GetObjectなどオブジェクトに対してアクセスする場合は、最新バージョンのオブジェクトにアクセスできます。
　DeleteObject（削除）した場合は、削除前のオブジェクトは残したまま、オブジェクトの削除マーカーができます。
　バージョンを指定してのダウンロードや削除操作などは、GetObject、DeleteObjectアクションではできません。GetObjectVersion、DeleteObjectVersionアクションへの許可が必要です。

次はバージョニングを有効にしたバケットで、バージョンIDを指定してメンテナンスを行うIAMユーザーのIAMポリシーの例です。

```
{
    "Version": "2012-10-17",
    "Statement": [
        {
            "Effect": "Allow",
            "Action": [
                "s3:GetObject",
                "s3:GetObjectVersion",
                "s3:DeleteObject",
                "s3:DeleteObjectVersion"
            ],
            "Resource": [
                "arn:aws:s3:::mybucket/*"
            ]
        }
    ]
}
```

さらに、「誰も削除や上書きをしてはいけない」という厳しい要件があったとします。メンテナンスとはいえ、削除してはいけません。その場合は、**オブジェクトロック**を有効にします。

オブジェクトロックはバージョンIDを指定した操作ですので、バージョニングが有効である必要があります。

オブジェクトロックには、コンプライアンスモードとガバナンスモードがあります。コンプライアンスモードでオブジェクトロックを有効にして保持期間を設定したオブジェクトは、すべてのユーザーからの削除を拒否します。

Amazon S3 Glacier

保存しておくことが主な目的で、アプリケーションなどからアクセスする必要のないデータは、S3 Glacierにアーカイブ保存しておくことで、保管コストを下げることができます。

▼S3 Glacier

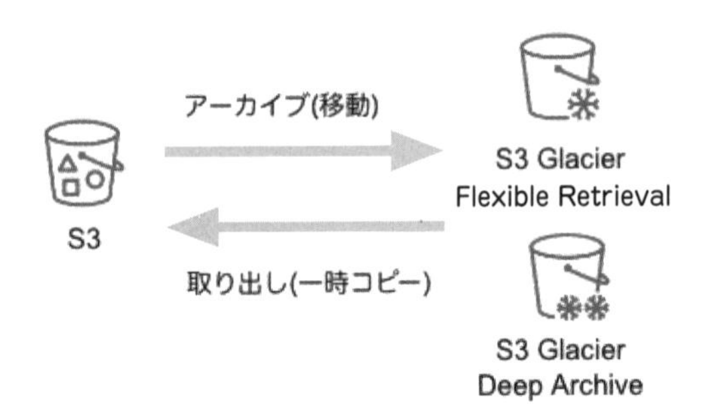

S3バケットからライフサイクルポリシーなどで、ストレージクラスとして移動できます。アーカイブデータとしてGlacierに保存されたデータは、S3バケットにコピーすることでアクセスできます。これを取り出しといいます。

取り出しにも迅速、標準、一括の選択肢があり、取り出しにかかる時間が長くなれば取り出しリクエストへのコストが低くなります。アプリケーションから直接アクセスするオブジェクトは、Glacierには移動しないように注意してください。Glacier Instant Retrievalというすぐにアクセスできるストレージクラスもあります。

● AWS Storage Gateway

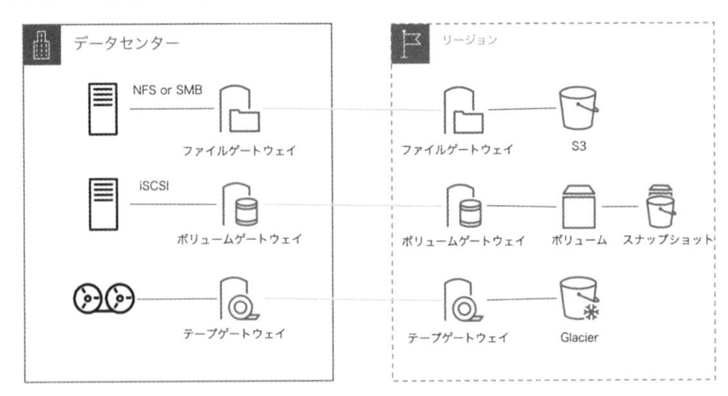

AWS Storage Gatewayでは、オンプレミスに仮想マシンをデプロイして、保存したデータが自動的にS3やEBSを使用するようにします。オンプレミスのアプリケーションから透過的（シームレス）にS3を使用できます。タイプは3種類あります。

- **ファイルゲートウェイ　：NFS/SMBプロトコルで接続できます**
- **ボリュームゲートウェイ：iSCSIプロトコルで接続できます**
- **テープゲートウェイ　　：仮想テープライブラリとして接続できます**

●クロスリージョンレプリケーション

▼S3のクロスリージョンレプリケーション

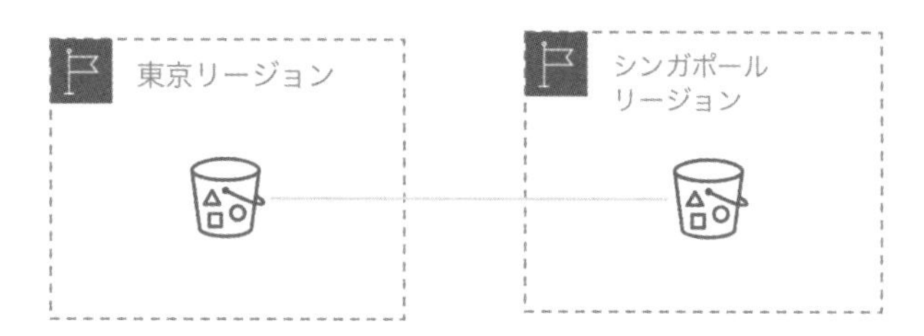

S3バケット同士のレプリケーションが可能です。この仕組みを使って、災害対策用バケットを他リージョンに簡単に作成できます。

送信先バケットを作成して、送信元バケットから指定し、レプリケーションに対してIAMロールで送信元バケットの読み取りと送信先バケットへの書き込みを許可します。

■静的ウェブサイトとコンテンツの配信

▼S3からの静的ウェブサイトとコンテンツの配信

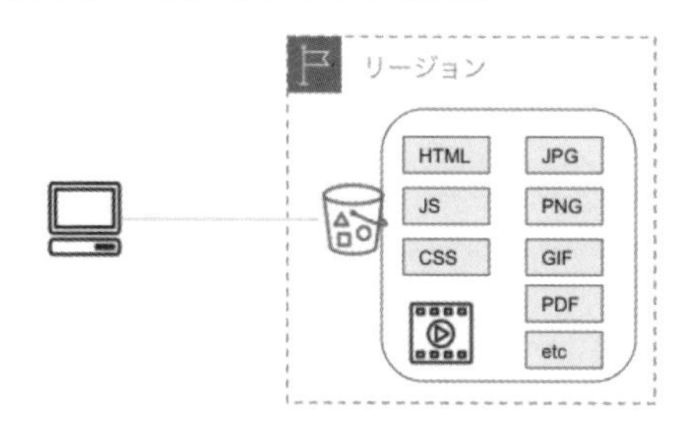

S3バケットに静的なファイル（クライアントのブラウザにダウンロードして表示、動作するファイル）を配置して、適切なアクセス権を設定すれば、HTTP/HTTPSプロトコルでアクセスできます。ブラウザからURLを入力すればアクセスできるということです。

これらの静的ファイルのWeb配信は、わざわざEC2インスタンスでWebサーバーを用意しなくても、S3バケットがあれば可能です。

Amazon CloudFront + S3

S3バケットはユーザーがリージョンを選択して作成します。

静的なコンテンツを世界中に展開する際は、リクエスト元のクライアントからの距離が遠くなればなるほど高いレイテンシー（遅延）が発生します。

リクエスト元のユーザーの近くから配信ができるように、世界中のバケットにコンテンツを展開するという方法も考えられますが、コストも複雑性も増します。

そこで、**Amazon CloudFront**を使うことで、世界中550ヶ所以上のエッジロケーションを使用してキャッシュコンテンツを配信していくことができます。

▼Amazon CloudFront

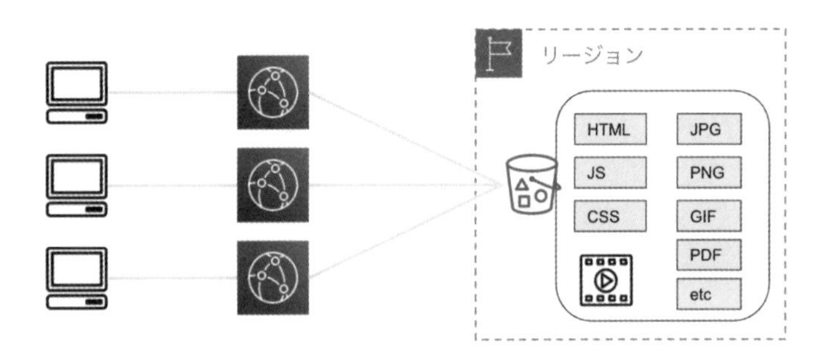

S3バケットはメインとなるリージョンに配置して、Amazon CloudFrontを設定することで、ユーザーから見て最もレイテンシーの低いエッジロケーションにリクエストが送信され、そのエッジロケーションにキャッシュがあればユーザーへキャッシュが配信されます。

エッジロケーションにキャッシュがなければ、オリジンとして設定したS3バケットにリクエストが送信され、エッジロケーションにキャッシュが転送されます。

▼Amazon CloudFront：複数のオリジン

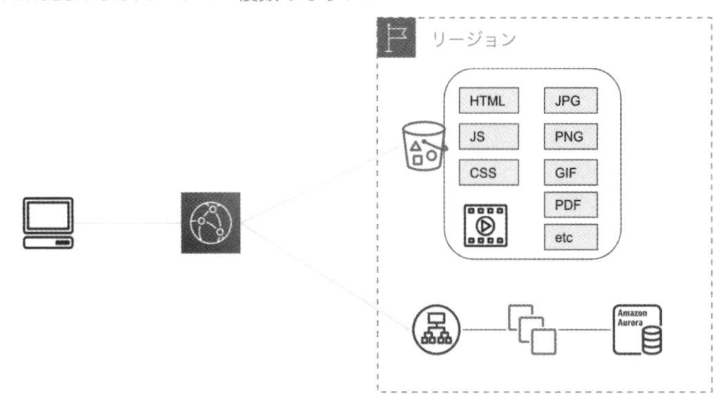

Webサイトを構成しているのが、静的なコンテンツだけではなく、PHPサーバーからMySQLデータベースに対してクエリを実行するなど、サーバー側の動的な処理も必要な場合は、オリジンを複数設定もできます。

▼CloudFront Behavior

	Precedence	Path Pattern	Origin or Origin Group	Viewer Protocol Policy
▢	0	/wp-admin/*	Custom-direct.yamamanx.com	Redirect HTTP to HTTPS
▢	1	*.php	Custom-direct.yamamanx.com	Redirect HTTP to HTTPS
▢	2	*.png	S3-yamamanx	Redirect HTTP to HTTPS
▢	3	*.PNG	S3-yamamanx	Redirect HTTP to HTTPS
▢	4	*.jpg	S3-yamamanx	Redirect HTTP to HTTPS
▢	5	*.JPG	S3-yamamanx	Redirect HTTP to HTTPS
▢	6	*.jpeg	S3-yamamanx	Redirect HTTP to HTTPS
▢	7	*.JPEG	S3-yamamanx	Redirect HTTP to HTTPS
▢	8	/ads.txt	S3-yamamanx	Redirect HTTP to HTTPS
▢	9	Default (*)	Custom-direct.yamamanx.com	Redirect HTTP to HTTPS

オリジンのファイルパスに応じて、どちらを使用するか設定できます。上図の設定例では、pngやjpgはS3バケット、それ以外はALB ＋ EC2＋ RDSをオリジンとして指定しています。すべてのパスに対して、HTTPのリクエストがあればHTTPSにリダイレクトするよう設定しています。

■アプリケーションコンテンツの保存

最後のユースケースは、アプリケーションで使用するデータファイルの保存です。頻繁に更新するオブジェクトでなければ、S3バケットに保存することが効率的です。S3バケットへのオブジェクトのアップロード、ダウンロード操作はSDKを使用して開発します。

●オペレーション

- **Put（アップロード）**

  PutObjectアクションを実行するとアップロードができます。
  各SDKにPutObjectを実行するためのメソッドが用意されています。
  例えば、Python（Boto3）の場合のコードは次のとおりです。

```
import boto3
s3_client = boto3.client('s3')
s3_client.upload_file('/tmp/hello.txt', 'mybucket', 'hello.txt')
```

・オブジェクトにアクセスするためのURL例

http(s)://mybucket.s3.amazonaws.com/hello.txt

▼マルチパートアップロードAPI

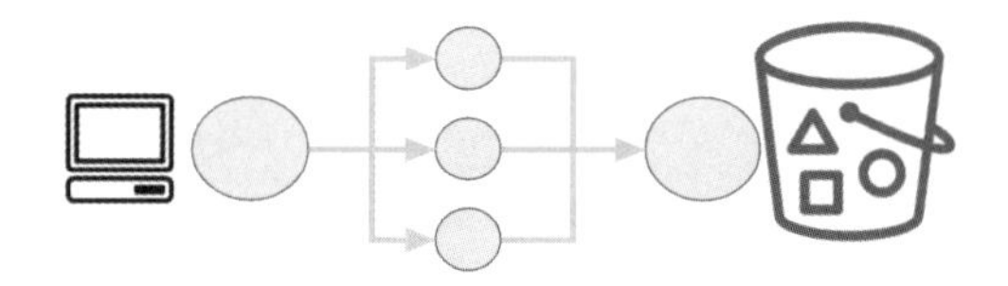

1つのサイズが大きいオブジェクトをアップロードするときに、効率化を図る方法が、**マルチパートアップロードAPI**です。1つのオブジェクトを複数のパーツに分散して並列アップロードをします。各パーツのアップロードが完了すると、1つのオブジェクトに結合されます。

マルチパートアップロードは高レベルAPIやマネジメントコンソールから実行する際は、自動的に行われています。

マルチパートアップロードをコントロールしたい場合は次の手順を実行します。AWS CLIで実行する例で解説します。

```
$ split -n 2 large_file.zip
```

あらかじめOSの機能を使ってファイルを分割しておきます。

```
$ aws s3api create-multipart-upload --bucket bucketname --key large_file.zip
```

マルチパートアップロードを開始します。このコマンドによりUploadIdが返されます。

```
$ aws s3api upload-part --bucket bucketname --key large_file.zip --part-number 1 --body large_file.001 --upload-id xxxxxx
```

分割したファイルを個別にアップロードします。UploadId、パートナンバーを指定します。それぞれの分割したファイルごとにETag値が返されます。

```
{
  "Parts": [{
    "ETag": "\"fa8f294721ab3fbb37793c68ff2cf09b\"",
    "PartNumber":1
  },
  {
    "ETag": "\"c11ed05ff2ae3434e4a2dd630b7f8434\"",
    "PartNumber":2
  }]
}
```

各パートのETag値とパートナンバーをJSON形式でファイルにします。

```
$ aws s3api complete-multipart-upload --multipart-upload file://fileparts.json --bucket bucketname --key large_file.zip --upload-id xxxxxx
```

マルチパートアップロード完了のコマンドを実行します。低レベルAPIを使用したSDKからも同じように、マルチパートアップロードをコントロールできるので、途中から再開するようなプログラムを開発できます。

copyを実行すると、アップロード済みの既存オブジェクトを、指定したバケットやキーでコピーできます。既存オブジェクトのメタデータの編集はできないので、既存オブジェクトのメタデータを編集する必要がある場合はcopyを実行します。

アップロード時（オブジェクト作成時）にメタデータが決定している場合は、アップロード時にメタデータを設定しておきます。そうすることで、不要なcopyオペレーションの数を減らすことができます。オペレーションの数を減らすことで、リクエスト回数を減らすことができるので、コストとパフォーマンスの最適化につながります。

● Get（取得、ダウンロード）

GetObjectアクションを実行することで、オブジェクトを取得できます。各SDKに、GetObjectを実行するためのメソッドが用意されています。例えば、Python（Boto3）でダウンロードをするコードは次のとおりです。

```
import boto3
s3_client = boto3.client('s3')
s3_client.download_file('mybucket', 'hello.txt', '/tmp/hello.txt')
```

バケット名mybucketのオブジェクトキーhello.txtをローカルファイルパス/tmp/hello.txtとして保存しています。GetObjectアクションでは、バイト範囲を指定してオブジェクトを取得できます。

次はPythonでバイト範囲を指定する例です。

```
s3_client = boto3.client('s3')
response = s3_client.get_object(
    Bucket='bucketname',
    Key = 'large.txt',
    Range='bytes=0-1000'
)
```

●Delete（削除）

DeleteObjectリクエストでオブジェクトの削除ができます。

バージョニングが無効（デフォルト）なバケットと有効なバケットでは、Deleteリクエストの動作が違います。

バージョニングが無効なバケットでは、オブジェクトキーを指定してオブジェクトを完全に削除します。

バージョニングが有効なバケットでは、オブジェクトキーを指定してDeleteObjectアクションを実行すると削除マーカーが作成されます。

最新バージョンに対する削除マーカーが作成されているオブジェクトを取得しようとすると、"404 Not Found" エラーが返されます。

オブジェクトキーとバージョンIDを指定してDeleteObjectVersionアクションを実行することで、オブジェクトの完全削除ができます。

●バケットポリシーとアクセスコントロールリスト

S3バケット側で設定できるアクセス制限機能として、**バケットポリシー**と**アクセスコントロールリスト**があります。アクセスコントロールリストは無効化が推奨されていますので、基本的にバケットポリシーを使用して制限します。

完全に公開するS3バケットの場合、バケットポリシーによってパブリックな匿名アクセスの許可もできます。

SECTION 3でCloudFrontからのみアクセスを許可するバケットポリシーの例を紹介しているので参照してください。

●署名付きURL

S3バケットに保存したオブジェクトを誰でもダウンロード可能とするのであれば、バケットポリシーでパブリックアクセスを許可して、オブジェクトキーURLを伝えると実現できます。しかし、特定の人にだけダウンロードしてほしい場合は、誰でもダウンロードできる状態ではいけません。そのようなケースでは、署名付きURLが利用できます。

・例　署名付きオブジェクトキーのURL

https://bucketname.s3.amazonaws.com/aws-developer-as-v1.zip?AWSAccessKeyId=AKIA55WDWG63AEXAMPLE&Signature=exampletkw5VUlapF8oexRVqjg%3D&Expires=1610162830

上記のhttps://bucketname.s3.amazonaws.com/aws-developer-as-v1.

zip はオブジェクトキーのURLです。

パラメータとして、AWSAccessKeyId、Signature、Expiresが付与されています。このパラメータ付きのURLをクリックすると認証されて、ダウンロードができるようになります。認証するために必要な情報が、Signatureに署名として作成されています。

この署名付きURLを作成するアクションが各SDKに用意されています。

Pythonの場合は次のようなコードです。ExpiresInパラメータで、有効期限を秒数で指定できます。

```
import boto3
s3_client = boto3.client('s3')
presigned_url = s3_client.generate_presigned_url(
    ClientMethod = 'get_object',
    Params = {
        'Bucket' : bucket,
        'Key' : key
    },
    ExpiresIn = 604800,
    HttpMethod = 'GET'
)
```

署名付きURLの署名は一時的な認証情報です。アプリケーション内で特定プロセスが動いている間のみダウンロードしたい場合などにも、安全に利用できます。

HttpMethodはGETとPUTを指定できます。例えば、アプリケーション内で画像のアップロードが必要な場合に、一時的なPUTリクエストを処理できる署名付きURLを作成して使用します。そうすることで、セキュアにアップロードを行うことができます。

CORS

▼CORSのケース

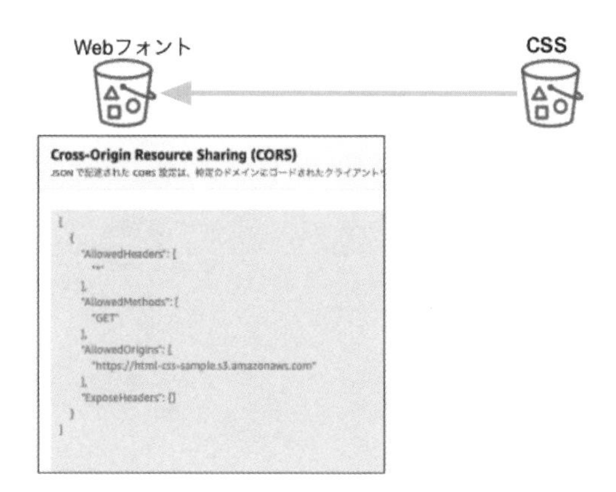

例えば、バケットwebfontのウェブフォントファイルを配置して、他のバケットhtml-css-sampleのCSSファイルから参照するとします。次のようなCSSファイルです。

```
@font-face {
    font-family: "samplefont";
    src: url("https://webfont.s3.amazonaws.com/sample.woff2")
    format("woff2");
}
.fontSampleClass{
    font-family: "samplefont";
}
```

このまま、html-css-sampleのWebサイトにアクセスすると、ブラウザで次のエラーが発生します。

Access to font at 'https://webfont.s3.amazonaws.com/sample.woff2' from origin 'https://html-css-sample.s3.amazonaws.com' hasbeen blocked by CORS policy: No 'Access-Control-Allow-Origin' header is present on the requested resource.

違うドメインのコンテンツを参照しようとして、許可されていないためエラーになっています。S3では、CORS (Cross-Origin Resource Sharing) の設定が可能です。CORSにより、ほかの許可されたドメインからのリクエストを許可できます。今回のケースでは、次のようなCORSをwebfontバケットで設定します。

```
[
    {
        "AllowedHeaders": [
            "*"
        ],
        "AllowedMethods": [
            "GET"
        ],
        "AllowedOrigins": [
            "https://html-css-sample.s3.amazonaws.com"
        ],
        "ExposeHeaders": []
    }
]
```

●暗号化

S3オブジェクトの暗号化は、サーバーサイド暗号化 (SSE-S3、SSE-KMS、SSE-C)、クライアントサイド暗号化 (CSE-KMS、CSE-C) といった要件に応じた選択肢があります。詳しくはSECTION 3を参照してください。

●整合性

S3オブジェクトのアップロードの前後で整合性を確認する場合は、MD5チェックサム値を使用します。S3オブジェクトのプロパティにはETagというオブジェクトのハッシュ値もあります。

ETagは常にMD5値ではないので、整合性確認に使用するべきではありません。

MD5チェックサムを使用する手順は次のとおりです。

❶base64でエンコードしたMD5チェックサム値を取得する。
❷アップロード時に--content-md5オプションで整合性を確認する。

次はLinuxで、base64でエンコードしたMD5チェックサム値の取得例です。

```
$ openssl md5 -binary sample.txt | base64
examplemd5value1234567==
```

次はs3apiコマンドの実行例です。

```
$ aws s3api put-object \
--bucket hash-test1 \
--key sample.txt \
--body sample.txt \
--content-md5 examplemd5value1234567==
```

これら2つの手順をまとめると、次のような実行もできます。

```
$ aws s3api put-object \
--bucket hash-test1 \
--key sample.txt \
--body sample.txt \
--content-md5 $(openssl md5 -binary sample.txt | base64)
```

トラブルシューティング

- InternalError

S3側でエラーが発生しているので再試行します。

- NoSuchBucket

バケットが存在しません。このエラーを回避するためにバケット存在確認リクエストを行うのではなく、NoSuchBucketエラーをキャッチしてエラー処理をしたほうが、全体のリクエスト回数を減らせるので、パフォーマンスの改善になります。

- BucketAlreadyExists
  新規作成時に発生する可能性があります。バケット名がすでに存在しています。バケット名は一意である必要があります。バケット名を変更して再試行してください。

- InvalidBucketName
  新規作成時に発生する可能性があります。バケット名が無効です。
  次は代表的なバケット命名規則です。

  ・3〜63文字の長さにする必要がある。
  ・小文字、数字、ドット（.）およびハイフン（-）のみで構成できる。
  ・文字または数字で開始および終了する必要がある。

5 データベース

AWSには様々な**データベースサービス**があります。

データベースは使用目的にあわせて設計されています（purpose-built）。その目的とは違う使い方をすると制約が生まれて、開発が不自由になります。

開発、設計をデータベースの制約に縛られることなく自由に行えるようにするため、様々なデーターベースサービスが提供されています。データベース使用のベストプラクティスは（そのままですが）「データ要件に応じた最適なデータベースを選択する」です。

認定DVA試験対策としては、下図のデータベースサービスをそれぞれひと言で説明できるようにして、このあと解説する主要なデータベースサービス（RDS、Aurora、ElastiCache、DynamoDB）の特徴を知っておいてください。

▼AWSのデータベースサービス

RDS

Redshift

DynamoDB

DocumentDB

Quantum

Aurora

ElastiCache

Neptune

Keyspaces

Timestream

●Amazon RDS

Amazon RDS（Relational Database Service）では、一般的によく使用される5つのデータベースエンジン（MySQL、PostgreSQL、MariaDB、Oracle、Microsoft SQL Server）を使用できます。

ユーザーは、OSをはじめとするサーバーのメンテナンス、バックアップの構築、複数アベイラビリティーゾーンを使ったレプリケーション／フェイルオーバーを行う必要はありません。

このようなデータベースの運用管理をAWSに任せてしまうことのできるサービスです。MySQL、PostgreSQL、MariaDB、Oracle、Microsoft SQL Serverが必要なアプリケーションで選択してください。

データベースインスタンスを起動したあとは、通常のデーターベースと同じデータベースユーザーの権限でSQLコマンドを実行してデータを操作します。データベースユーザーのパスワードは、AWS Secrets Managerを使用すると自動ローテーションできます。

▼RDSを使ったアーキテクチャ

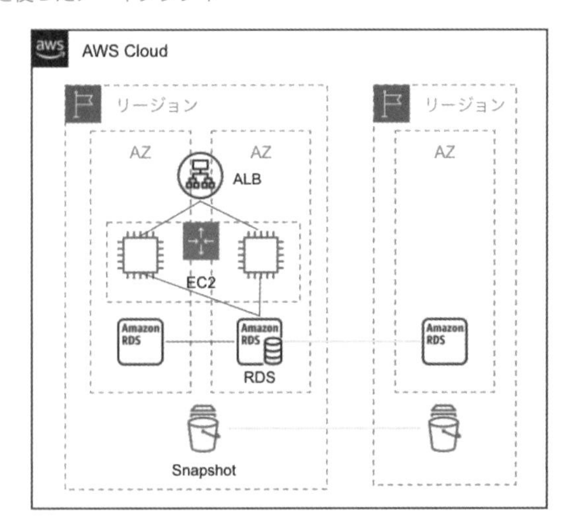

RDSは上図のような設計でよく使われます。2つのアベイラビリティーゾーンにプライマリとスタンバイデータベースが配置され、自動でスタンバイへのレプリケーション（データ同期）がなされ、プライマリに障害が発生した際には、スタンバイがプライマリに昇格します（フェイルオーバー）。非同期、読み取り専用のリードレプリカを作成できます。リードレプリカは他のリージョンにも作成できます（クロスリージョンリードレプリカ）。

バックアップのスナップショットは、AWSがリージョンを使って安全に保管するので、アベイラビリティーゾーン単位の障害が発生しても、スナップショットにはアクセスできます。

スナップショットも他のリージョンへコピーできるので、災害対策ができます(クロスリージョンコピー)。

Amazon Aurora

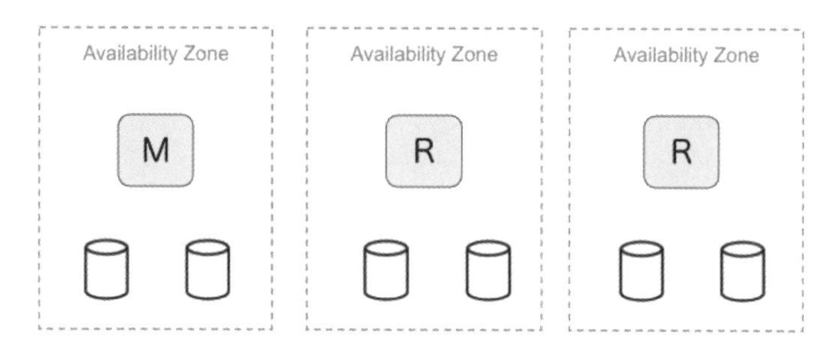

Amazon AuroraはMySQLエディションとPostgreSQLエディションから選択できます。

AuroraはAWSがユーザーのニーズを満たすために開発したデータベースで、性能としてはMySQLの5倍のスループット、PostgreSQLの3倍のスループットがあります。

コンピューティング層とストレージを分割して、ストレージは3つのアベイラビリティーゾーンに6つのレプリケートを作成しています。ストレージは10GBごとに最大128TBまで自動拡張します。

アプリケーションからはRDSと同様、プライマリに対して接続しますが、フェイルオーバーするのはスタンバイではなく、読み取り可能なリードレプリカです。リードレプリカは最大15まで作成できます。

グローバルデータベース機能で、他のリージョンに1秒未満の最小限の遅延で同期されるレプリカを作成でき、1分未満でセカンダリリージョンにフェイルオーバーできるため、災害対策に有用です。

▼Aurora Serverless

インスタンスの設定
以下の DB インスタンスの設定オプションは、上記で選択したエンジンでサポートされているものに制限されています。

DB インスタンスクラス 情報
- Serverless v2
- メモリ最適化クラス (r クラスを含む)
- バースト可能クラス (t クラスを含む)

Serverless v2
最も要求の厳しいワークロードでも瞬時にスケーリング。

以前の世代のクラスを含める

容量の範囲 情報
データベース容量は Aurora 容量ユニット (ACU) で測定されます。1 ACU は 2 GiB のメモリと、対応するコンピューティングとネットワーキングを提供します。

最小 ACU
8 (16 GiB)
0.5〜128 (0.5 の増分)

最大 ACU
64 (128 GiB)
1〜128 (0.5 の増分)

Auroraにはプロビジョニングタイプとサーバーレスタイプがあります。

プロビジョニングタイプは、性能をインスタンスクラスで指定して時間課金が発生します。先述のリードレプリカやグローバルデータベースはプロビジョニングタイプです。

サーバーレスタイプは、**Aurora Serverless v2**と呼ばれ、Auroraキャパシティユニット（ACU）に応じて時間課金が発生します。

1ACUあたり2GBのメモリと、それに応じたCPU性能が提供されます。最小ACUと最大ACUの間で負荷に応じて自動的にスケーリングします。

■RDS Proxy

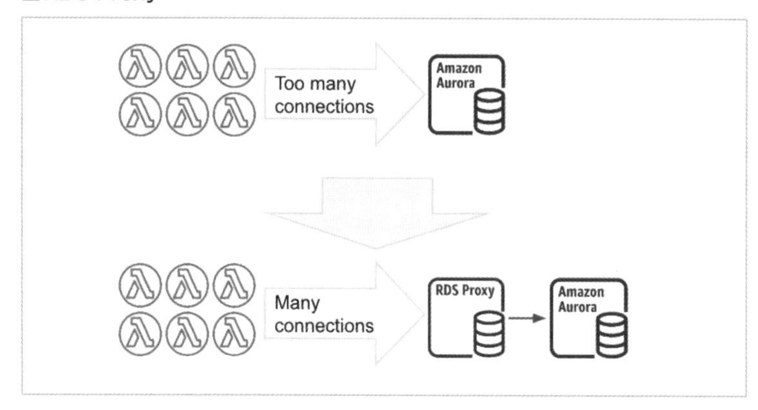

RDSデータベースに対して、大量にアクセスが発生すると、DB接続数が設定値を越えてしまいToo many connectionsなどのエラーになってしまう場合があります。

Lambda関数を使用したサーバーレスアーキテクチャでのRDSの使用や、コンテナアプリケーションでは多数のアクセスが発生する場合もあります。

RDS Proxyを使用して接続を複数のリクエストで共有できるようになるので、データベース接続数を減らせます。RDS ProxyはVPCサブネットを指定して作成します。RDSデータベースへの接続はSecrets Managerのシークレットを使用します。Secrets Managerを使用するためのIAMロールを設定して安全にデータベースに接続できます。

Amazon ElastiCache

▼ElastiCacheを使ったアーキテクチャ

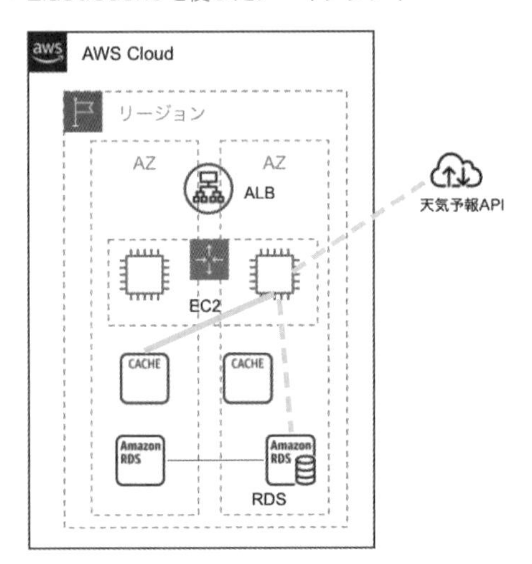

Amazon ElastiCacheのキャッシュノードは、VPCのサブネットをグループにしたサブネットグループを指定して起動することで、複数のアベイラビリティーゾーンでノードクラスターとして起動できます。インメモリデータストアにおいてキーバリュー型でデータを保管して、クエリに対して素早くレスポンスを返します。

例えば、上図のように、RDSへのクエリおよび外部の天気予報APIへのリクエストの結果を画面表示する、EC2インスタンスにデプロイしたアプリケーションがあるとします。RDSで管理しているマスターテーブルのデータは夜間に1回更新され、天気予報は1時間に1回更新されています。このような、リアルタイム性を必要としないデータをキャッシュとして保持することにより、アプリケーションに迅速にレスポンスを返すことができるようになります。

RDSへの負荷を下げることによりインスタンスクラスを低くしたり、天気予報APIへのリクエスト回数を減らしたりすることで、コストが下がる可能性もあります。

キャッシュを使うことによってパフォーマンスを向上させ、コストの最適化を図ることができます。アプリケーションで使用するセッション情報をElastiCacheに保存することもあります。

■MemcachedとRedis

	ElsticCache for Memcached	ElsticCache for Redis
マルチスレッド	○	
柔軟なデータ構造		○
スナップショット		○
レプリケーション		○
トランザクション		○
Pub/Sub		○
Luaスクリプト		○
地理空間のサポート		○

ElastiCacheは**Memcached**と**Redis**を提供します。MemcachedとRedisはどちらも一般的に広く使われているOSSです。オンプレミスでMemcachedかRedisを使用している場合は、ElastiCacheへの移行を検討できます。

共通の特徴は以下のとおりです。

●ミリ秒未満のレイテンシー(応答時間)

メモリ内にデータを格納するインメモリデータストアです。

●複数ノードへのデータ分散によるスケーラビリティ

サブネットグループに配置することで、複数アベイラビリティーゾーンにノードを配置できます。ノードの数はリクエストが増加した際に増やせるので、スケーラビリティを確保します。

●様々なプログラミング言語をサポート

Memcached、RedisともにOSSであり、様々な言語がサポートされています。新たに再開発しなくてもそのまま使用できる対応フレームワークやプラグインが多数あります。

MemcachedとRedisの大きな違いは、Memcachedがマルチスレッド、Redisがレプリケーションや Pub/Subをサポートしている点です。

Memcachedはマルチスレッドをサポートしているので、水平的なスケールアウトをしやすいメリットがあります。

Redisはアベイラビリティーゾーンをまたいでリードレプリカを作成し、障害時にフェイルオーバーできるので、耐障害性のメリットがあります。永続的にデータを保存する要件で使用されることも多くあり、様々な機能に対応しています。Pub/Subが必要な場合や、永続的なデータ保存が必要な場合は、Redisを選択します。

■キャッシュ戦略（ライトスルーと遅延読み込み）

キャッシュを使ったアプリケーション設計のうち、代表的な設計として2例（ライトスルーと遅延読み込み）をSECTION 5の最適化で解説しているので参照してください。

●Amazon MemoryDB for Redis

Amazon MemoryDB for Redisという、Redisと互換性のあるマネージドデータベースサービスもあります。ElastiCacheはデータが損失する可能性もあるため、RDSなどに元のデータがあり、高速化するためのキャッシュに向いています。MemoryDBは耐久性が高く、キャッシュを必要としない高速なプライマリーデータベースとして単体で使用できます。MemoryDBはVPC内のサブネットグループで起動します。

●Amazon DynamoDB

Amazon DynamoDBはフルマネージドな非リレーショナル（NoSQL）データベースサービスです。ユーザーはリージョンを選択してテーブルを作成します。

サーバーの管理をする必要もありません。

パーティション（データの保存先）を分散させることで水平スケーリングを可能とするため、多くのリクエストが発生するアプリケーションに非常に適しています。

例えば、ゲームアプリケーション、モバイルアプリケーション、ECサイトなど、ユーザー数の増減が発生するアプリケーションに向いています。

■テーブルの作成

テーブル作成時の主な設定内容をもとに、機能の解説をします。

▼DynamoDBテーブルの作成

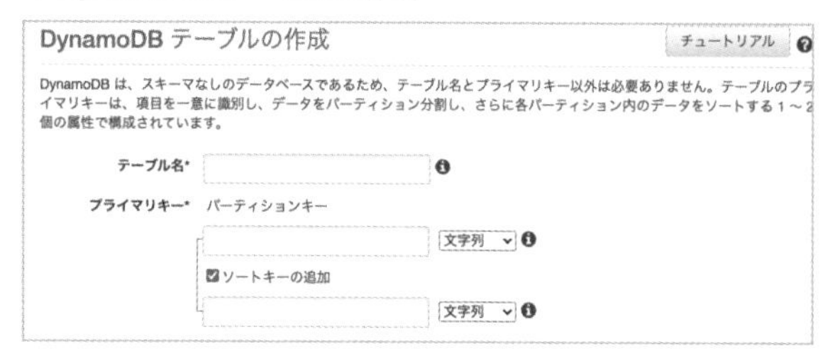

リージョンを選択してテーブル名を入力します。データを一意として扱うために、作成時にプライマリキーを決定しておく必要があります。プライマリキーには2つのパターンがあります。1つはパーティションキーのみでプライマリキーにできるケースです。もう1つはパーティションキーとソートキーの2つでプライマリキーとするケースです。

▼パーティションキーのみのテーブル

このサンプルのSongsテーブルは、配信曲のマスターテーブルです。ISRCという国際標準コードをパーティションキーに設定しています。配信曲ごとに一意となるコードなので、これだけでプライマリキーにできます。DynamoDBは、パーティションキーの値をハッシュして保存先のパーティションを決めます。パーティションキーは、以前はハッシュキーと呼ばれていました。

念のため、呼び方はパーティションキーもハッシュキーも両方覚えておいてください。パーティションを指定した検索ができます。

▼パーティションキーとソートキーのテーブル

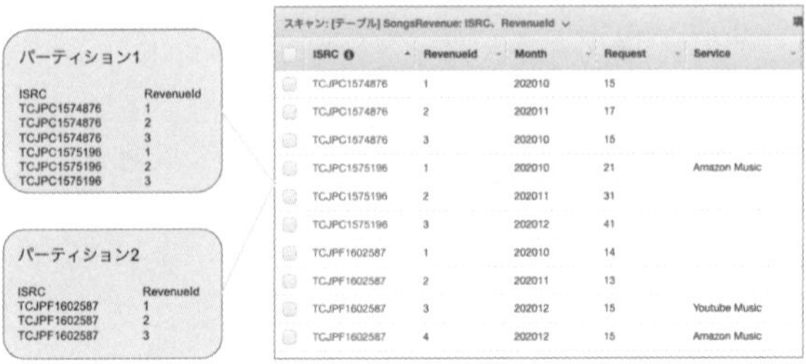

パーティション1

ISRC	RevenueId
TCJPC1574876	1
TCJPC1574876	2
TCJPC1574876	3
TCJPC1575196	1
TCJPC1575196	2
TCJPC1575196	3

パーティション2

ISRC	RevenueId
TCJPF1602587	1
TCJPF1602587	2
TCJPF1602587	3

スキャン: [テーブル] SongsRevenue: ISRC、RevenueId

ISRC	RevenueId	Month	Request	Service
TCJPC1574876	1	202010	15	
TCJPC1574876	2	202011	17	
TCJPC1574876	3	202010	15	
TCJPC1575196	1	202010	21	Amazon Music
TCJPC1575196	2	202011	31	
TCJPC1575196	3	202012	41	
TCJPF1602587	1	202010	14	
TCJPF1602587	2	202011	13	
TCJPF1602587	3	202012	15	Youtube Music
TCJPF1602587	4	202012	15	Amazon Music

　このサンプルのSongsRevenueテーブルは、配信実績の記録をしているテーブルです。曲ごと、年月ごと、配信サービスごとの記録をしています。記録するときに、ISRC別に年月、配信サービスでカウントアップするRevenueIdを生成しています。

　ISRCをパーティションキー、RevenueIdをソートキーにしています。ISRCの値でパーティションが分かれるのは、パーティションキーのみの場合と同じです。ソートキーの値によって、各パーティション内でインデックスが作成されます。ソートキーは、以前はレンジキーと呼ばれていました。インデックスが作成されているので、レンジ（範囲）を指定した検索ができます。

　1つのデータのことを項目といい、複数の属性を持ちます。パーティションキー、ソートキー以外の属性は、項目ごとにあってもなくてもかまいません。パーティションキー、ソートキーの属性は必須で、テーブル作成時にデータ型を決めておく必要があります。データ型は、文字列、数値、バイナリから選択して設定できます。他の属性では、ブール値、マップ、リストなどからも設定できます。

　テーブル名、パーティションキー、ソートキーは、テーブルを作成したあとでの変更はできません。

●パーティションキーの考慮事項

- **パーティションキーには分散しやすい属性を使用する**

  ユーザーIDやデバイスIDなど、多くの種類のあるキーが適しています。

  作成日、あるいはステータスコードが数種類しかないIDなどは、アクセスが集中するホットパーティションを生みやすくなるため向いていません。

- **パーティションキーにサフィックスを追加する**

分散しやすいキーを使用できない場合は、パーティションキーの値に「.1」から「.200」を追加することで、パーティションが分散されます。

■請求モード

DynamoDBのストレージ料金は、実際に保存した容量に応じた料金です。テーブルを作成する際に容量を確保する必要はありません。テーブルには無制限にデータを保存できます。書き込み、読み込みは2つの請求モードから選択できます。請求モードはテーブル作成後にも変更できます。

- **オンデマンドキャパシティモード**
- **プロビジョニング済みキャパシティモード**

●オンデマンドキャパシティモード

読み込み回数とサイズ、書き込み回数とサイズに応じて請求が発生します。後述する結果整合性での読み込みに対して、強力な整合性（強い整合性）での読み込みは倍のコストが発生します。シンプルでわかりやすい請求モードです。単にオンデマンドモードともいいます。

急激なスパイクリクエストにも対応できるので、リクエスト数が予測できないケースに向いています。

プロビジョニング済みキャパシティモード

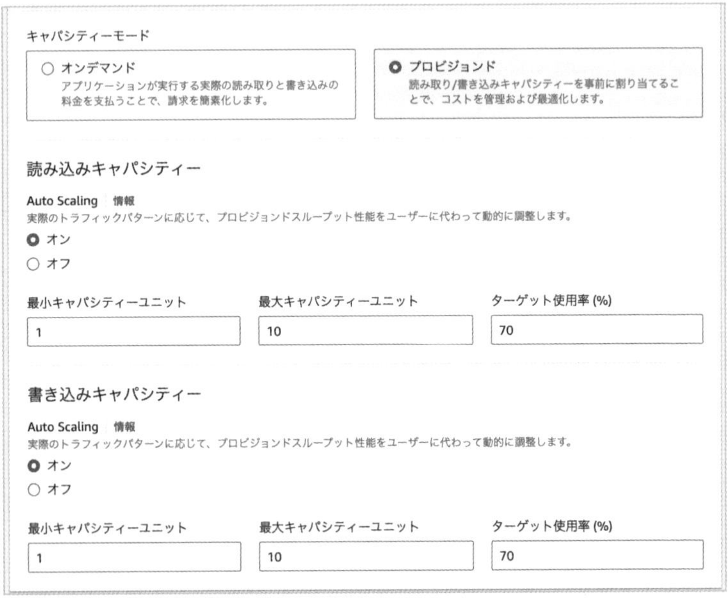

キャパシティーモード

○ オンデマンド
アプリケーションが実行する実際の読み取りと書き込みの料金を支払うことで、請求を簡素化します。

◉ プロビジョンド
読み取り/書き込みキャパシティーを事前に割り当てることで、コストを管理および最適化します。

読み込みキャパシティー

Auto Scaling 情報
実際のトラフィックパターンに応じて、プロビジョンドスループット性能をユーザーに代わって動的に調整します。
◉ オン
○ オフ

最小キャパシティーユニット	最大キャパシティーユニット	ターゲット使用率 (%)
1	10	70

書き込みキャパシティー

Auto Scaling 情報
実際のトラフィックパターンに応じて、プロビジョンドスループット性能をユーザーに代わって動的に調整します。
◉ オン
○ オフ

最小キャパシティーユニット	最大キャパシティーユニット	ターゲット使用率 (%)
1	10	70

読み込みキャパシティユニットと書き込みキャパシティユニットをプロビジョニング（確保、設定）するモードです。**プロビジョンドキャパシティモード**ともいいます。

読み込みキャパシティユニットはRead Capacity Unitで略してRCU、書き込みキャパシティユニットはWrite Capacity Unitで略してWCUと表記されることもあります。

1つの書き込みキャパシティユニットでできることは、最大1KBの項目を1秒間に1回書き込むことです。1つの読み込みキャパシティユニットでできることは、最大4KBの項目を、1秒間に2回の結果整合性で読み込むか、1秒間に1回の強力な整合性（強整合性）で読む込むかです。

結果整合性とは、項目を書き込んだ直後、更新した直後、削除した直後に別プロセスから読み込むと、まだ書き込まれていない、更新されていない、削除されていないという未反映の項目を読み込む可能性がある整合性です。

強力な整合性（強整合性）の場合は、更新された項目をリアルタイムで読み込みます。

読み込みキャパシティユニット、書き込みキャパシティユニットは、最小値・最大値を決めてオートスケーリングも可能です。オートスケーリングはCloudWatchアラームと連携します。急激なスパイクリクエストには間に合わない場合もありますので、急激なスパイクリクエストが予想される場合にはオンデマンドキャパシティモードを使用します。

■セカンダリインデックス

▼パーティションキーとソートキーのクエリ

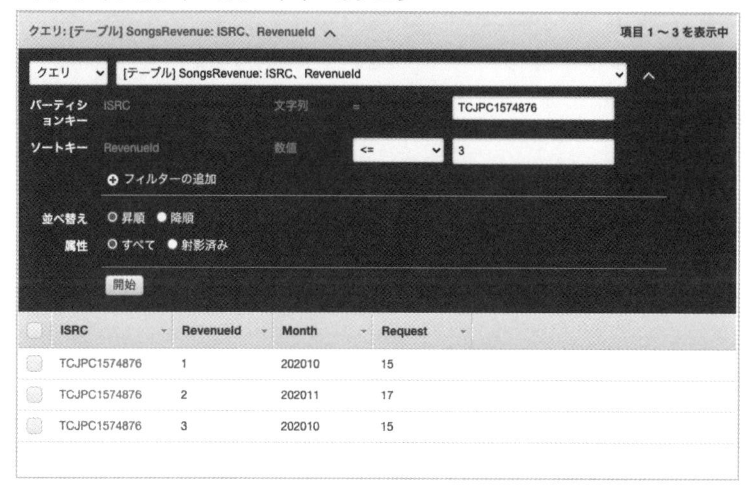

パーティションキーとソートキーを設定しているテーブルでは、パーティションで絞り込んでソートキーで範囲指定をすると、クエリ検索ができます。ほかの属性はクエリ検索のキーとして使うことはできません。

このサンプルのSongsRevenueテーブルでは、MonthやRequestでの範囲検索はできません。ですが、このようなテーブルでは、MonthやRequestでの検索をしたい場合もあります。

そういった要件で作成しておくインデックスが、セカンダリインデックスです。

セカンダリインデックスは名前のとおり、プライマリキーが1つ目のインデックスなので、2つ目以降のインデックスとして使用します。セカンダリインデックスには、**ローカルセカンダリインデックス**（**LSI**）と**グローバルセカンダリインデックス**（**GSI**）があります。

●ローカルセカンダリインデックス（LSI）

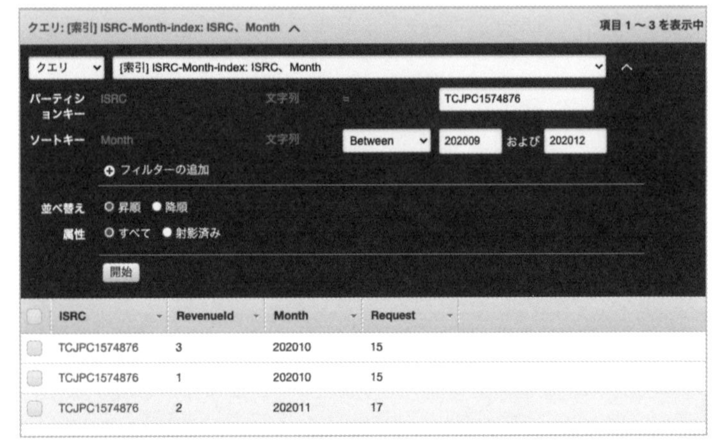

ローカルセカンダリインデックスは、テーブル作成時に作っておく必要があります。あとから追加はできません。

▼ローカルセカンダリインデックス

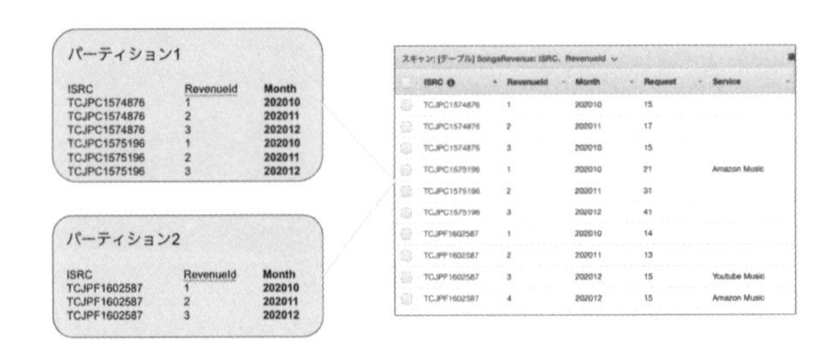

テーブルのパーティションキーによって分散されているパーティションに、ソートキーとは違う別のインデックスを作成します。そのため、ローカルセカンダリインデックスのパーティションキーはテーブルと同じです。

プロビジョニング済みキャパシティモードの場合、テーブルの読み込みキャパシティユニット、書き込みキャパシティユニットを使用します。

●グローバルセカンダリインデックス（GSI）

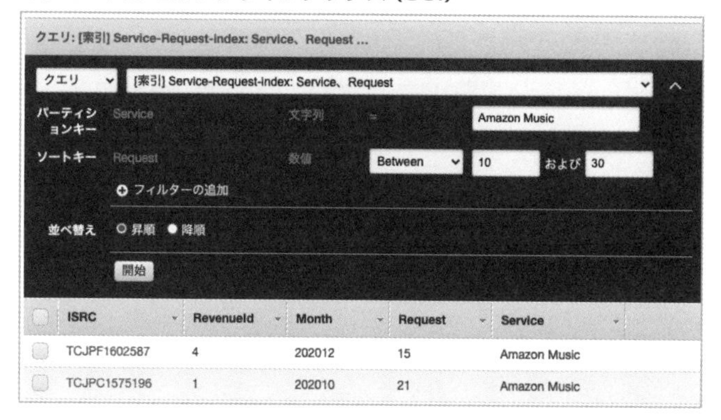

テーブルのパーティションキーとは無関係の属性でクエリ検索をしたい場合は、**グローバルセカンダリインデックス**を使用します。グローバルセカンダリインデックスはあとからでも作成できます。パーティションキー、ソートキーのセットをプライマリーキーとは別に設定して検索が可能です。

上の画面の例では、Serviceをパーティションキー、Requestをソートキーとしたグローバルセカンダリインデックスを作成しています。

▼グローバルセカンダリインデックス

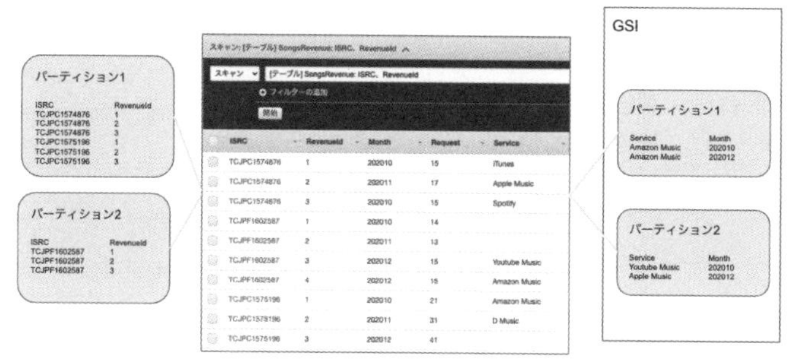

テーブルとは違う構成でパーティションを分けるので、テーブルのリードレプリカを作成して、パーティションを新たに構成します。プロビジョニング済みキャパシティモードの場合、テーブルとは別に読み込みキャパシティユニット、書き込みキャパシティユニットを使用します。

SECTION2 開発

■DynamoDBストリーム

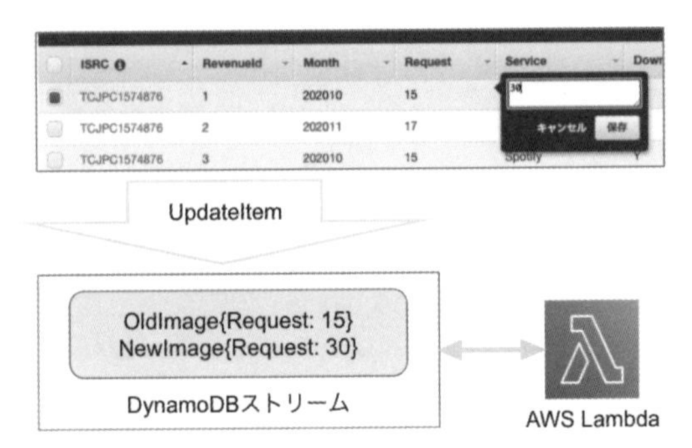

DynamoDBストリームを有効にすると、項目の更新情報がストリームに格納されます。DynamoDBの項目が更新されたことをトリガーとして、様々なイベント処理を行うことができます。例えば、更新情報を任意のLambda関数に渡して、後続の処理を行っていくことができます。

DynamoDBストリーム内でも、シャードという単位でデータの格納先が分かれています。DynamoDBストリームはデフォルトでは無効です。テーブル作成時でもあとからでも有効にできます。DynamoDBストリームを有効にする際には、どの情報をDynamoDBストリームに格納するかを指定します。

- **キーのみ　　　：更新された項目のキー属性のみ**
- **新しいイメージ：更新されたあとの項目全体**
- **古いイメージ　：更新される前の項目全体**
- **新旧イメージ　：項目の新しいイメージと古いイメージの全体**

グローバルテーブル

▼DynamoDBグローバルテーブル

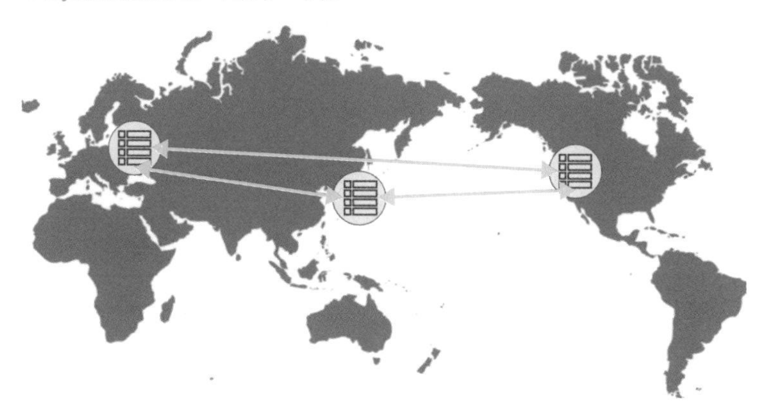

DynamoDBグローバルテーブルでは、ほかのリージョンにテーブルのレプリカを作成できます。

このテーブルは、各リージョンでマルチマスターとして書き込み可能なテーブルになります。この機能をグローバルテーブルといいます。

グローバルテーブルを作成するためには、まず1つのDynamoDBテーブルを作成して、ストリームを有効にします。

▼DynamoDBでのグローバルテーブルの作成

レプリケーション設定

現在のリージョン
米国東部 (バージニア北部)

利用可能なレプリケーションリージョン
これらのリージョンのいずれかにテーブルをレプリケートできます。
アジアパシフィック (東京) ▼

IAM ロール
このサービスにリンクされたロールは、レプリケーションに使用されます。
AWSServiceRoleForDynamoDBReplication

ⓘ レプリケーションを機能させるため、新旧イメージに対して DynamoDB Streams が自動的に有効になります。

キャンセル　レプリカの作成

そして、作成先のリージョンを選択して作成します。作成後は、ストリームを介して相互にレプリケーションが行われます。同じキーの項目を更新した場合は、シンプルにあとで更新した情報が上書きされます。

■バックアップ

●ポイントインタイムリカバリ

ポイントインタイムリカバリを有効にすると、過去35日間分の継続的なバックアップが作成されます。有効期間中の任意の時点のテーブルを作成できます。

●バックアップ

特定時点のバックアップデータを作成しておくことも可能です。バックアップデータをもとに復元することが可能です。

■DynamoDB Accelerator（DAX）

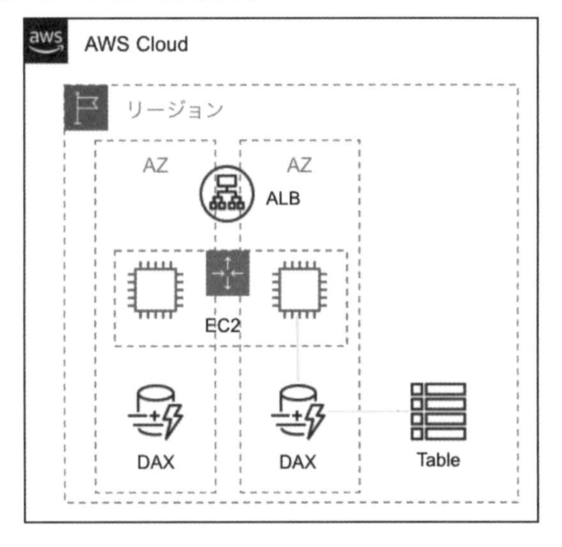

DynamoDB Accelerator（DAX）を使用すると、インメモリキャッシュを使ってDynamoDBテーブルへの数ミリ秒のレイテンシーを数マイクロ秒に短縮できます。

DAXクラスターは、VPCサブネットグループを指定して作成します。

DynamoDBテーブルに対してのアクション（GetItem、BatchGetItem、Query、Scan）と互換性を持っています。

DAXに対して書き込むと、DynamoDBテーブルにも書き込まれるので、ライトスルーの動作になります。

■データ操作API

DynamoDBのデータ操作はすべてAPIで行います。

●PutItem

新規項目の追加はPutItemオペレーションで行います。以下はPythonのコード例です。

```
import boto3
dynamodb = boto3.resource('dynamodb')
table = dynamodb.Table('SongsRevenue')
table.put_item(
    Item={
        'ISRC': 'TCJPC1574876',
        'RevenueId': 5,
        'Month': '202101',
        'Request': 24
    }
)
```

▼PutItemの結果

ISRC	RevenueId	Month	Request
TCJPC1574876	5	202101	24

このテーブルでは、パーティションキーがISRC、ソートキーがRevenueIdです。同じキーを持つ既存の項目があった場合は、既存の項目を置き換えます。

● UpdateItem

更新を目的とした操作の場合は、UpdateItemオペレーションで行います。

```
table.update_item(
    Key={
        'ISRC': 'TCJPC1574876',
        'RevenueId': 5
    },
    UpdateExpression='SET #R = :val1',
    ExpressionAttributeNames={
        '#R': 'Request'
    },
    ExpressionAttributeValues={
        ':val1':35
    }
)
```

▼UpdateItemの結果

ISRC	RevenueId	Month	Request
TCJPC1574876	5	202101	35

UpdateItemオペレーションでは、Keyで対象のデータを指定し、Update Expressionで更新式を指定します。上のコード例の式で実行したかったのは、'SET Request = 35'です。DynamoDBにはいくつかの予約語があり、予約語をUpdateExpressionに含めると、"Attribute name is a reserved keyword" メッセージとともにエラーになります。

予約語を属性として指定する場合は、ExpressionAttributeNamesを使用します。更新する値はExpressionAttributeValuesを使います。Expression AttributeNamesやExpressionAttributeValuesをプレースホルダーといいます。

ConditionExpressionを使用すると、条件付きのUpdateItemができます。

```
table.update_item(
    Key={
        'ISRC': 'TCJPC1574876',
        'RevenueId': 5
    },
    UpdateExpression='SET #R = :val1',
    ConditionExpression='#M > :val2',
    ExpressionAttributeNames={
        '#R': 'Request',
        '#M': 'Month'
    },
    ExpressionAttributeValues={
        ':val1': 45,
        ':val2': '202012'
    }
)
```

ConditionExpressionで、「202012よりもあとの月の場合に更新する」という条件式を指定しています。ConditionExpressionを使って、**オプティミスティックロック**という更新方法も検討できます。

```
response = table.get_item(
    Key={
        'ISRC': 'TCJPC1574876',
        'RevenueId': 5
    }
)
versionNum = response['Item']['versionNum']
~メインプロセス~
table.update_item(
    Key={
        'ISRC': 'TCJPC1574876',
        'RevenueId': 5
    },
    UpdateExpression='SET #R = :val1, versionNum = :val3',
```

```
    ConditionExpression='versionNum=:val2',
    ExpressionAttributeNames={
        '#R': 'Request'
    },
    ExpressionAttributeValues={
        ':val1': 55,
        ':val2': versionNum,
        ':val3': versionNum+1
    }
)
```

▼オプティミスティックロック更新の結果

	ISRC	RevenueId	Month	Request	Download	versionNum
	TCJPC1574876	5	202101	55	Y	1

最初にGetItemアクションで項目を取得しています。バージョン番号が含まれる項目で、取得時点のバージョン番号は0です。そのあと、メインプロセスで処理が実行され、完了時にUpdateItemをします。ただし、メインプロセスの実行中に対象レコードが更新されている場合は更新しないようにするため、ConditionExpressionで「バージョン番号が更新されていない」という条件を設けた上でUpdateItemを実行しています。

● GetItem

```
response = table.get_item(
    Key={
        'ISRC': 'TCJPC1574876',
        'RevenueId': 5
    }
)
```

GetItemではプライマリキーが必須です。responseは次のようなJSON形式のデータです。

```
'Item': {
    'Download': 'Y',
    'Month': '202101',
    'versionNum': Decimal(
        '0'
    ),
    'ISRC': 'TCJPC1574876',
    'Request': Decimal(
        '45'
    ),
    'RevenueId': Decimal(
        '5'
    )
}
```

ProjectionExpressionパラメータで、取得する属性を指定します。ConsistentReadで強力な整合性を指定できます。

```
response = table.get_item(
    Key={
        'ISRC': 'TCJPC1574876',
        'RevenueId': 5
    },
    ConsistentRead=True,
    ProjectionExpression='#M, #R',
    ExpressionAttributeNames={
        '#M': 'Month',
        '#R': 'Request'
    },
)
```

responseの出力は次のとおりです。

```
'Item': {
    'Month': '202101',
    'Request': Decimal(
    '45'
)
}
```

● DeleteItem

```
table.delete_item(
    Key={
        'ISRC': 'TCJPC1574876',
        'RevenueId': 1
    }
)
```

キーを指定して項目を削除できます。ReturnValuesで、削除前の項目を取得できます。

● Query

```
from boto3.dynamodb.conditions import Key
response = table.query(
    KeyConditionExpression=Key('ISRC').eq('TCJPC1574876')
)
```

Itemsとして項目の配列が返されます。GetItemと同様に、ProjectionExpression、ConsistentReadを指定できます。

上記の例ではパーティションキーのみを検索しました。ソートキーも含める場合は、KeyConditionExpressionで「&」を使って複数を指定します。

```
response = table.query(
    KeyConditionExpression=Key('ISRC').eq('TCJPC1574876') &
    Key('RevenueId').between(1, 4)
)
```

同様にItemsの配列が返されます。IndexNameを指定すると、ローカルセカンダリインデックスやグローバルセカンダリインデックスを指定できます。

```
response = table.query(
    KeyConditionExpression=Key('Service').eq('Amazon Music') &
    Key('Request').gt(10),
    IndexName='Service-Request-index'
)
```

上記の例では、グローバルセカンダリインデックスに対するクエリで、Requestが10を超える項目のみが返されます。

Scan

▼スキャン

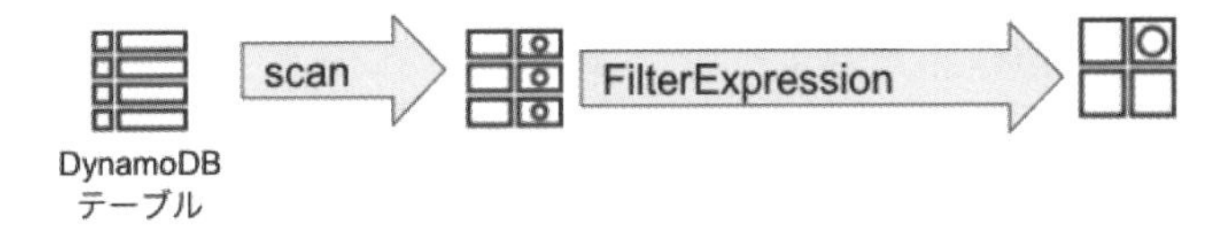

Scanはテーブルの項目をすべてスキャンするので非効率です。なるべくクエリで検索できるように設計します。

```
response = table.scan()
```

クエリも同様ですが、スキャンした結果をインデックス以外の属性によりFilterExpressionでフィルタリングできます。

```
from boto3.dynamodb.conditions import Attr
response = table.scan(
    FilterExpression=Attr('Download').eq('Y')
)
```

Scanでは、多くの項目がDynamoDBテーブルから返されます。DynamoDBで、返されるデータのサイズが最大1MBなので、それを超える場合はページ分割して返されます。ページ分割では、LastEvaluatedKeyにキーが返されます。最後まで項目が返ってきたときには、LastEvaluatedKeyはNullになります。

LastEvaluatedKeyにキーがあるときは、ExclusiveStartKeyにLastEvaluatedKeyを指定して再度Scanを行います。

FilterExpressionによるフィルタリングの対象は、返されてきたデータです。ページ分割対策としてFilterExpressionで絞り込むことはできないので、ご注意ください。Limitパラメータを使って返される項目数の制限は可能です。

```
response = table.scan(
    Limit=5
)
```

BatchとTransaction

大量なデータの書き込みや読み込みをまとめて行うときに、PutItemやGetItemによるオペレーションでは非効率な場合もあります。その場合は、BatchWriteItem、BatchGetItemを使用します。

BatchWriteItem、BatchGetItemによって並列処理ができ、パフォーマンスの向上が期待できます。

BatchWriteItem、BatchGetItemは、一部の項目の書き込み、読み込みが失敗しても処理を継続します。失敗した項目は、レスポンスのUnprocessedItemsに含まれるので、原因調査や失敗処理、場合によっては再試行処理を行います。

複数テーブルでタイミングをあわせて処理を行う場合は、TransactWriteItems、TransactGetItemsを使用します。トランザクションを成立させる必要上、1つでもリクエストが失敗した場合は、処理全体を失敗にします。

TransactWriteItems、TransactGetItemsは2018年に追加されたオペレーションです。2018年以前はDynamoDBではトランザクションはサポートされていなかったのですが、現在はサポートされているので、認定試験対策としても「DynamoDBはトランザクションをサポートしているNoSQLデータベース」だと認識しておいてください。

●高レベルプログラミングインターフェイス

DynamoDBのテーブルを抽象化して開発を容易にするため、JavaにはDynamoDBMapper、.NET（C#）には**オブジェクト永続性モデル**があります。

それぞれ、クラスをテーブルにマッピングして開発の効率性を高め、コードの可読性を高めます。

■セキュリティ

DynamoDBでは、項目データへのアクセスをすべてAPIで操作します。そのため、アクセスはIAMポリシーで制御できます。

●特定の項目だけを許可するIAMポリシー

```
{
    "Version": "2012-10-17",
    "Statement": [
        {
            "Effect": "Allow",
            "Action": [
                "dynamodb:Query"
            ],
              "Resource": "arn:aws:dynamodb:us-east-1:123456789012:table/
SongsRevenue",
            "Condition": {
                "ForAllValues:StringEquals": {
                    "dynamodb:LeadingKeys": "TCJPC1574876"
                }
            }
        }
    ]
}
```

dynamodb:LeadingKeysをConditionで設定しているので、パーティションキーの値が "TCJPC1574876" の項目に対してだけ、クエリを実行できます。

```
response = table.query(
    KeyConditionExpression=Key('ISRC').eq('TCJPC1574876')
)
```

他のキーを指定すると権限エラーになります。例のような固定値ではなく、${www.amazon.com:user_id}などの置換変数を使用して、アプリケーションにサインインしているユーザーの情報だけへの制限も可能です。

●特定の属性だけを許可するIAMポリシー

```
{
    "Version": "2012-10-17",
    "Statement": [
        {
            "Effect": "Allow",
            "Action": [
                "dynamodb:Scan"
            ],
              "Resource": "arn:aws:dynamodb:us-east-1:123456789012:table/
SongsRevenue",
            "Condition": {
                "ForAllValues:StringEquals": {
                    "dynamodb:Attributes": [
                        "ISRC",
                        "RevenueId",
                        "Month"
                    ]
                },
                        "StringEqualsIfExists": {"dynamodb:Select": "SPECIFIC_
ATTRIBUTES"}
            }
        }
    ]
}
```

属性を制限したので、ProjectionExpressionで取得する属性値を指定した場合のみ、実行が許可されます。

```
response = table.scan(
    ProjectionExpression='ISRC, RevenueId, #M',
    ExpressionAttributeNames={
        '#M': 'Month'
    }
)
```

ProjectionExpressionを指定せずに実行すると、権限エラーになります。

■TTL

DynamoDBテーブルではTTL（Time To Live）を設定して、有効期限を過ぎた項目を自動削除できます。アプリケーションから削除するコードを実装しなくても自動で削除してくれます。例としてユーザーの一時セッションデータを管理するテーブルで設定と動作を解説します。

▼TTLの設定

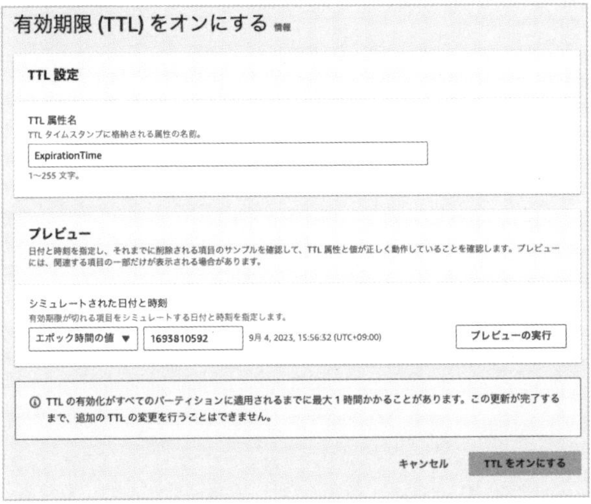

有効期限として扱う属性を指定してTTLをONにします。この例ではExpirationTimeを指定しました。

▼一時的セッションデータを管理するテーブル

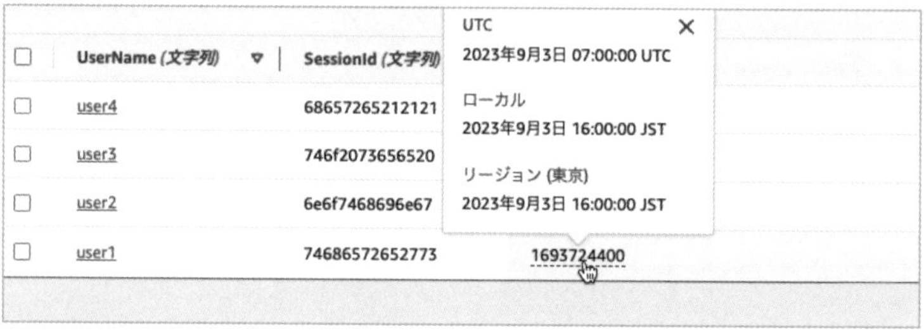

UserName (文字列)	SessionId (文字列)	
user4	68657265212121	
user3	746f2073656520	
user2	6e6f7468696e67	
user1	74686572652773	1693724400

UTC
2023年9月3日 07:00:00 UTC
ローカル
2023年9月3日 16:00:00 JST
リージョン (東京)
2023年9月3日 16:00:00 JST

属性ExpirationTimeには数値でUnix time形式で時間を指定します。TTLバックグラウンドプロセスによって有効期限が過ぎている項目が自動削除されます。文字列として挿入されている場合は、TTLバックグラウンドプロセスによって無視されます。TTLバックグラウンドプロセスは通常数日以内に、有効期限切れの項目を削除すると、DynamoDBの開発者ガイドにはありますので数時間以内などで保証されるものではありません。

NoSQL Workbench

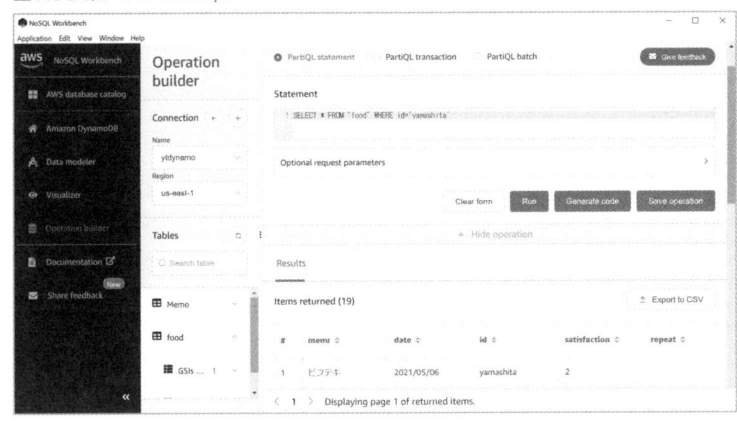

NoSQL WorkbenchはDynamoDB、KeyspacesをサポートするGUIツールです。macOS、Windows、Linuxクライアントにインストールできます。DynamoDBのアイテムを検索したり、テーブルやインデックスの作成をしたりすることができます。PartiQLというSQLクエリ構文も実行できます。

DynamoDB Local

DynamoDB Localをダウンロードして開発環境にインストールできます。インターネットにアクセスすることなく開発中のテストを実行できます。エンドポイントURLにlocalhostなどを指定して実行します。

6 コンピューティング

アプリケーションプログラムを動作させるためのサービスを主に紹介します。

●AWS Lambda

AWS Lambdaを使用すれば、EC2のようにOSの運用や管理、ミドルウェアのインストール、設定、メンテナンス、スケールアップ、スケールアウトなどをしなくても、任意のコードを実行できます。

開発者がコードを書けばすぐに動かすことができるので、開発のスピードアップと効率化、運用の効率化が可能です。

▼Lambda設定画面

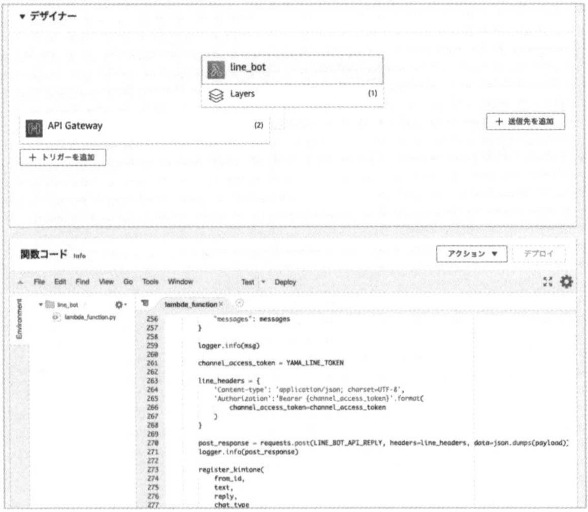

画面下部の関数コードの部分がコードエディタになっています。

非コンパイル言語の場合は、ここにコードを記述して、イベントの実行あるいは手動実行によって、すぐにコードを動かすことも可能です。この画面サンプルでは、API Gatewayがトリガーになっています。

Lambdaのいくつかの特徴を示します。

- ランタイム（実行環境）は、Node.js、Java、Python、.NET、Go、Rubyのものが用意されています
- 用意されていないランタイムは、カスタムランタイムとして独自に定義もできます
- メモリサイズは128MB～10GBの間で設定します。CPU性能とネットワーク帯域はメモリサイズに依存します
- リージョンだけを指定した起動もVPCネットワーク内での起動も指定できます
- IAMロールを割り当てることができるので、IAMポリシーによる柔軟な認可が可能です

■Lambdaのイベント

様々なイベントにより、Lambda関数としてデプロイしたコードを実行できます。

▼Lambdaトリガーイベント

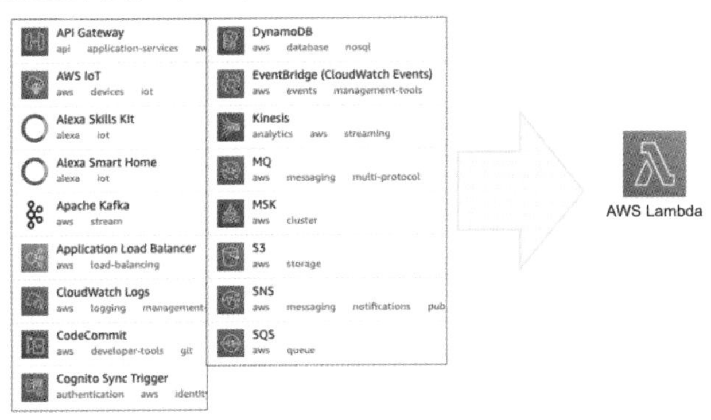

主要なイベントを以下に示します。Lambdaでできる主な事項として知っておいてください。

●Alexa

Amazon EchoデバイスなどでAlexaに声をかけると任意のコードを実行します。

●API Gateway

API Gatewayで構築した任意のAPIに対するリクエストによってLambda関数を実行します。

● **S3**

S3バケットにオブジェクトが作成されたときなどにLambda関数を実行します。CloudTrailなどS3バケットにログを書き込むサービスとの連携も、S3イベントを介して行います。

● **EventBridge**

EventBridge（CloudWatchイベント）によって、AWSアカウント内で発生した様々なAPIイベントをキャッチしたり、特定周期や日時にLambda関数を実行したりすることができます。

● **CloudWatch Logs**

特定のログが書き込まれたときや、フィルターに基づいてLambda関数を実行できます。

● **CloudFormation**

CloudFormationテンプレート内でCustomResourceとしてLambda関数を実行し、追加のデプロイの自動化を行えます。

● **CodeCommit**

CodeCommitリポジトリでプッシュが行われたタイミングで、Lambda関数を実行できます。

● **Cognito**

Cognitoユーザープールでユーザーがサインインしたタイミングで、Lambda関数を実行できます。

● **Config**

AWS Configルールを使用してアカウント内で行われた変更がルールに適合しているかどうかを、独自のコードで評価できます。

● **DynamoDB**

テーブルに項目が作成・更新されたときなどに、DynamoDBストリーム経由でLambda関数を実行できます。

● **Application Load Balancer**

ALBのターゲットとしてLambdaを指定できます。

● **AWS IoT**

IoTデバイスから送信されたメッセージを受信してLambda関数を実行できます。

● **Kinesis Data Streams**

Kinesisデータストリームにデータが送信されたことをトリガーとしてLambda関数を実行できます。

● **SES**

SES（Simple Email Service）でメールを受信した際にLambda関数を実行

できます。

SNS

SNS（Simple Notifications Service）トピックにメッセージが送信されるとLambda関数を実行できます。

SQS

SQS（Simple Queue Service）キューにメッセージが送信されたことをトリガーとしてLambda関数を実行できます。

Step Functions

ワークフロー中のタスクとしてLambda関数を呼び出せます。

イベントによってLambda関数が実行されるとき、指定しているハンドラが実行されます。ハンドラにはイベントオブジェクトが入力パラメータとして渡されます。イベントオブジェクトの内容は、トリガーにしているイベントによって異なります。

Pythonの場合のランタイムとハンドラは次のような設定とコードです。

▼Lambdaランタイム設定

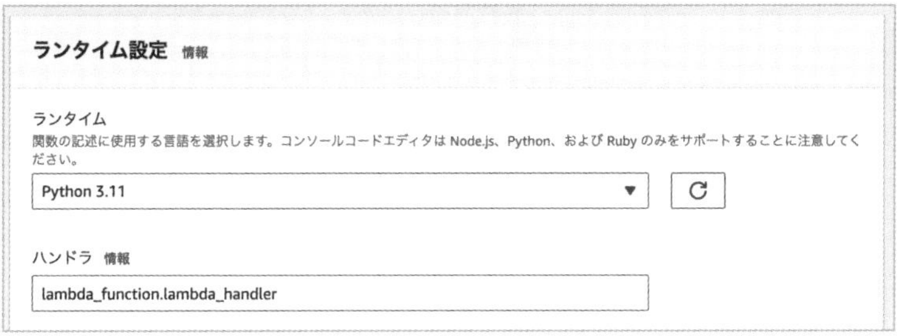

ランタイム設定 情報

ランタイム
関数の記述に使用する言語を選択します。コンソールコードエディタは Node.js、Python、および Ruby のみをサポートすることに注意してください。

Python 3.11

ハンドラ 情報

lambda_function.lambda_handler

```
def lambda_handler(event, context):
    return {
        'statusCode': 200,
        'body': json.dumps('Hello from Lambda!')
    }
```

●**プッシュイベントモデルとプルイベントモデル**

▼Lambdaプッシュイベントモデルとプルイベントモデル

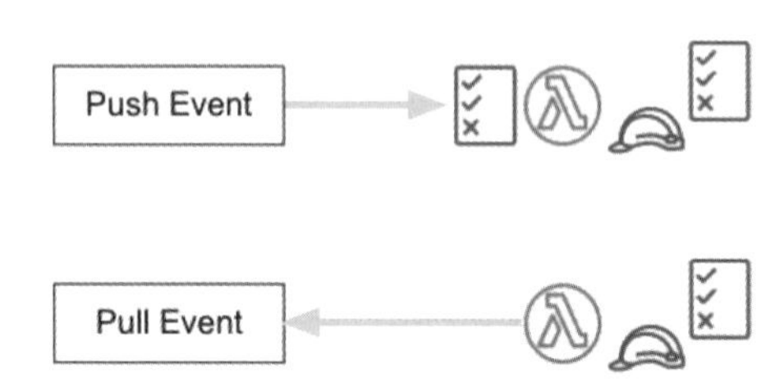

イベントには**プッシュイベント**と**プルイベント**があります。

プッシュイベントでは、Lambda関数に対してイベントが送信され、送信元のイベントがLambda関数を実行します。そのため、Lambda関数のリソースポリシーで、送信元からのInvokeFunctionアクションを許可する必要があります。

プルイベントでは、Lambdaサービスがイベント元になっているリソースにデータをとりに行きます。そのため、リソースポリシーは必要ありません。Lambdaに割り当てるIAMロールへアタッチするIAMポリシーで、イベントリソースに対しての権限を許可する必要があります。

●**プッシュイベントの例**

▼S3イベント

S3バケットにオブジェクトがアップロードされたときなどにLambdaを実行するイベントは、プッシュイベントです。S3バケット側とLambda関数側のどちらからでも設定できます。イベントを設定すると、自動的にLambda関数のリソースポリシーが設定されます。

例えば次のようなポリシーです。

```
{
  "Version": "2012-10-17",
```

```
    "Statement": [
      {
        "Effect": "Allow",
        "Principal": {
          "Service": "s3.amazonaws.com"
        },
        "Action": "lambda:InvokeFunction",
        "Resource": "arn:aws:lambda:us-east-1:123456789012:function:La
mbdaFunction",
        "Condition": {
          "StringEquals": {
            "AWS:SourceAccount": "123456789012"
          },
          "ArnLike": {
            "AWS:SourceArn": "arn:aws:s3:::bucketname"
          }
        }
      }
    ]
}
```


▼API Gatewayイベント

API Gatewayで作成したAPIにリクエストがあったときにLambdaを実行するイベントは、プッシュイベントです。API Gateway側とLambda関数側のどちらからでも設定できます。イベントを設定すると、自動的にLambda関数のリソースポリシーが設定されます。

例えば次のようなポリシーです。

```
{
    "Version": "2012-10-17",
    "Statement": [
        {
            "Effect": "Allow",
            "Principal": {
                "Service": "apigateway.amazonaws.com"
            },
            "Action": "lambda:InvokeFunction",
            "Resource": "arn:aws:lambda:us-east-2:123456789012:function:La
mbdaFunction",
            "Condition": {
                "ArnLike": {
                            "AWS:SourceArn": "arn:aws:execute-api:us-east-
1:123456789012:utw2vm59p5/*/POST/resource"
                }
            }
        }
    ]
}
```

●プルイベントの例

▼DynamoDBイベント

DynamoDBテーブルで項目の更新があったときに、ストリームを有効にしているとストリームに更新情報が格納されます。

Lambda関数のイベントでDynamoDBテーブルを設定すると、Lambdaサービスはストリームのポーリング（更新情報を定期的に取得しに行く）をします。Lambda関数へ割り当てるIAMロールに、ストリームに対してGetRecordsアクションを許可するポリシーをアタッチします。

```
{
    "Effect": "Allow",
    "Action": "dynamodb:GetRecords",
    "Resource": "arn:aws:dynamodb:*:*:table/TableName/stream/*"
}
```

▼SQSイベント

SQSキューにメッセージが送信されたときに、Lambda関数を実行できます。Lambdaサービスは指定されたキューからメッセージを受信して、Lambda関数のイベントに渡します。処理が正常終了したら、メッセージを削除します。Lambda関数へ割り当てるIAMロールに、キューからのメッセージの受信、削除、デフォルト属性の取得を許可するポリシーをアタッチします。

```
{
    "Effect": "Allow",
    "Action": [
        "sqs:ReceiveMessage",
        "sqs:GetQueueAttributes",
        "sqs:DeleteMessage"
    ],
    "Resource": "arn:aws:sqs:*:123456789012:QueueName"
}
```

Lambdaに割り当てるIAMロール

LambdaにはIAMロールを割り当てることが必須です。

LambdaはCloudWatch Logsにログを出力するので、以下の権限が必要であり、AWS管理ポリシーAWSLambdaBasicExecutionRoleも用意されています。

▼AWSLambdaBasicExecutionRole

```
{
    "Version": "2012-10-17",
    "Statement": [
        {
            "Effect": "Allow",
            "Action": [
                "logs:CreateLogGroup",
                "logs:CreateLogStream",
                "logs:PutLogEvents"
            ],
            "Resource": "*"
        }
    ]
}
```

IAMロールにアタッチするIAMポリシーだけでなく、LambdaサービスがIAMロールにsts:AssumeRoleするための信頼ポリシーも必要です。

▼Lambdaに割り当てるIAMロール

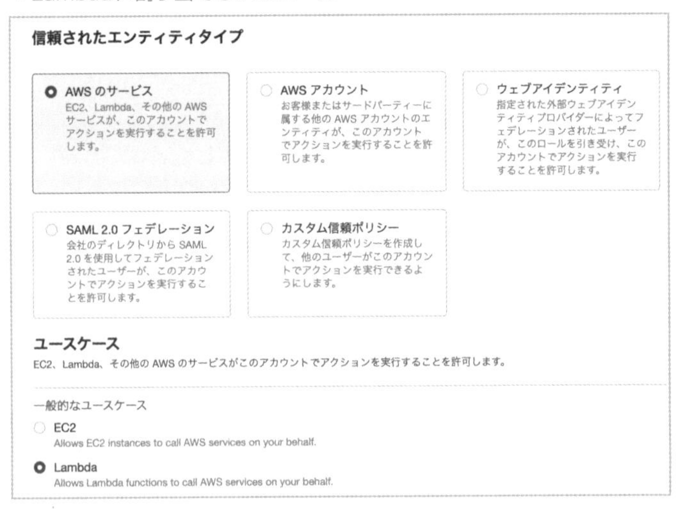

Lambdaに割り当てるIAMロールをマネジメントコンソールから作成すると、信頼ポリシーは自動的に設定されます。

```
{
  "Version": "2012-10-17",
  "Statement": [
    {
      "Effect": "Allow",
      "Principal": {
        "Service": "lambda.amazonaws.com"
      },
      "Action": "sts:AssumeRole"
    }
  ]
}
```

Lambdaのモニタリング

Lambda関数からの出力はCloudWatch Logsに書き込まれます。

▼Lambda関数のログ

```
▶ 2021-01-03T22:40:33.523+09:00    START RequestId: 335a53a6-5d29-4642-8e68-b22340773919 Version: $LATEST
▶ 2021-01-03T22:40:35.043+09:00    [INFO] 2021-01-03T13:40:35.43Z 335a53a6-5d29-4642-8e68-b22340773919 Found credenti…
▶ 2021-01-03T22:40:40.346+09:00    END RequestId: 335a53a6-5d29-4642-8e68-b22340773919
▶ 2021-01-03T22:40:40.346+09:00    REPORT RequestId: 335a53a6-5d29-4642-8e68-b22340773919 Duration: 6842.02 ms Billed…
```

INFOは、Lambda関数のPythonコード内で出力するように任意のコードを書いたものです。

必ず出力されるのは、START、END、REPORTです。REPORTには次の情報が出力されます。横の数値はサンプルです。

- Duration: 6842.02 ms　　：**Lambda関数の実行時間です。**
- Billed Duration: 6843 ms　：**課金対象の時間です。課金単位は1msです。**
- Memory Size: 128 MB　　：**Lambda関数に設定しているメモリサイズです。このメモリサイズと課金対象時間で、課金金額が決まります。**
- Max Memory Used: 75 MB：**実際のメモリ最大使用量です。**

前記のREPORT出力値を確認して、最も早くLambda関数の処理が終わるメモリサイズにあわせます。

■Lambdaのデプロイ

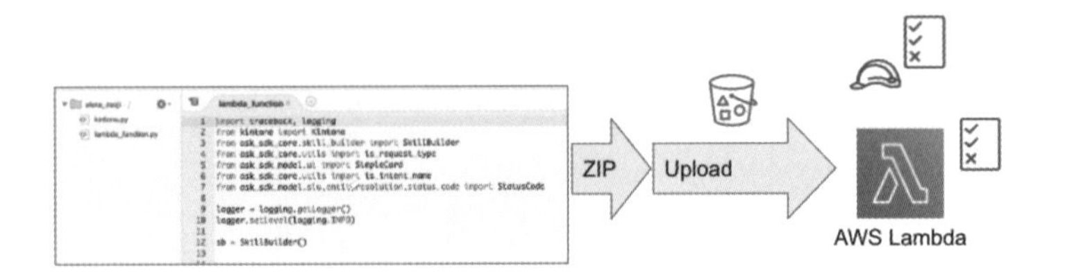

❶ランタイムを決めてLambda関数を作成します。
❷IAMポリシーをアタッチしたIAMロールを割り当てます。
❸ハンドラを持つコードとそのコードが参照するライブラリ、といった依存関係をZIPにまとめてLambda関数にアップロードします。
❹テストして出力をCloudWatch Logsで確認します。
❺運用開始後は、CloudWatch、X-Rayでモニタリングします。

ZIPファイルが10MBよりも大きい場合は、一度、S3バケットにアップロードしてからLambdaへデプロイします。

●レイヤー

▼Lambdaレイヤー

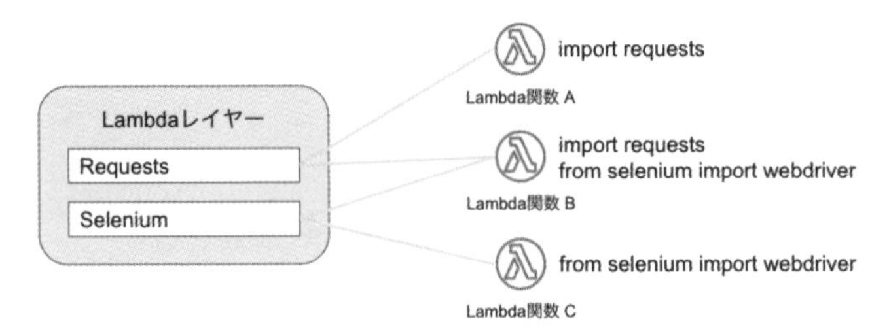

Lambdaレイヤーを使うと、外部ライブラリなどの依存関係を共有化できます。以前はレイヤーがなかったため、すべてのLambda関数にライブラリなどの

依存関係をZIPでまとめてアップロードしていました。ライブラリにアップデートが発生すると、対象のLambda関数すべてに再デプロイが必要でした。

前ページのLambdaレイヤーの図では、Lambda関数AとLambda関数Bが共通でRequestsモジュールを使っています。Lambda関数BとLambda関数Cでは、Seleniumを共通で使用しています。

●バージョニングとエイリアス

▼Lambdaのバージョニングとエイリアス

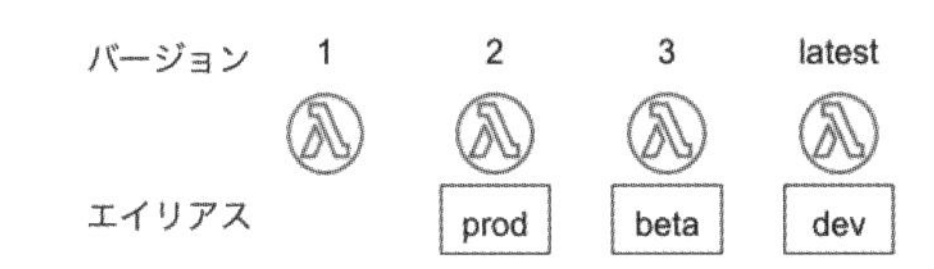

Lambda関数ではバージョンを作成できるので、コードの更新時はバージョンを作成して更新します。バージョンとエイリアスを組み合わせて使うことで、リリースやロールバックを安全に行うことができます。エイリアスにはバージョンを紐付けます。Lambda関数を実行するARNでは、エイリアスも指定できます。

●例　エイリアスを含めたARN

```
arn:aws:lambda:ap-northeast-1:123456789012:function:FunctionName:AliasName
```

上図では、エイリアス名にprod（本番）、beta（テスト）、dev（開発）を設定しています。バージョン2が本番環境として運用されていて、バージョン3がテスト中です。

更新可能な環境はlatestです。

▼Lambdaエイリアスの設定

エイリアスを編集

エイリアス設定

説明 - オプション

prod

バージョン

3

▶ 加重エイリアス

キャンセル 保存

prod(本番)エイリアスのバージョンを3に変更することで、リリースが完了します。問題があれば、prod(本番)エイリアスのバージョンを2に戻すことでロールバックできます。

■Lambdaのそのほかの主要な機能・設定値

▼Lambda環境変数

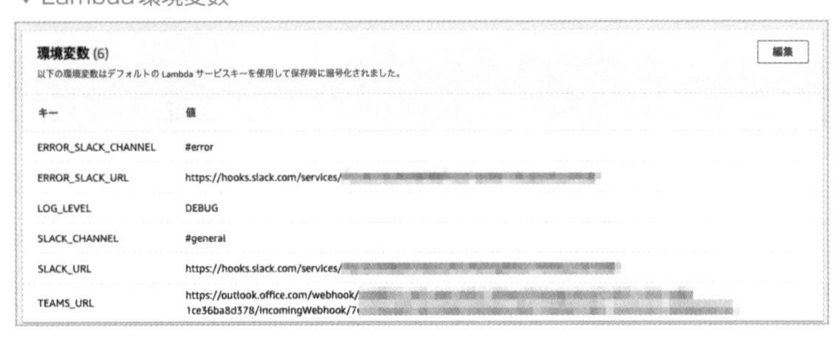

環境変数を設定できます。変更の可能性があるパラメータを環境変数にしておけば、コードの変更をすることなく更新できます。

▼Lambdaタグ

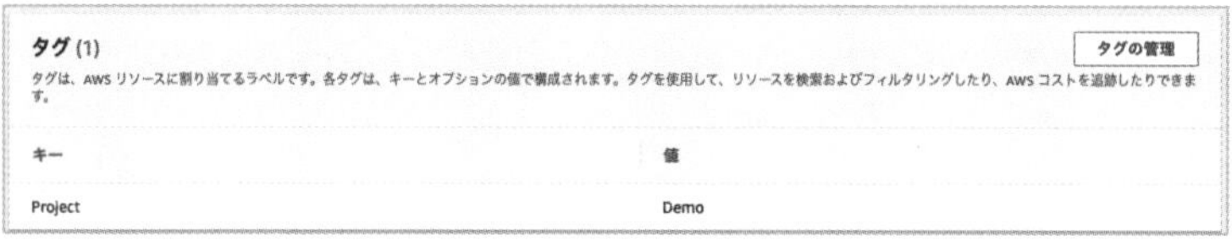

タグ (1)

タグの管理

タグは、AWS リソースに割り当てるラベルです。各タグは、キーとオプションの値で構成されます。タグを使用して、リソースを検索およびフィルタリングしたり、AWS コストを追跡したりできます。

キー	値
Project	Demo

ほかのリソースと同様にタグを設定できます。

▼Lambda基本設定

基本設定 Info

説明 - オプション

Slack Every Morning Weather information

メモリ (MB) Info
作成する関数には、設定したメモリに比例する CPU が割り当てられます。

128 MB

メモリを 128 MB～10240 MB に設定する

タイムアウト

15 分 0 秒

実行ロール
関数のアクセス許可を定義するロールを選択します。カスタムロールを作成するには、IAM コンソールに移動します。

既存のロールを使用する

AWS ポリシーテンプレートから新しいロールを作成

既存のロール
この Lambda 関数で使用するために作成した既存のロールを選択します。このロールには、Amazon CloudWatch Logs にログをアップロードするためのアクセス許可が必要です。

lambda_basic_execution

IAM コンソールで lambda_basic_executionロールを表示します。

キャンセル 保存

メモリサイズは128～10240MBの間で設定できます。タイムアウト時間はデフォルトで3秒です。最長15分（900秒）まで設定できます。また、IAMロールを設定できます。

▼Lambdaモニタリング

モニタリングの設定をします。X-Rayにトレースを送信する場合など設定します。

▼Lambda VPC

指定したVPCとサブネットでLambda関数を実行できます。

▼Lambda EFS

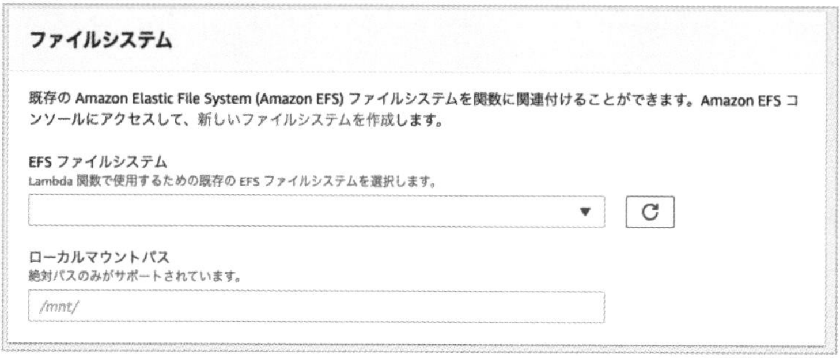

ファイルシステム

既存の Amazon Elastic File System (Amazon EFS) ファイルシステムを関数に関連付けることができます。Amazon EFS コンソールにアクセスして、新しいファイルシステムを作成します。

EFS ファイルシステム
Lambda 関数で使用するための既存の EFS ファイルシステムを選択します。

ローカルマウントパス
絶対パスのみがサポートされています。

/mnt/

LambdaでEFS（Elastic File System）をマウントして使うことができます。EFSのマウントポイントにアクセスする必要があるので、VPC内で起動します。

▼Lambda同時実行数

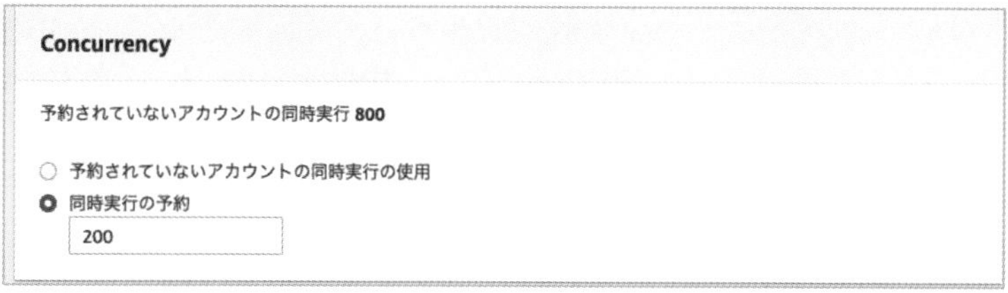

Concurrency

予約されていないアカウントの同時実行 **800**

○ 予約されていないアカウントの同時実行の使用
● 同時実行の予約
200

Lambda関数のデフォルトでの同時実行数は、アカウント、リージョン単位で1,000となっています。これは極端に考えると、1つのLambda関数へのリクエストが同時に1,000イベント発生したとしても実行されるということです。

EC2のように、リクエストの増減にあわせてインスタンスを増減させるオートスケーリングなどを、ユーザーが設定する必要はありません。逆に、同時実行数を制限したい場合は、関数ごとに設定できます。

▼Lambda同時実行数のプロビジョニング

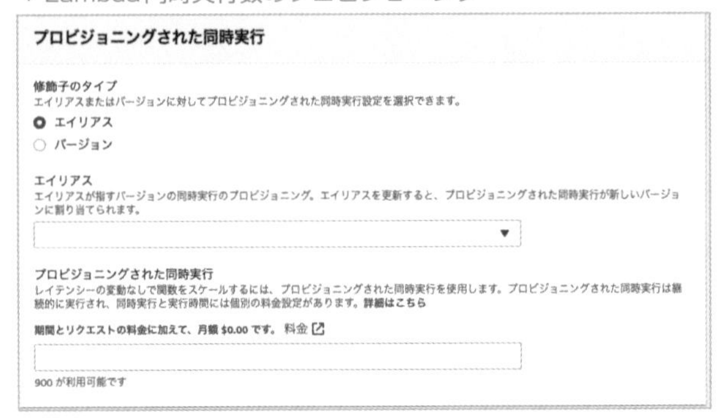

同時実行数をプロビジョニング（確保）しておくこともできます。Lambdaはトリガーイベントが発生して初めて実行されますが、実行環境もその際に作成されます。

実行環境がない状態から開始されることをコールドスタートといいます。このコールドスタートに必要な時間は、コンパイルの有無など言語によって異なります。同時実行数をプロビジョニングしておくことで、コールドスタートの時間を短縮できます。

▼Lambda非同期処理の対応

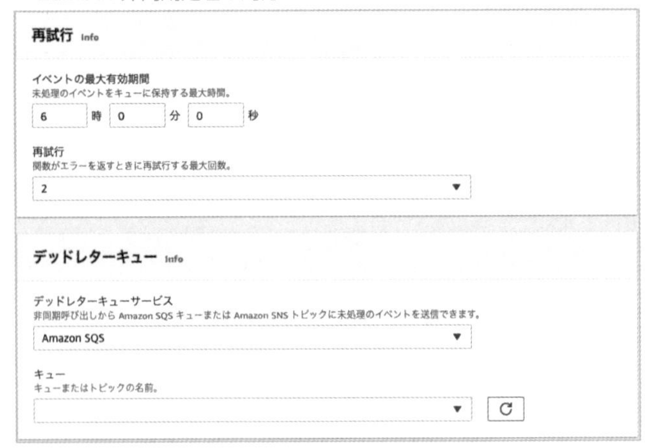

例えば、API Gatewayからの実行など、Lambda関数を同期的に実行して、呼び出し元にレスポンスを返す仕組みであれば、呼び出し元はLambdaでエラーが発生したことを知ることができ、再試行をコントロールできます。

S3バケットイベントのように、非同期処理の場合は、ログで結果を確認する必要があります。

再試行回数を最大2回まで指定できます。

イベントメッセージを、指定したキューに送信しておくこともできます。この機能をデッドレターキューといいます。

■Lambdaの制限

主要な制限項目を紹介します。

以下のうち、「同時実行数」「関数とレイヤーの合計容量」以外は引き上げ申請ができないので、制限が影響する要件の場合は、コンテナなどの別の方法を検討します。

●同時実行数

リージョンごとに1000。引き上げの申請が可能。

●関数とレイヤーの合計容量

75GB。引き上げの申請が可能。

●割り当てメモリ

128～10240MB。

●タイムアウト

最長15分（900秒）。

●関数に設定できるレイヤー

5つのレイヤー。

●関数ごとのデプロイパッケージ

アップロード時のZIP 50MB。レイヤー含む解凍合計サイズ250MB。

■ベストプラクティス

●環境変数を使用する

コードの改変を減らすことができます。

●共通のモジュール、ライブラリをレイヤーで共有する

●再帰的なコードを使用しない

関数自身を呼び出す関数、関数自身のトリガーイベントを発生させる処理（S3イベント対象のバケットにPutObjectするなど）は避けます。

●AWSでのコンテナの実行

▼コンテナ実行の選択肢

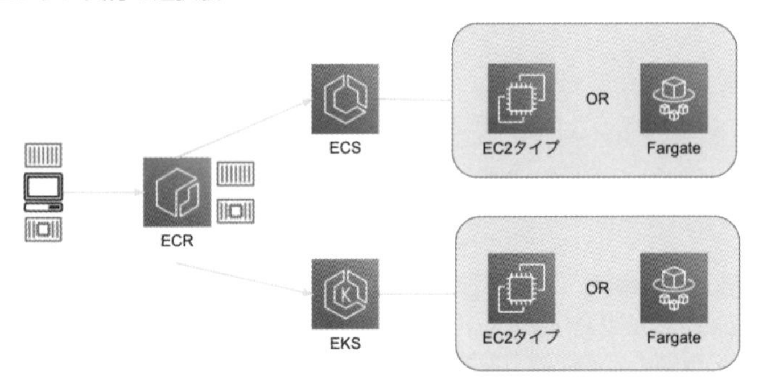

DockerをEC2サーバーにインストールしてコンテナを実行もできますが、その場合は次のようなdockerコマンドを直接実行して、コンテナ環境を運用しなければなりません。

■dockerコマンドの例

- **docker pull　：イメージのダウンロード**
- **docker run　：コンテナの起動**
- **docker stop：コンテナの停止**
- **docker rm　：コンテナの削除**

1つひとつのEC2インスタンスで操作しなくても、デプロイや起動をまとめて管理できるオーケストレーションサービスが、Amazon Elastic ContainerService (ECS) です。

起動元となるコンテナイメージの保存場所（コンテナリポジトリ）のマネージドサービスが、Amazon Elastic Container Registry (ECR) です。

ここでは、開発環境でDockerfileを作成してから、ECRにアップロードするまでの手順を説明します。

▼Dockerfileのサンプル

```
FROM ubuntu

RUN apt-get update -y && \
apt-get install -y tzdata && \
apt-get install -y apache2

COPY index.html /var/www/html/
EXPOSE 80
CMD ["apachectl", "-D", "FOREGROUND"]
```

開発環境としてCloud9を使えば、すでにDockerもAWS CLIもインストール済みなので試しやすいです。

マネジメントコンソールのECRコンソールで、リポジトリを作成します。リポジトリ名はhello-worldなどとします。

[プッシュコマンドの表示]ボタンを押下すると、ECRにアップロードするためのコマンドがひととおり表示されます。

```
$ aws ecr get-login-password --region us-east-1 | docker login --username
AWS --password-stdin 123456789012.dkr.ecr.us-east-1.amazonaws.com
$ docker build -t hello-world .
$ docker tag hello-world:latest 123456789012.dkr.ecr.us-east-1.
amazonaws.com/hello-world:latest
$ docker push 123456789012.dkr.ecr.us-east-1.amazonaws.com/
helloworld:
latest
```

ECRレジストリにログイン、Dockerイメージをビルド、イメージとリポジトリを紐付け（タグ）して、プッシュします。

ここでのポイントは、1つ目のget-login-passwordコマンドです。ログインするためのコマンドは、「|」の後ろにあるdocker loginコマンドですが、ログインするための一時的な認証情報をget-login-passwordコマンドによって取得しています。

ECRにプッシュしたイメージを、ECSまたはEKSからタスク定義で指定してサービスとして実行します。

実行環境はEC2タイプとFargateの2つから選択できます。EC2タイプはEC2インスタンスのクラスターを起動させて、そこでコンテナを実行します。永続的に実行する場合は、EC2インスタンスのメンテナンス（エージェントの更新など）が必要です。

Fargateを使用すれば、EC2インスタンスのメンテナンスをユーザーが行う必要はなくなり、コンテナの効率的な運用やデプロイに注力できます。

タスク定義では、IAMロールや環境変数などアプリケーションに必要な機能も設定できます。

●Amazon ECS

Amazon ECSの主要要素として、クラスター、サービス、タスク、タスク定義があります。

■ ECSクラスター

リージョンを選択して作成します。クラスターはコンテナの実行環境を管理単位で分離します。例えば、ポータルサービスの本番環境用クラスター、開発環境用クラスターなどです。決まりがあるわけではないので、その組織やチームによって柔軟に分離できます。コンテナを実行するためのサービスとタスクとクラスターでグループにします。組織のチームや部門ごとに分けたり、アクセス権限やコストで分離したりします。

●タスク定義

タスク定義では、コンテナイメージ、タスクサイズ、使用するポート、コンテナタスクがAWSサービス（S3、DynamoDBなど）へのアクセスを許可するためのIAMロール（TaskRole）、コンテナを実行するためのIAMロール（ExecutionRole）、環境変数、ログ記録などを定義できます。タスク定義はJSONで直接記述もできます。ボリュームの追加でEFSファイルシステムを指定して使用もできます。Amazon EventBridgeでスケジュールを設定して、ターゲットにECSタスクのコンテナを指定し、定期的な実行も可能です。

▼タスク定義の例

```
{
    "taskDefinitionArn": "arn:aws:ecs:us-east-1:123456789012:task-
definition/DemoTask:1",
  "containerDefinitions": [
    {
      "name": "DemoContainer",
        "image": "123456789012.dkr.ecr.us-east-1.amazonaws.com/
demoimage:latest",
      "cpu": 0,
      "portMappings": [
        {
          "containerPort": 80,
          "hostPort": 80,
          "protocol": "tcp"
        }
      ],
      "essential": true,
      "environment": [],
      "logConfiguration": {
        "logDriver": "awslogs",
        "options": {
          "awslogs-group": "/ecs/DemoTask",
          "awslogs-region": "us-east-1",
          "awslogs-stream-prefix": "ecs"
        }
      }
    }
  ],
  "family": "DemoTask",
  "taskRoleArn": "arn:aws:iam::123456789012:role/ecsTaskExecutionRole",
  "executionRoleArn": "arn:aws:iam::123456789012:role/ecsTaskExecution
Role",
  "networkMode": "awsvpc",
  "revision": 1,
```

```
  "requiresCompatibilities": [
     "FARGATE"
  ],
  "cpu": "256",
  "memory": "512"
}
```

●サービス

サービスでは、実行するタスク定義、コンテナを配置するVPC、サブネット、セキュリティグループ、スケーリングポリシー、Application Load Balancerのターゲットグループ、インフラストラクチャなどが設定できます。

サービスによって起動したコンテナアプリケーションの実行単位をタスクと呼びます。

指定したVPCサブネットでタスクにENIがアタッチされて、プライベートIPアドレス、オプションでパブリックIPアドレスが設定されます。

7 統合

APIを構築するサービスを解説します。

● Amazon API Gateway

API Gatewayによって、REST API、HTTP API、WebSocket APIの作成、公開、モニタリング、セキュリティなどの設定ができます。

■ API Gatewayで構成するサーバーレスアーキテクチャ

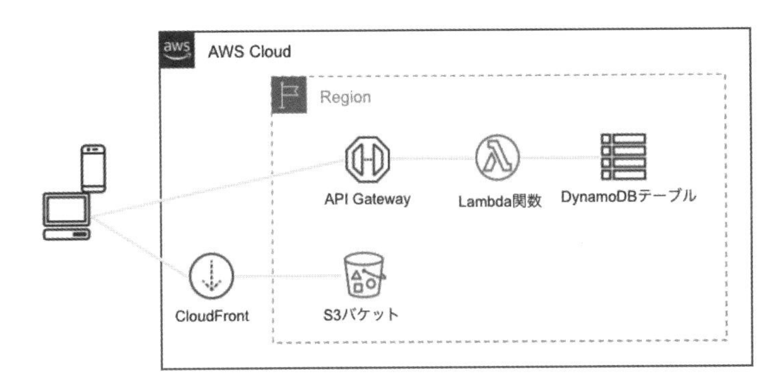

よくあるサーバーレスの構成ですが、S3で静的なHTML、CSS、JavaScript、画像を配信し、フォームで送信ボタンが押下されたときに、API Gatewayで作成したREST APIに対してPOSTリクエストを実行します。REST APIにはフォームで入力された情報が渡されて、Lambda関数によってDynamoDBテーブルに書き込まれます。

■ API GatewayでREST APIを作成

POSTリクエストのメッセージをDynamoDBに書き込み、読み込みをするAPIの作成手順を、最短手順のサンプルで解説します。手順は次のとおりです。

❶API GatewayでREST APIを作成
❷リソースの作成
❸メソッドの作成

❹テスト
❺デプロイ

使用するDynamoDBは、テーブル名：Memo、パーティションキー：MemoIdとしているテーブルです。
サンプルAPIの設計はこちらです。

▼API Gatewayで構成するサンプルAPI

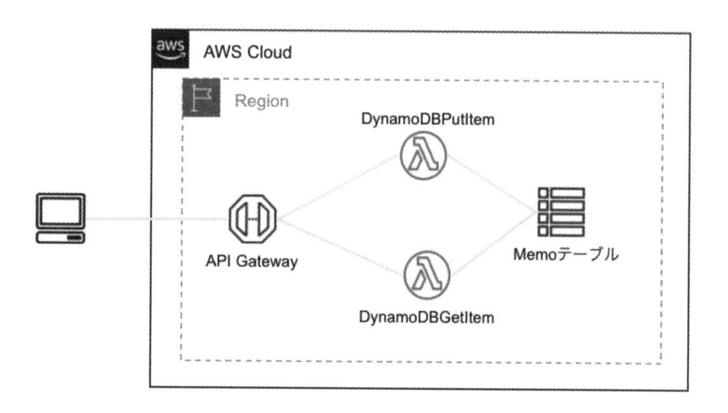

使用するLambda関数のコードはこちらです。

▼DynamoDBPutItem

```
import json
import boto3

def lambda_handler(event, context):

    table = boto3.resource('dynamodb').Table('Memo')
    response = table.put_item(
        Item = event['queryStringParameters']
    )

    return {
```

```
        'statusCode': 200,
        'body': json.dumps(response)
    }
```

▼DynamoDBGetItem

```
import json
import boto3

def lambda_handler(event, context):

    table = boto3.resource('dynamodb').Table('Memo')
    response = table.get_item(
        Key = event['queryStringParameters']
    )

    return {
        'statusCode': 200,
        'body': json.dumps(response)
    }
```

❶API GatewayでREST APIを作成

▼API Gateway の選択

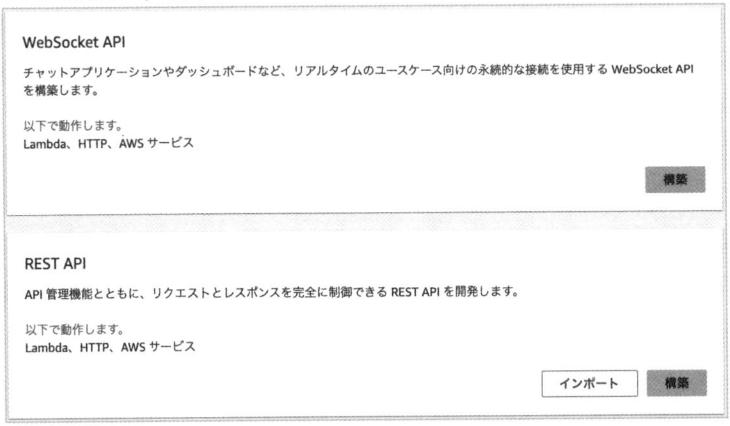

WebSocket API

チャットアプリケーションやダッシュボードなど、リアルタイムのユースケース向けの永続的な接続を使用する WebSocket API を構築します。

以下で動作します。
Lambda、HTTP、AWS サービス

構築

REST API

API 管理機能とともに、リクエストとレスポンスを完全に制御できる REST API を開発します。

以下で動作します。
Lambda、HTTP、AWS サービス

インポート 構築

APIタイプを選択します。この例ではREST APIを選択します。

▼API名の入力

新しい API の作成

Amazon API Gateway では、REST API とは、HTTPS エンドポイントを通じて呼び出し可能なリソースおよびメソッドの集合体のことを示します。

◉新しい API　○既存の API からクローン　○Swagger あるいは Open API 3 からインポート
○API の例

名前と説明

API のフレンドリー名と説明を選択します。

API 名* MemoBook
説明
エンドポイントタイプ リージョン

* 必須
API の作成

API名を入力します。

❷リソースの作成

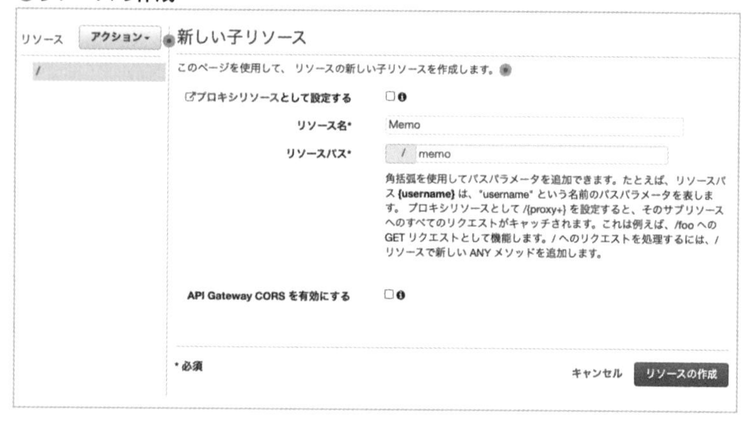

リソースを作成します。リソースは、APIエンドポイントで何をするAPIなのかを想像しやすくするために一般的な名詞を使用します。

❸メソッドの作成

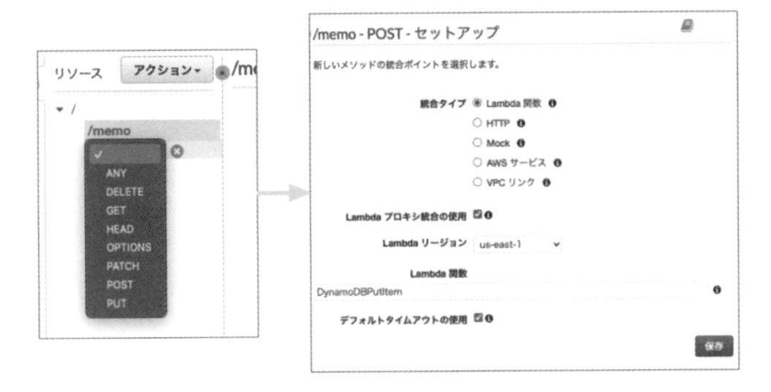

メソッドを作成します。一般的なREST APIに必要なメソッドから選択できます。このサンプルでは、GETとPOSTを選択し、それぞれにLambda関数を選択しました。[Lambdaプロキシ統合の使用]を選択しました。

Lambdaプロキシ統合を使用すると、APIへのリクエストに含まれる情報をそのままLambda関数に渡します。

リクエストメッセージの変換の必要がなければ、Lambdaプロキシ統合を使用することで素早く開発できます。

❹テスト

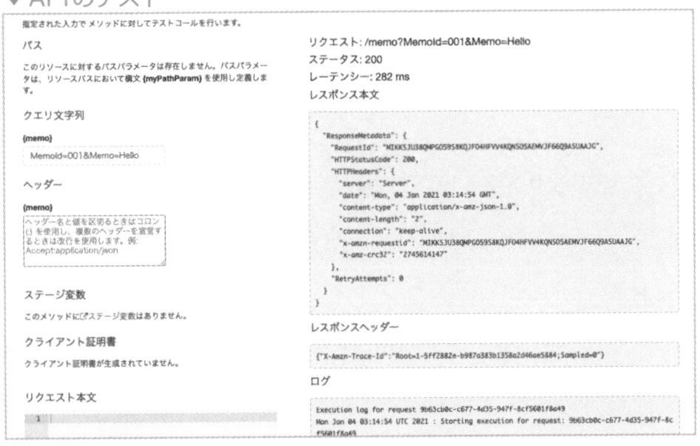

クエリ文字列を指定して、APIを実行してみます。レスポンスは成功しています。

▼Memoテーブル

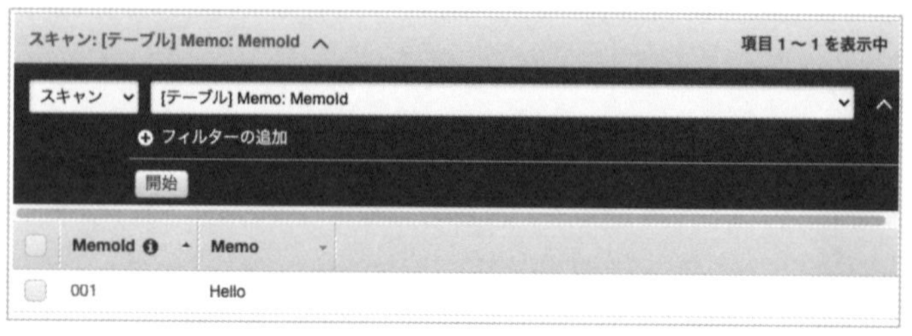

DynamoDBのMemoテーブルを確認すると、テスト時にクエリ文字列で設定したとおりに項目が作成されています。

❺デプロイ

▼APIのデプロイ

APIのデプロイ

APIがデプロイされるステージを選択します。たとえば、APIのテスト版をベータという名前のステージにデプロイできます。

デプロイされるステージ　[新しいステージ]
ステージ名*　prod
ステージの説明　本番
デプロイメントの説明

キャンセル　デプロイ

デプロイします。デプロイすると、APIエンドポイントURLが生成されます。パブリックなAPIのGETリクエストはブラウザから簡単に確認できるので、確認してみます。

・例　APIエンドポイント

https://1ouchacnu1.execute-api.us-east-1.amazonaws.com/prod/memo

memoリソースのAPIエンドポイントはこのようなURLが生成されました。ブラウザでクエリパラメータを付加して確認します。

・例　クエリパラメータのリクエスト

https://1ouchacnu1.execute-api.us-east-1.amazonaws.com/prod/memo?MemoId=001

▼APIの実行結果

1ouchacnu1.execute-api.us-east-1.amazonaws.com/prod/memo?MemoId=001


```
{
 - Item: {
       Memo: "Hello",
       MemoId: "001"
   },
 - ResponseMetadata: {
       RequestId: "M91578662DM6BJS3HS8V2N65DJVV4KQNSO5AEMVJF66Q9ASUAAJG",
       HTTPStatusCode: 200,
     - HTTPHeaders: {
           server: "Server",
           date: "Mon, 04 Jan 2021 03:20:32 GMT",
           content-type: "application/x-amz-json-1.0",
           content-length: "52",
           connection: "keep-alive",
           x-amzn-requestid: "M91578662DM6BJS3HS8V2N65DJVV4KQNSO5AEMVJF66Q9ASUAAJG",
           x-amz-crc32: "3136748190"
       },
       RetryAttempts: 0
   }
}
```


■APIの保護

先ほどのサンプルのように、**API Gateway**ではパブリックに公開されたAPIを作成できますが、いくつかの方法を使用してAPIを保護できます。

●バックエンド認証用SSL証明書

▼API Gatewayクライアント証明書

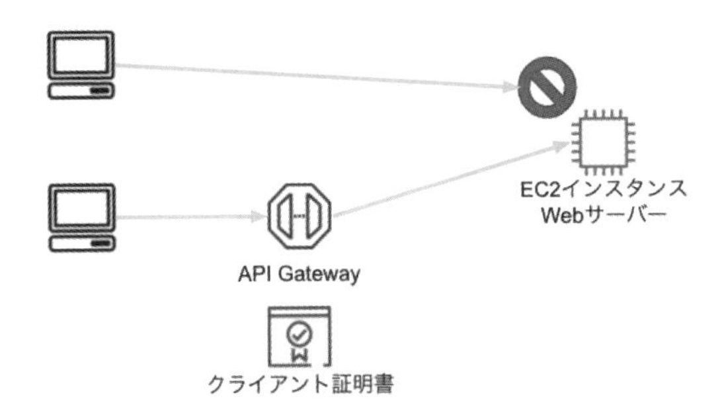

APIにクライアント証明書を設定できます。バックエンドのWebサーバーで証明書を検証して、直接のリクエストを制御できます。

▼API Gatewayクライアント証明書の設定

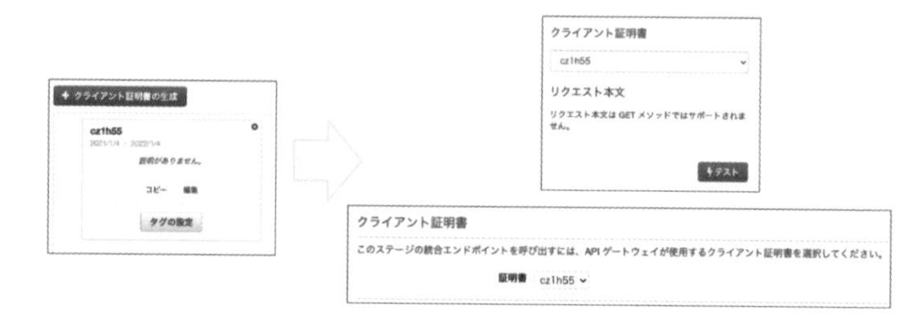

API Gatewayでクライアント証明書を作成し、APIリソースのテストで使用してバックエンドサーバーで確認したり、問題がなければステージに設定したりすることができます。

●リソースポリシー

API Gatewayではリソースベースのポリシーが設定できます。

次の例は、特定の2つのIPアドレス範囲からのAPI実行を拒否するポリシーです。

```
{
    "Version": "2012-10-17",
    "Statement": [
        {
            "Effect": "Allow",
            "Principal": "*",
            "Action": "execute-api:Invoke",
            "Resource": [
                "execute-api:/*"
            ]
        },
        {
            "Effect": "Deny",
            "Principal": "*",
```

```
            "Action": "execute-api:Invoke",
            "Resource": [
              "execute-api:/*"
            ],
            "Condition" : {
              "IpAddress": {
                "aws:SourceIp": [
                  "192.0.2.0/24",
                  "198.51.100.0/24"
                ]
              }
            }
          }
        ]
      }
```


認可

APIに対してリクエストを実行できるユーザーを制限できます。

IAM認証

▼API Gateway IAM認証

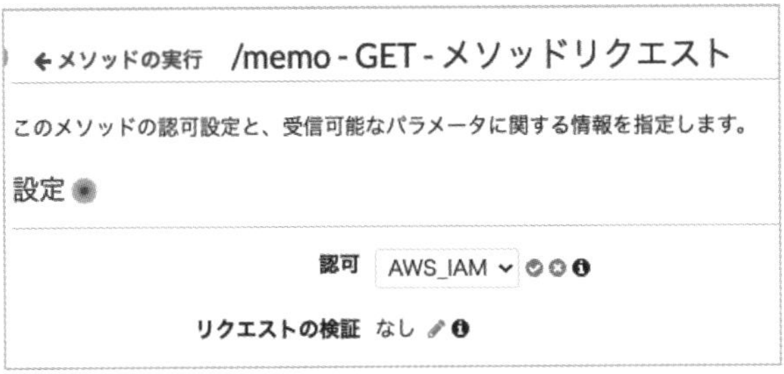

← メソッドの実行　/memo - GET - メソッドリクエスト

このメソッドの認可設定と、受信可能なパラメータに関する情報を指定します。

設定

認可　AWS_IAM

リクエストの検証　なし

IAMユーザーのみ実行可能として設定できます。

- **同一アカウントのIAMユーザーに許可を与える場合**

実行を許可するIAMユーザーには、以下のようなIAMポリシーを設定します。

```
{
    "Version": "2012-10-17",
    "Statement": [
        {
            "Effect": "Allow",
            "Action": [
                "execute-api:Invoke"
            ],
            "Resource": [
                "arn:aws:execute-api:us-east-1:123456789012:apiid/*/GET/"
            ]
        }
    ]
}
```

インターネットからリクエストを実行するので、実行を許可するIAMユーザーのアクセスキーID、シークレットアクセスキーを発行し、署名バージョン4で署名を作成して、リクエストに含めます。

- **他アカウントのIAMユーザーに許可を与える場合**

IAMユーザーに許可を与える処理に加えて、API Gatewayのリソースベースポリシーに他アカウントからの実行を許可するポリシーを定義します。

以下のようなポリシーです。

```
{
    "Version": "2012-10-17",
    "Statement": [
        {
            "Effect": "Allow",
            "Principal": {
                "AWS": [
```

```
                "arn:aws:iam::098765432109:root",
                "arn:aws:iam::098765432109:user/username"
            ]
        },
        "Action": "execute-api:Invoke",
        "Resource": "arn:aws:execute-api:us-east-1:1234566789012:apiid/
                    prod/GET/*"
    }
  ]
}
```


■Cognitoオーソライザーと Lambdaオーソライザー

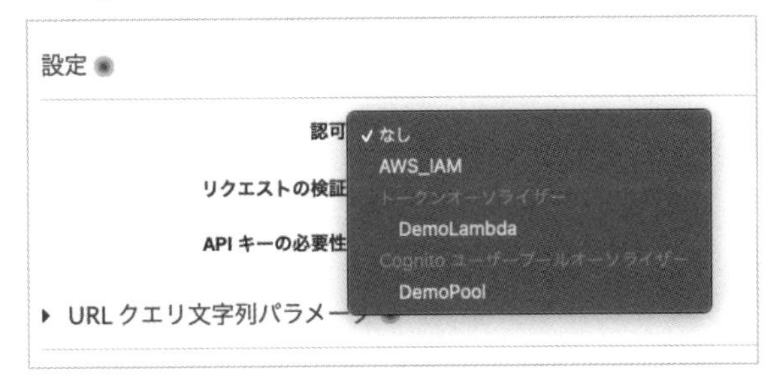

IAM認証のかわりに、**Cognitoオーソライザー**または**Lambdaオーソライザー**も選択できます。

▼Cognitoオーソライザーと Lambdaオーソライザー

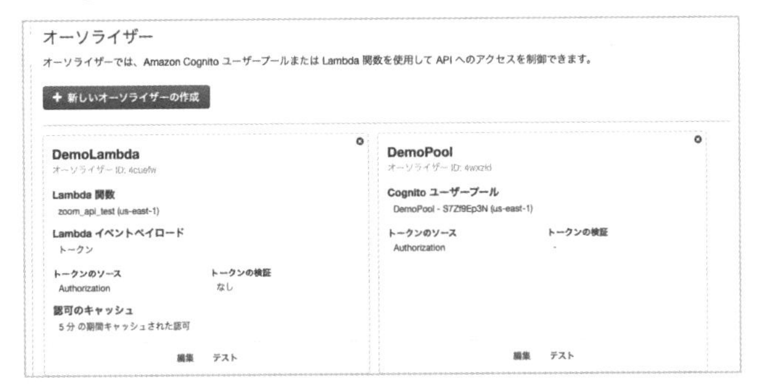

あらかじめ、オーソライザーメニューで作成しておきます。

Cognitoオーソライザー

▼API Gateway Cognitoオーソライザー

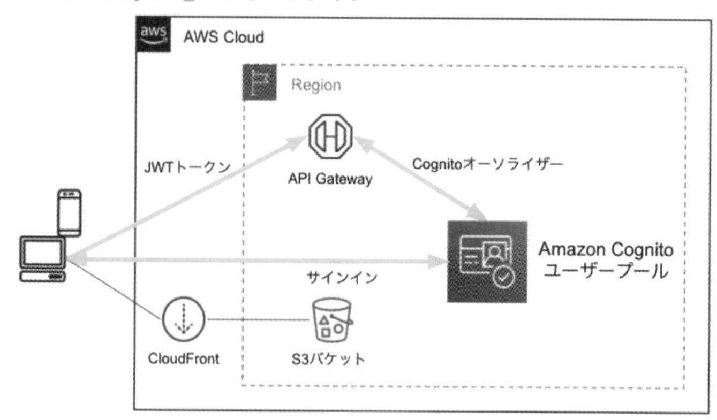

Cognitoユーザープールでサインインして取得したJWTトークンをAuthorizationヘッダーに含めて、API Gatewayに対してリクエストを実行します。

Cognitoユーザープールで認証済みのJWTトークンがなければ、APIを実行できません。

Lambdaオーソライザー

▼API Gateway Lambdaオーソライザー

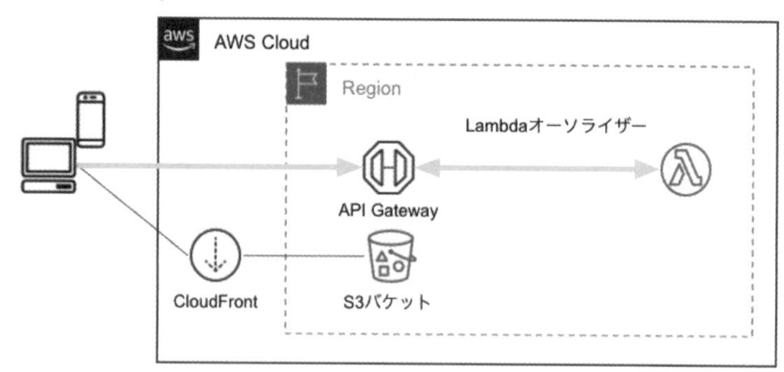

Lambdaオーソライザーによって、カスタム認証を検証したり、サードパーティ製品の認証を検証したりすることができます。

■スロットリング

作成したAPIの実行数は、デフォルトでリージョンごとに10,000/秒までです。この制限については引き上げ申請が可能です。APIステージごとに実行数の設定が可能です。バーストは端的にいうと1ミリ秒あたりの制限です。

■使用量プラン

作成したAPIを顧客に公開し、リクエスト数に応じた課金請求を行うとします。もしくは、顧客ごとに制限回数を設けたい場合は、**使用量プラン**を利用できます。

▼使用量プラン

顧客のCustomerAには、2つのAPIステージの利用について、100リクエスト/ 秒、1,000,000リクエスト/ 月の制限を設定しています。CustomerAが実行したかどうかは、APIキーによって判定します。

▼APIキー

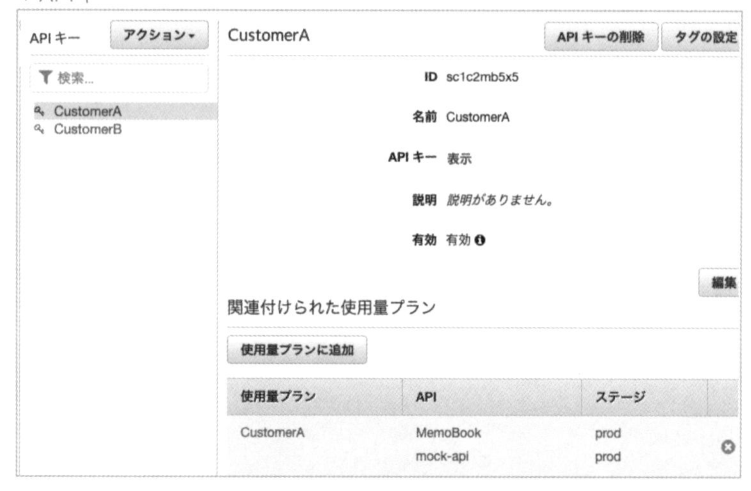

APIキーを作成して、使用量プランに紐付けることができます。

▼APIキーの必要性

APIリソースのメソッドリクエストの[APIキーの必要性]をtrueに設定します。これで、APIキーを使用していない顧客はリクエストが実行できなくなりました。

顧客がAPIリクエストを実行するときには、リクエストヘッダーにおいて、x-api-keyというキーの値として、配布されたAPIキーを設定した上でリクエストします。

▼APIの使用状況

APIキーと使用量プランが紐付いているので、顧客は使用量プランで設定されたスロットリングの範囲内で実行でき、その結果が記録されます。

■メッセージの変換

▼API Gateway メッセージ変換

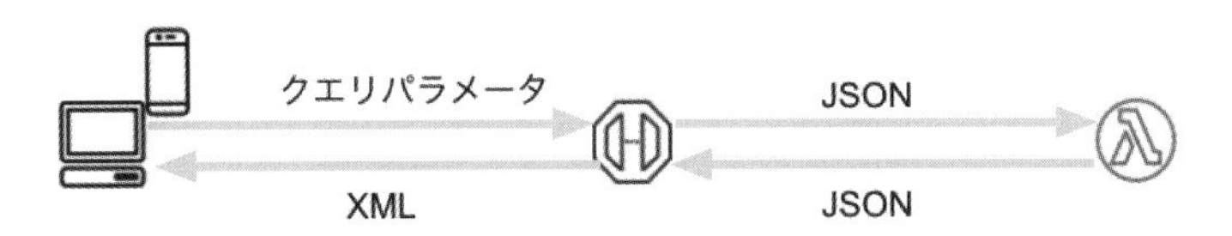

REST APIのサンプルでは、Lambdaプロキシ統合を使用しましたが、リクエストメッセージやレスポンスメッセージの変換もできます。

例えば、既存のAPIサービスに対して、クエリパラメータを変換して登録したい場合などは、Lambda関数を使用しなくてもAPI Gatewayで変換できます。

▼DynamoDBへの統合リクエスト

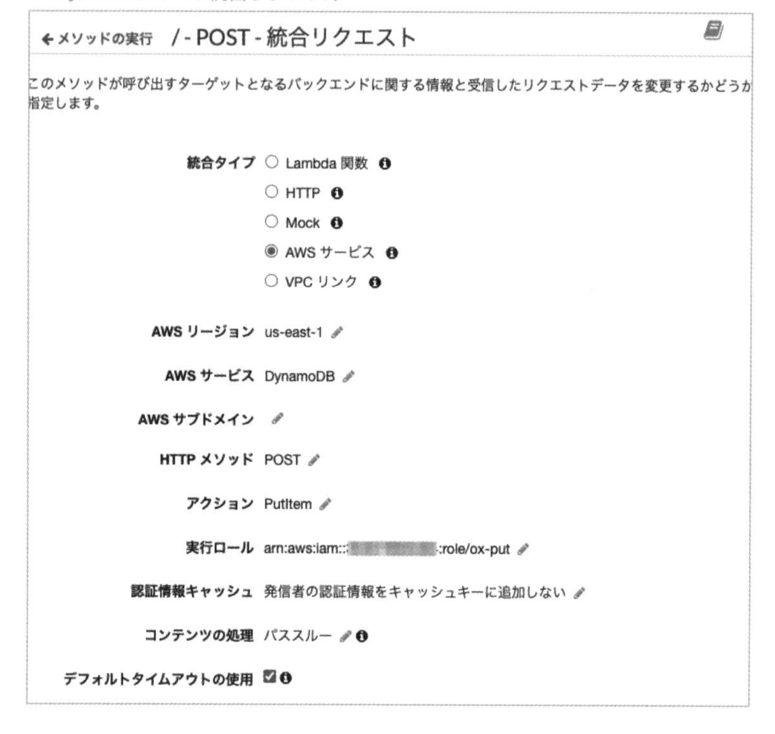

AWSのAPIリクエストへの変換も可能です。統合リクエストの**マッピングテンプレート**を使用して、クエリパラメータをDynamoDB PutItem APIアクションが受け取り可能な形式に変換もできます。

▼統合リクエストのマッピングテンプレート

```
{
   "TableName": "tablename",
   "Item": {
      "MemoId": {
         "S": "$input.params('MemoId')"
      },
      "Memo": {
         "S": "$input.params('Memo')"
      }
   }
}
```

メッセージの変換は、レスポンスに対しても可能です。

例えば、Lambdaから返ってきたJSONをXMLに変換したい場合は、統合レスポンスのマッピングテンプレートで次のように設定します。

▼統合レスポンスのマッピングテンプレート

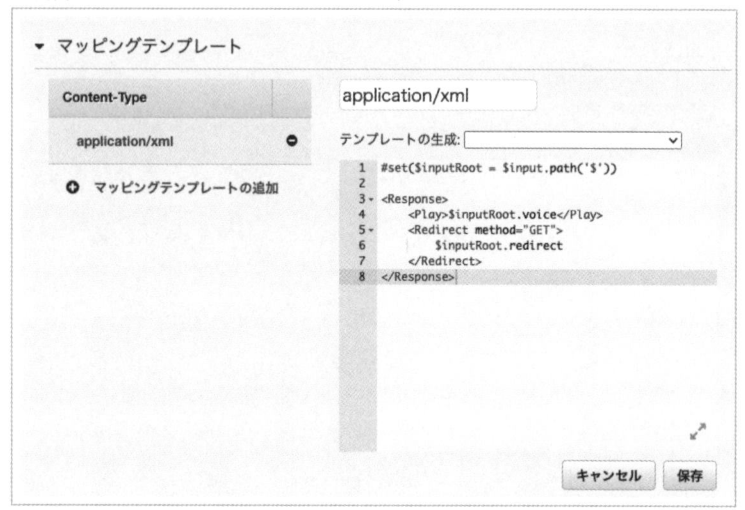

■GETリクエストのキャッシュ

▼API Gatewayのキャッシュ

API GatewayでGETメソッドのキャッシュを有効にすると、バックエンドに対してはリクエストが実行されないので、パフォーマンスの向上が可能です。

▼API Gatewayステージキャッシュ設定

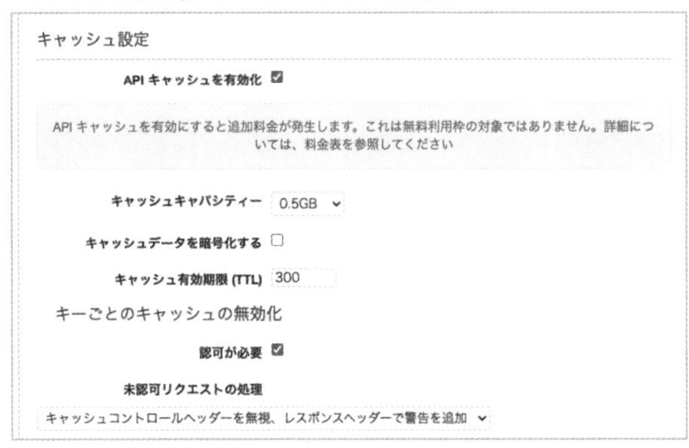

クライアントがヘッダーにCache-Control: max-age=0を含むリクエストを送信すると、キャッシュが無効化され、バックエンドリクエストが実行されてキャッシュが上書きされます。

無効化処理を制限したい場合は、「キーごとのキャッシュの無効化」で[認可が必要]にチェックを入れます。そして、キャッシュの無効化を有効にするクライアントにのみ、execute-api:InvalidateCacheアクションをIAMポリシーで許可します。

■ログの記録

▼API Gatewayログ記録

設定 ログ/トレース ステージ変数 SDK の生成 エクスポート デプロイ履歴 ドキュメント履歴 Canary

ステージのロギングおよびトレース設定を指定します。

CloudWatch 設定

CloudWatch ログを有効化

ログレベル INFO

リクエスト/レスポンスをすべてログ

詳細 CloudWatch メトリクスを有効化

カスタムアクセスのログ記録

アクセスログの有効化

X-Ray トレース 詳細はこちら

X-Ray トレースの有効化 X-Ray サンプリングルールの設定

APIステージでCloudWatch Logsを有効化できます。APIに対してどのようなリクエストが送信されて、バックエンドサービスに対して何が送信されたか、などをトレースできます。トラブルシューティングに役立ちます。

■インポート、エクスポート

▼APIのエクスポート

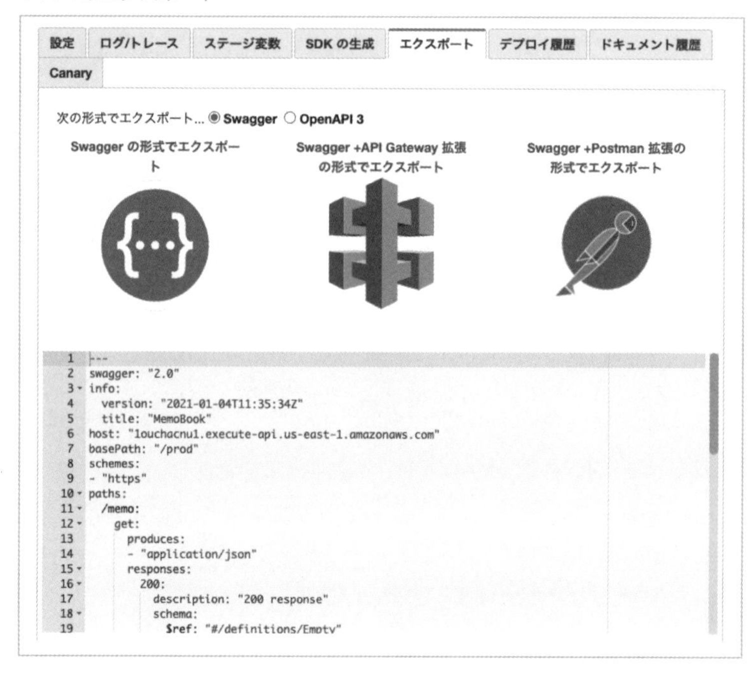

ステージからAPIの設定をSwagger形式でエクスポートできます。エクスポートしたJSONもしくはYAMLのSwaggerファイルは、API Gatewayにインポートしたり、SECTION 2で紹介したSAM（Serverless Application Model）でサーバーレスアプリケーションにAPIを含める際に使用したりすることができます。

Swaggerはオープン API仕様ですので、他のREST API構築サービスとの互換性もあります。

Canary

API Gatewayの更新デプロイを安全に実行する方法に**Canary**があります。設定とデプロイ時の動作をもとに解説します。

▼API Gateway Canary作成

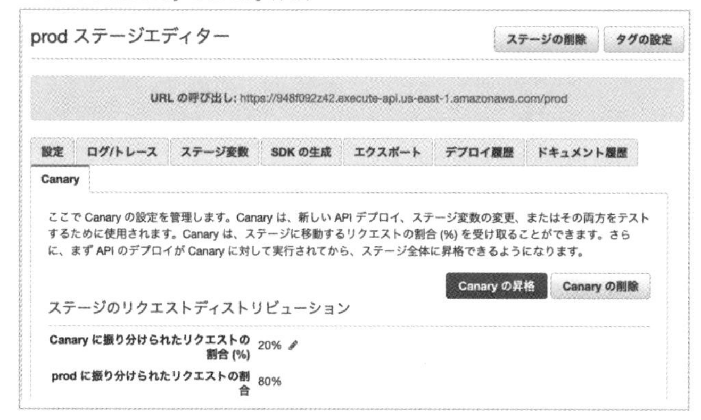

Canaryを作成したいステージでCanaryの作成をし、割合を決めます。例ではCanaryに振り分けるリクエストを20%としました。

▼Canaryへのデプロイ

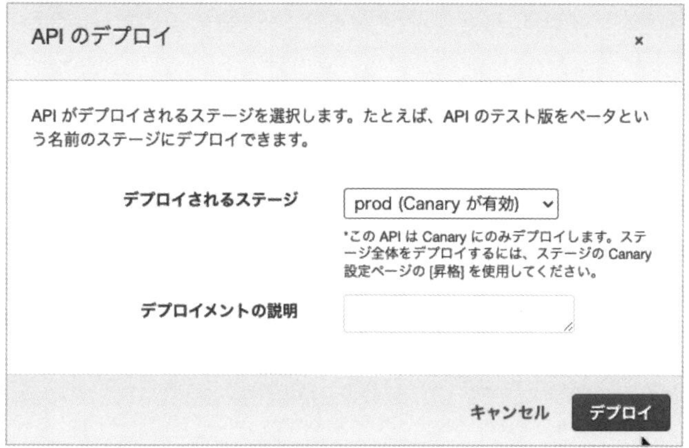

Canaryを作成したステージへAPIを更新してデプロイします。
20%としているので、5回に1回ぐらいの頻度でCanaryにデプロイしたAPIが実行されます。

▼Canaryの昇格

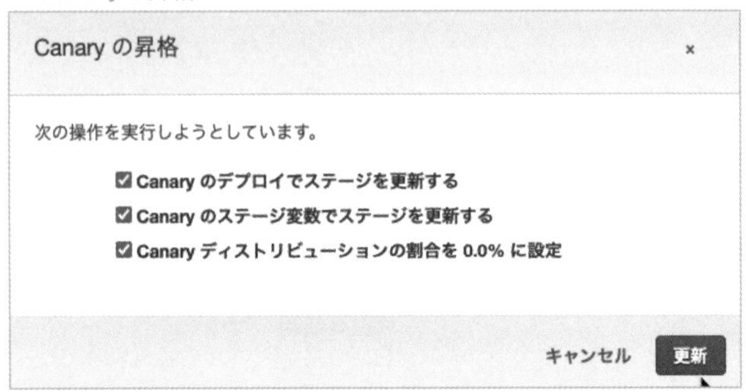

問題がなければ、ステージで[Canaryの昇格]を実行してデプロイをステージ全体に反映させます。

■ステージ変数

ステージ変数を使用してLambda関数のエイリアスと組み合わせることで、安全なLambda関数の更新デプロイを実現できます。
ステージ変数とLambdaエイリアスの組み合わせの設定について解説します。

API Gatewayの統合リクエストでLambda関数を指定するときには、エイリアスも指定できます。例えば、DynamoDBGetItem:prodやDynamoDBGetItem:betaの形式です。これをDynamoDBGetItem:${stageVariables.alias}とします。そして、ステージはprodとbetaの2つをデプロイします。

▼ステージ変数

デプロイされたそれぞれのステージの[**ステージ変数**]タブで、それぞれが使いたいLambda関数のエイリアスをaliasキーで値に設定します。

${stageVariables.alias}が、[ステージ変数]タブで設定した値で上書きされて実行されます。

Lambdaの場合は、Lambda関数のエイリアスごとのリソースポリシーの設定が必要なので注意してください。

統合リクエストで指定したときに、設定するためのAWS CLIコマンドが表示されますので、エイリアス部分を変更しながら、それぞれ実行してください。

以下は例です。

```
aws lambda add-permission \
--function-name "arn:aws:lambda:us-east-1:123456789012:function:
DynamoDBPutItem:prod" \
--source-arn "arn:aws:execute-api:us-east-1:123456789012:1ouchacnu1/*
/POST/memo" \
--principal apigateway.amazonaws.com \
--statement-id bace741d-9d00-4699-a4f4-0612bdbd57a2 \
--action lambda:InvokeFunction
```

SECTION 2 開発

■WebSocket API

▼WebSocket

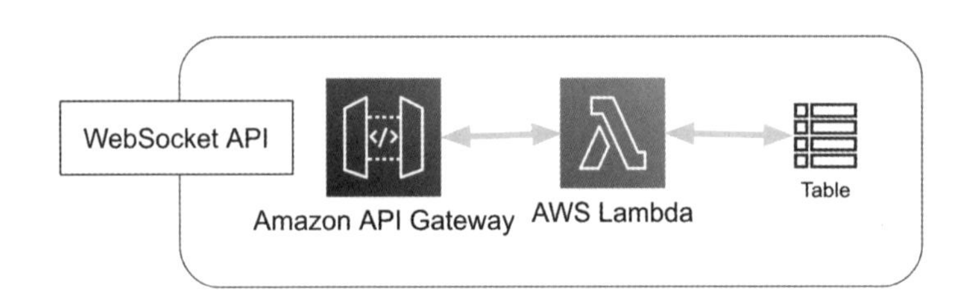

Amazon API Gatewayでは、**WebSocket API**も構築できます。
WebSocket APIによって、サーバー、クライアントの相互通信を実現できます。

●AWS AppSync

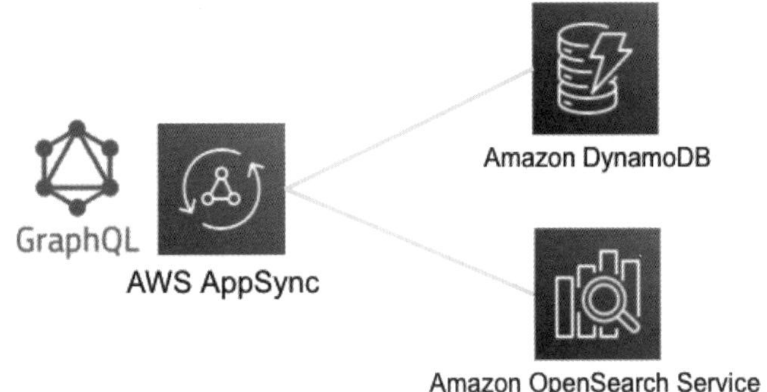

AWS AppSyncはGraphQL APIとPub/Sub APIを高速に開発できるサービスです。DynamoDBテーブル、OpenSearch Serviceなどへ安全に接続してデータの読み書きが行えます。

モバイルアプリケーションなどから安全に接続したり、Webチャットアプリケーションで更新メッセージを相互に受け取ったりすることが実現できます。

8 メッセージング、ステート制御

サービスとサービスの間のコネクタになったり、実行を制御したりするサービスを解説します。

●Amazon SQS

AWSのメッセージングサービスで重要なサービスに**Amazon SQS**(**Simple Queue Service**)があります。まず、**キュー**があれば何ができるのか、どんなメリットがあるのかを解説します。

▼キューのない注文フォーム

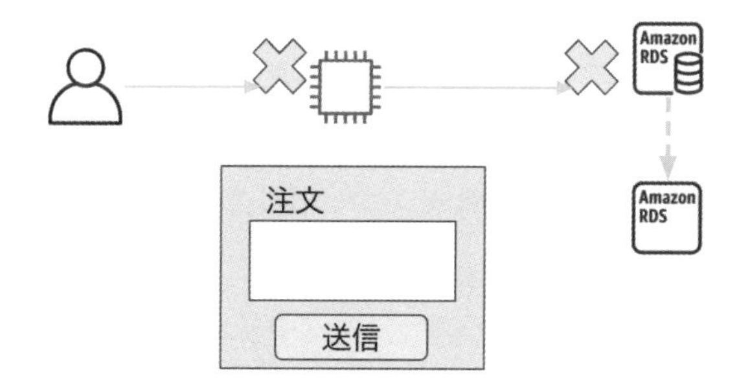

注文フォームから送信された情報がデータベースに保存されるWebシステムがあるとします。

注文フォームで送信ボタンが押下されると、データベースに対してINSERTを実行します。RDSインスタンスにフェイルオーバーが発生している間データベースはリクエストを受け付けることができず、送信処理はエラーになります。その間、エンドユーザーは注文できないまま、このサービスから離脱してしまい、もう二度と訪れることもなくなるため、機会損失になります。

▼キューを使った設計例

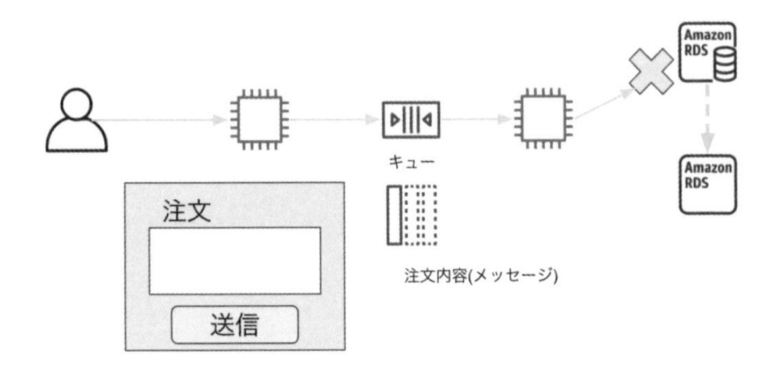

フォームでユーザーからの注文を受け付けるWebサーバーと、注文内容をデータベースにINSERTするアプリケーションサーバーに分けます。

Webサーバーは注文内容のメッセージをJSONフォーマットなどでキューに入れます。アプリケーションサーバーは、キューからメッセージを受信してデータベースにINSERTします。

データベースが応答しない場合は、キューにメッセージを残して次のタイミングでリトライします。こうすることでエンドユーザーは、データベースの状態がどうであれ、注文をし続けることができます。

Webサーバーとアプリケーションサーバーの疎結合化（依存性をなくしてお互いの影響を減らす）が実現できるので、それぞれが個別にスケーリングや障害復旧、デプロイなどを行うことも可能になります。

このキューの仕組みを提供しているマネージドサービスが、Amazon SQS（Simple Queue Service）です。

■SQSの基本機能

SQSでは、リージョンを選択してキューを作成します。キューはメッセージの入れ物です。作成したキューに対して、メッセージを送信したり（SendMessage）、受信したり（ReceiveMessage）、処理済みのメッセージを削除したり（DeleteMessage）します。

一般的にキューにメッセージを送る側をプロデューサー、メッセージを受信して処理する側をコンシューマーと呼びます。

プロデューサーはキューにメッセージを送信します。コンシューマーはメッセージをキューから受信します。

●可視性タイムアウト

▼複数のコンシューマー

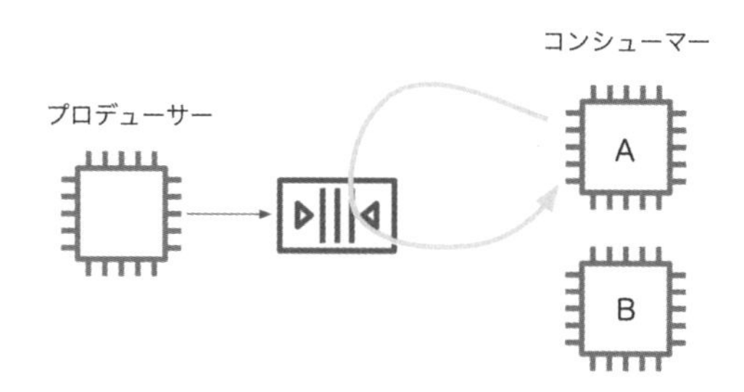

大量のメッセージを処理する場合など、コンシューマーは複数用意されることがあります。

上図で、コンシューマーAがメッセージを受信して処理中に、コンシューマーBが受信してしまうと、処理が重複することになります。これを防ぐために、可視性タイムアウトの仕組みがあります。

まず、コンシューマーAがメッセージを受信したタイミングで、メッセージは他のコンシューマーから見えなくなります。そして、コンシューマーAが処理を正常完了してメッセージを削除します。これでメッセージの処理が重複することはありません。

コンシューマーAによる処理の途中で何らかの障害やエラーが発生した場合に備えて、メッセージがもう一度見えるようになる秒数を指定しておきます。

例えば、60秒と決めておけば、60秒経過後にメッセージが見えるようになるので、コンシューマーAに障害が発生したとしても、コンシューマーBが処理をリトライできます。

可視性タイムアウトは、VisibilityTimeoutパラメータで秒数を指定できます。VisibilityTimeoutはメッセージの受信リクエストごと、もしくはキューの属性でメッセージデフォルト値として設定できます。

デッドレターキュー

可視性タイムアウトの項で説明したケースは、コンシューマーA側の問題によるリトライでしたが、もしもメッセージに原因があったり、コンシューマーの処理のリクエスト先でエラーが発生したりしている場合は、何度もリトライを繰り返して、可視性タイムアウトを繰り返すことになります。

可視性タイムアウトの制限回数（最大受信数）を決めておき、制限に達したメッセージをあらかじめ指定しておいた他のキューに移動できます。

この機能がデッドレターキューです。デッドレターキューに移動したメッセージを確認して、問題の調査ができます。

キューの属性RedrivePolicyのmaxReceiveCountで最大受信数を設定できます。

ロングポーリング

コンシューマーはキューに対してメッセージの受信リクエストを実行します。プロデューサーがキューにメッセージを送信するタイミングが特に決まっていない場合、コンシューマーは定期的に受信リクエストを実行します。そして、メッセージがあれば受信して処理を実行します。この定期的な受信リクエストの実行をポーリングと呼びます。

SQSの料金はAPIリクエストに対する料金です（1ヶ月あたり100万回リクエストまで無料、100万回を超えた分は1リクエストあたり東京リージョンで0.0000004 USDと非常に安価）。

メッセージが0件の受信リクエストも請求の対象となるので、メッセージが0件の受信リクエストをなるべく減らしたほうが、コストの最適化につながります。

受信リクエスト実行時にメッセージが0件の場合は、WaitTimeSecondsで指定した秒数だけ待機します。待機中のメッセージが送信され、受信可能になった場合は、そのメッセージを受信します。待機秒数は最大20秒まで設定できます。

待機秒数はメッセージの受信リクエストごとのWaitTimeSeconds、またはキューの属性のReceiveMessageWaitTimeSecondsで設定できます。

共有キュー

SQSキューには、キューポリシーが設定できます。次のポリシーは、別のアカウントへのメッセージ送信を許可するポリシーです。こうして、アカウント間でキューを共有できます。リクエスト料金は、キューを作成した側のアカウントに請求されます。

```
{
    "Version": "2012-10-17",
    "Statement": [{
        "Effect": "Allow",
        "Principal": {
            "AWS": ["123456789012"]
        },
        "Action": "sqs:SendMessage",
        "Resource": "arn:aws:sqs:us-east-1:987654321098:QueueName"
    }]
}
```


■SQSキューのタイプ

SQSキューには2つのタイプがあります。

- **標準キュー**
- **FIFOキュー**

以前は標準キューのみでしたが、ユーザーのニーズによってFIFOキューが追加されました。標準キューには次の特徴があります。

●標準キューの特徴

標準キューの特徴として次の3つがあります。

❶無制限のパフォーマンス
❷少なくとも1回以上の配信
❸先入れ先出しはベストエフォート

以下、それぞれの特徴を説明します。

❶無制限のパフォーマンス

1秒あたりのAPIリクエスト回数は、ほぼ無制限です。メッセージの送受信、削除などのメインの処理を無制限に実行することが最初からできます。SQSを使って構築したシステムやサービスが成長したからといって、性能のスケールアップについてユーザーが調整する必要はなく、そのままスケーラビリティの実現につながっているというメリットがあります。

❷少なくとも1回以上の配信

コンシューマーが受信して処理して削除するまでを1回の配信としたときに、削除したメッセージや可視性タイムアウトに入ったメッセージをほかのコンシューマーが受信してしまうことがあります。これは、無制限のパフォーマンスを実現することを優先しているために発生し得る制約ともいえます。冪等性（べきとうせい）の設計をして、同じメッセージを受信しても結果を変えないようにします。

❸先入れ先出しはベストエフォート

プロデューサーから先に送信されたメッセージから順に受信できるとは限りません。次に述べるFIFOキューは、標準キューの❷と❸の特徴を改善して、❶の特徴に制限を追加しました。

● FIFOキューの特徴

FIFOキューの特徴として次の3つがあります。

❶ 1秒間300回のAPIリクエスト（1回あたりメッセージ10個の処理が可能なので、トランザクションとしては3,000）
❷ 1回のみの配信をサポート
❸先入れ先出し（First In First Out）をサポート

❶の要件はトレードオフのように見えますが、それよりも、❷の「メッセージ重複を排除する仕組みを使用しなければならない」、❸の「処理の順番を守らなければならない」という要件があったときに、FIFOキューを選択するようにしてください。

■キューの作成、管理

キューを管理する代表的なAPIを紹介します。AWSの各APIにはリファレンスがあります。SQSのAPIリファレンスはAPIアクションの数も多くないので、見やすいです。一度見てみておくと、より理解を深められます。

・**SQSのAPIリファレンス**

https://docs.aws.amazon.com/AWSSimpleQueueService/latest/APIReference/Welcome.html

CreateQueue

キューを新規作成します。属性には、キューに格納するメッセージのデフォルト値を設定できます。

属性	内容
DelaySeconds	プロデューサーがメッセージを送信してから、メッセージが利用可能になるまでの遅延時間です。コンシューマーが追加の準備を必要とする際に利用します。デフォルトは0秒で、900秒まで設定できます。
MaximumMessageSize	最大メッセージサイズ、最大値は256KBです。
MessageRetentionPeriod	メッセージ保持期間です。最長14日です。
ReceiveMessageWaitTimeSeconds	メッセージ受信待機時間です。ロングポーリングをデフォルトとする場合は設定します。デフォルトは0秒ですのでショートポーリングといえます。最長は20秒です。
VisibilityTimeout	可視性タイムアウトの時間です。デフォルト値は30秒です。最長12時間です。

SetQueueAttributes

既存のキューの属性を変更します。CreateQueueで紹介したパラメータを設定できます。

GetQueueAttributes

既存のキューの属性を取得して確認します。

GetQueueUrl

キューにAPIリクエストを実行するときのエンドポイントのキューURLです。

・**キューURLの例**

http://sqs.us-east-1.amazonaws.com/123456789012/QueueName

ここでus-east-1はリージョンコード、123456789012はアカウントID、QueueNameはキューの名前です。キューの名前はリージョン、アカウントで一意です。

● ListQueues

指定したリージョンのキューURLの一覧を取得できます。QueuenamePrefixを使って名前でフィルタリングもできます。

● DeleteQueue

キューにメッセージがあるかどうかに関係なく、キューを削除します。

■メッセージの操作

SQSキューへのメッセージの送信、受信、削除はAPIリクエストによって操作します。次に代表的なAPIリクエストを紹介します。

● SendMessage

プロデューサーがメッセージを送信します。

属性	内容
MessageBody	メッセージ本文です。
DelaySeconds	メッセージの遅延時間です。指定した場合はキューの属性で設定されたDelaySecondsよりも優先されます。
MessageAttributes	メッセージの属性を設定できます。Name（属性名）、Type（属性データ型）、Value（属性値）を指定します。例えば特定地域のタイムスタンプなどを指定します。

● ReceiveMessage

コンシューマーがメッセージを受信、ポーリングします。

属性	内容
WaitTimeSeconds	メッセージ受信待機時間です。指定した場合はキューの属性で設定されたReceiveMessageWaitTimeSecondsよりも優先されます。
VisibilityTimeout	可視性タイムアウトの時間です。指定した場合はキューの属性で設定されたVisibilityTimeoutよりも優先されます。
MaxNumberOfMessages	受信するメッセージの最大数を設定します。

DeleteMessage

コンシューマーが処理を終了したら、メッセージを削除します。ReceiptHandle（受信ハンドル）という、受信時に生成される文字列を指定して削除します。ReceiptHandleはReceiveMessageのレスポンスに含まれます。

DeleteMessageBatch

複数のメッセージを削除するときに使用します。ReceiptHandleの配列をパラメータで指定して最大10個のメッセージを削除できます。

PurgeQueue

指定したSQSキューのメッセージをすべて削除します。DeleteQueueはキューそのものの削除なので、両者の違いを明確にしておきましょう。

暗号化

AWS KMSと連携して暗号化します。

Amazon SQS Extended Client Library

SQSでは、扱えるメッセージの最大サイズは256KBです。256KBを超えるサイズのメッセージは、S3バケットに格納する設計があります。

Java用のExtended Client LibraryはSQS用の拡張クライアントライブラリであり、SQSとS3を組み合わせて256KBを超えるメッセージを扱うのに便利です。

Extended Client Libraryでは以下のことを少ないコードで開発できます。

- **メッセージを常にS3に保存するか、メッセージのサイズが256KBを超える場合のみ保存するかを指定する**
- **S3バケットに格納されている1つのメッセージオブジェクトを参照するメッセージを、SQSキューに送信する**
- **S3バケットからメッセージオブジェクトを取得する**
- **メッセージオブジェクトをS3バケットから削除する**

●Amazon SNS

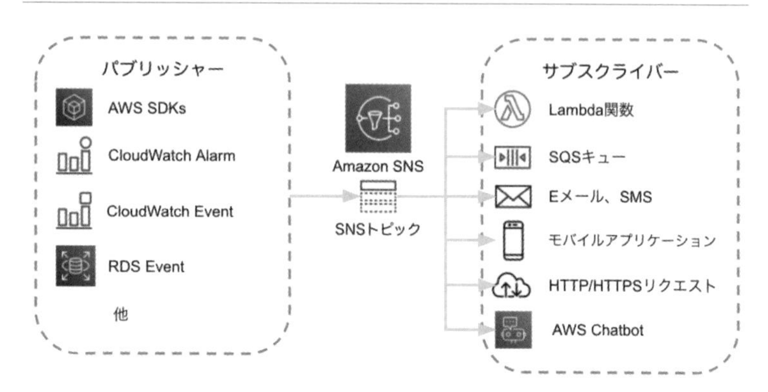

Amazon SNS（Simple Notification Service）を使うと、Notification（通知）というように、様々なメッセージ通知を効率的に行うことができます。

パブリッシャーが送信したメッセージを、あらかじめサブスクリプション設定済みのサブスクリプションにプッシュします。

■ファンアウト

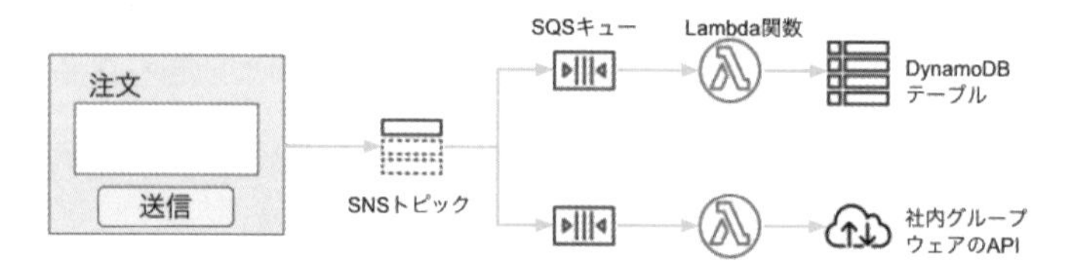

SNSとSQSで**ファンアウト**という設計がよくあります。1つのメッセージを複数のサブスクライバーにプッシュします。そして並列処理をします。

例えば、フォームから注文された内容をDynamoDBテーブルに保存する処理と、社内のチャットに通知する処理があった場合、上図のようにSNSとSQSを組み合わせると簡単に実装できます。

このようなケースで、DynamoDBテーブルにはSNSからSQSに送信されたメッセージを全部格納したい、そして社内チャットには注文内容だけ送信できればいい、そういった要件もあります。

その場合、rawメッセージを有効化すると、通知するコードの開発が簡単になります。

▼rawメッセージの有効化

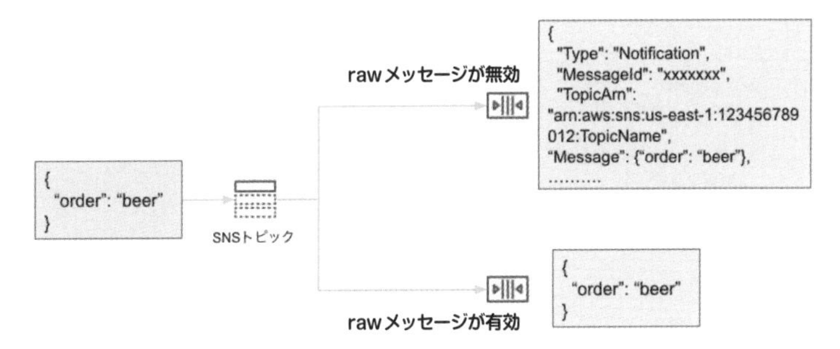

サブスクリプションを設定するときに、rawメッセージを有効にすると、SNSにパブリッシュされたメッセージをそのまま送信します。rawメッセージを有効にしない場合は、属性情報とあわせてJSONエンコードされます。

■SNSの基本機能

●フィルターポリシー

▼SNSサブスクリプションの設定

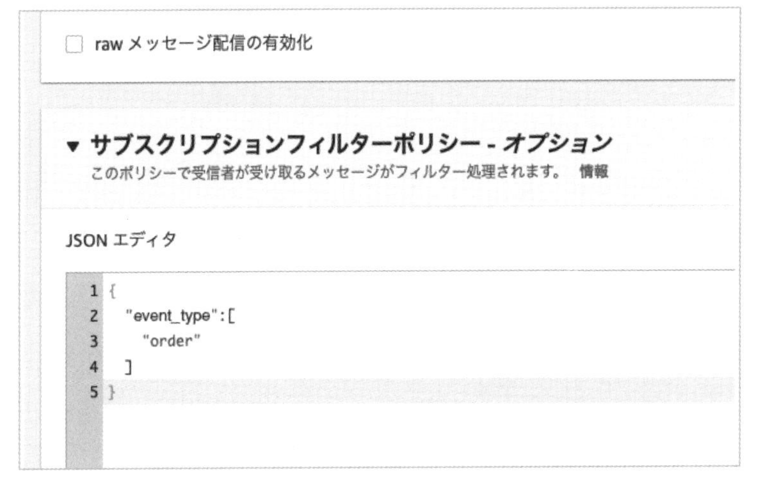

サブスクリプションごとにフィルターポリシーを設定できます。

▼SNSフィルターポリシー

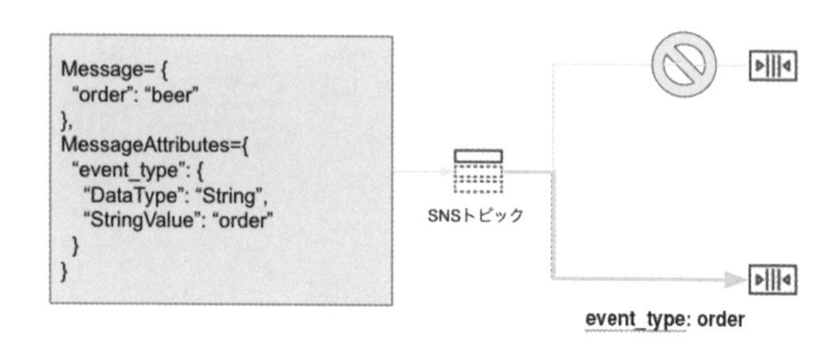

メッセージ属性に指定したフィルター条件を含んでいる場合のみ、そのサブスクリプションにメッセージがプッシュされます。上図の例では、メッセージ属性にevent_type: orderが含まれている場合のみ送信されるサブスクリプションになります。

●トピックポリシー

SNSトピックには、リソースベースのポリシーである**トピックポリシー**が設定できます。

以下のポリシーは、別のアカウントへのメッセージのパブリッシュを許可するポリシーです。

```
{
    "Version": "2012-10-17",
    "Statement": [
        {
            "Action": [
                "sns:Publish"
            ],
            "Effect": "Allow",
            "Resource": "arn:aws:sns:us-east-1:123456789012:TopicName",
            "Principal": {
                "AWS": ["987654321098"]
```

```
        }
      }
    ]
}
```

■SNSトピックの作成

●CreateTopic

トピックを作成します。トピック名をパラメータに設定します。

●Subscribe

サブスクリプションを設定します。パラメータには、トピックのARN、プロトコル（http、email、sms、sqs、lambdaなど）、プロトコルのエンドポイントを指定します。

●DeleteTopic

トピックを削除します。トピックのARNを指定します。

■メッセージの操作

●Publish

メッセージの操作はPublishです。SNSトピックのメッセージはサブスクリプションにプッシュされるので、受信や削除が必要ありません。

送信するトピックARN、メッセージ本文、オプションで件名やメッセージ属性をパラメータに指定します。

●Amazon Kinesis

ストリーミングデータをリアルタイムに収集し、加工や判定処理を行い、分析するためのサービスが**Kinesis**です。

ストリーミングとは、端的にいうと順次処理です。どこかのファイル全体をダウンロードしたり、大きなデータセットのすべてがアップロードされてからまとめて行ったりするバッチ処理ではなく、アップロードされたもの／ダウンロードされたものから、都度、処理をしていきます。

一般に、動画や音楽を配信する際に広く使われていますが、1本の映画や楽曲を完全にダウンロードしてから再生するのではなく、データの転送と再生を順次に行っています。

このような処理を「ニアリアルタイムな処理」と呼びます。完全なリアルタイムではなく、リアルタイムに近い処理、という意味です。

バッチ処理よりも、ニアリアルタイムなストリーミング処理が必要になった背景の1つに、バッチ処理ではタイミングが遅いという課題がありました。

インターネットの普及に伴い、企業は俊敏性を求められます。ユーザーの行動に対し、いち早く何らかのアクションを起こす必要があります。

例えば、ゲームアプリケーションでユーザーの行動をもとに案内通知をしたり、ECサイトでページ訪問や購入履歴をもとにしておすすめ商品を提案したり、バナーリンク広告でアフィリエイトしているユーザーに対して売上速報を伝えてもっと宣伝してもらったり、IoTセンサーで検知した情報をもとにメンテナンスアクションを実行したり……といったことです。

これらを効率よく実現するために、Kinesisというサービスが提供されています。

▼Kinesis

Amazon Kinesis Video Streams

Amazon Kinesis Data Streams

Amazon Kinesis Data Firehose

Amazon Managed Service for Apache Flink

Kinesisには4つのサービスがあります。

サービス	概要
Amazon Kinesis Video Streams	ビデオデバイスからAWSへ動画を簡単かつ安全にストリーミングできます。Amazon Rekognition Videoと組み合わせて分析を行うなどができます。
Amazon Kinesis Data Streams	数十万のデータ送信元から1秒あたり数ギガバイトのデータを継続的に送信できて、リアルタイムなデータストリーミング処理に使用されます。
Amazon Kinesis Data Firehose	ストリーミングデータをS3、Redshift、Elasticsearch Serviceなどにロードできます。複雑なデータ処理が不要な場合に、最も簡単に使用できます。
Amazon Managed Service for Apache Flink (旧: Kinesis Data Analytics)	SQLやApache FlinkでKinesis Data Streamsなどのストリーミングデータのリアルタイム分析ができます。

Kinesis Data Streamsの主要コンセプトを紹介します。

▼Kinesis Data Streams

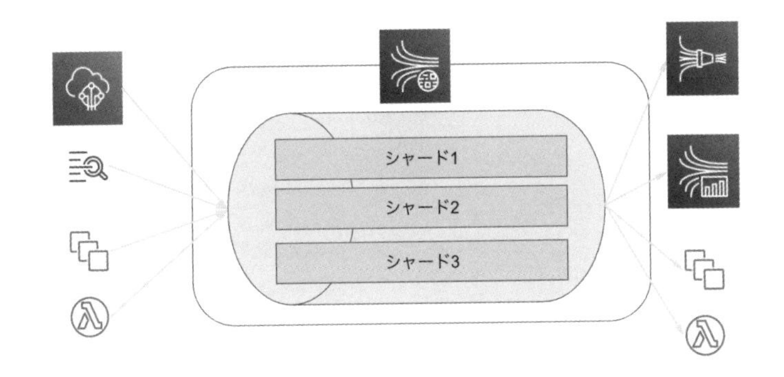

Kinesisにデータを送信する側をプロデューサー、Kinesisのデータを受信して処理する側をコンシューマーと呼びます。

プロデューサー側の開発には**Kinesis Producer Library**（**KPL**）、コンシューマー側の開発には**Kinesis Client Library**（**KCL**）を使用できます。

シャード単位で送信・受信処理のキャパシティ（1秒にできること）が決定されます。キャパシティを増やす必要がある場合は、シャードを増やすことを検討します。

●AWS Step Functions

AWS Step Functionsを使用すると、マイクロサービスを組み合わせて簡単にワークフローを作成・制御できます。Step Functionsではステート（状態遷移）を管理するステートマシンというリソースを作成します。

■Step Functionsのメリット

複数のLambda関数でマイクロサービスを構築した際に、Lambda関数同士の直列実行や並列実行、再試行、分岐などの制御を実装しようとすると、その制御のためのロジックをコーディングしなければならなくなります。この制御ロジックを簡単に実装できるのがStep Functionsです。

開発者はStep Functionsを使用することにより、制御ロジックの実装が容易になり、制御そのものをStep Functionsに任せることができ、処理コードの開発とモニタリングに注力できます。
例えば、次のようなステートマシンが作成できます。

▼分岐・並列処理のステートマシン

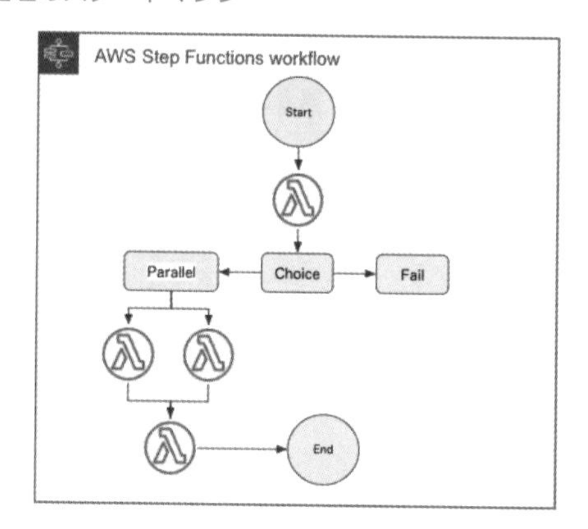

指定したLambda関数を実行して、その結果により分岐や再試行をしたり、指定した2つのLambda関数を並列で実行して、両方が正常完了するのを待って最終処理を行い、一連の処理を終了させたりできます。

ステートマシンは、Step Functions Workflow Studioを使用してドラッグ&ドロップなど視覚的に作成したり、JSONフォーマットのステートメント言語で記述したりできます。

▼Step Functions Workflow Studio

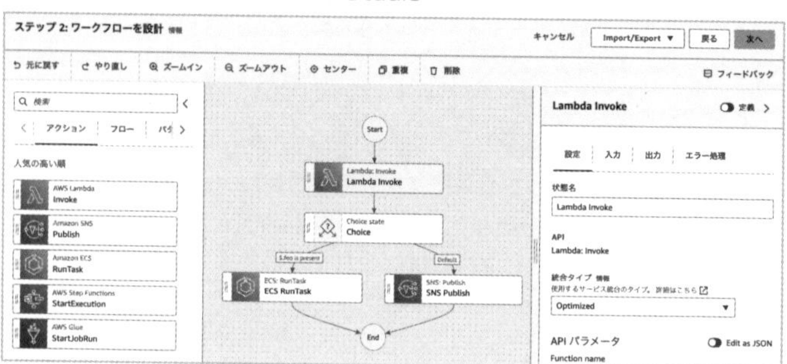

■ステートマシン

▼ステートマシンの記述例

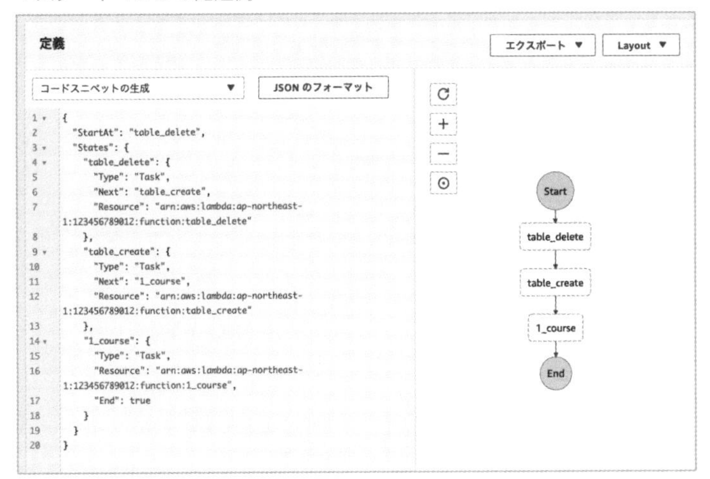

3つのLambda関数を順番に実行しています。1つでも失敗したときは、後ろの処理は行いません。2日前のDynamoDBテーブルを削除、新しいDynamoDBテーブルを作成、作成したテーブルに保存する情報を収集開始、というステートマシンです。

上図の左側の定義フィールドにステートメント言語を書くと、右側にワークフローが表示されるので、書きながら間違いがないか確認できます。ステートメント言語の内容は、このあとタイプ別に解説します。

▼ステートマシン実行結果

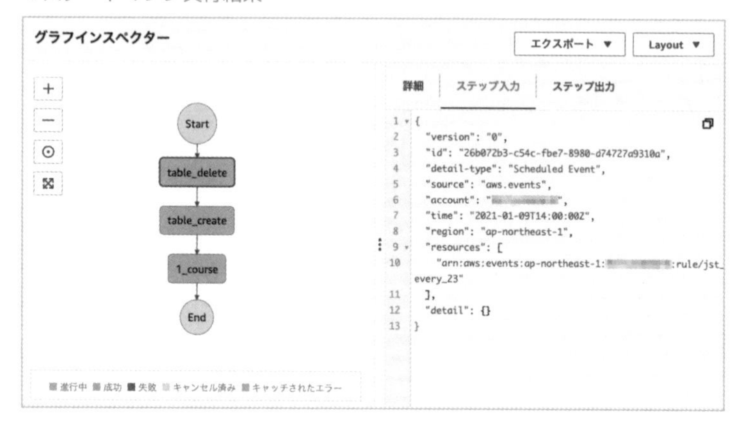

ステートマシンの実行結果も可視化されたワークフロー図で確認できます。実際の画面にはカラーで表示され、それぞれのステートが緑色になっているのは、成功を表しています。エラーの場合は赤色になるので、複雑なワークフローであってもモニタリングがしやすいです。

それぞれのステートでどのような入出力が行われたかも見えますし、個々のLambda関数のCloudWatch Logsへもジャンプできます。

■Step Functionsのタイプ

ここでは、いくつかのタイプを解説します。

●Pass

最初のタイプなのでステートメント言語の基本もあわせて解説します。

Commentは人に対しての説明です。Statesに複数のステートを定義します。

StartAtに、このステートマシンが実行されたとき最初に実行されるステートを指定します。このテンプレートでは、Helloステートが実行されて、次にNextで指定されたWorldステートが実行され、そこでEnd trueとなっているので終了します。

Passタイプは、Resultに指定した値をそのまま次のステートの入力に渡します。Lambda関数などを実行せずに、ステートマシン内で次のステートに渡す入力を指定する場合などに使用します。

▼Pass

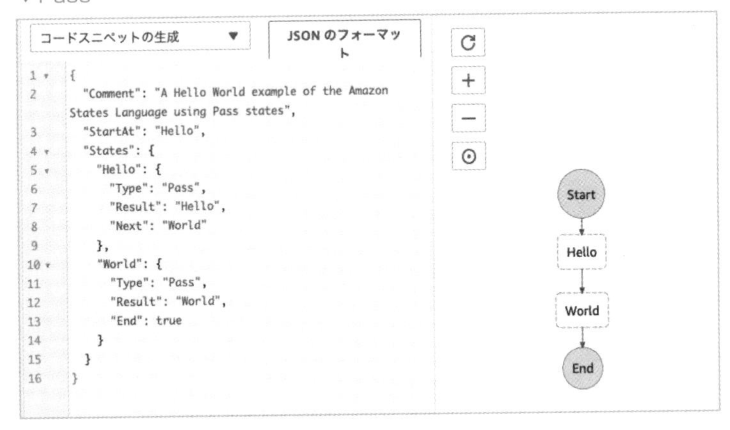

Task

Taskタイプにはlambda関数をはじめとするAWSサービス、アクティビティが指定できます。Lambda関数の場合はResourceにLambda関数のARNを指定します。

▼Task、Wait

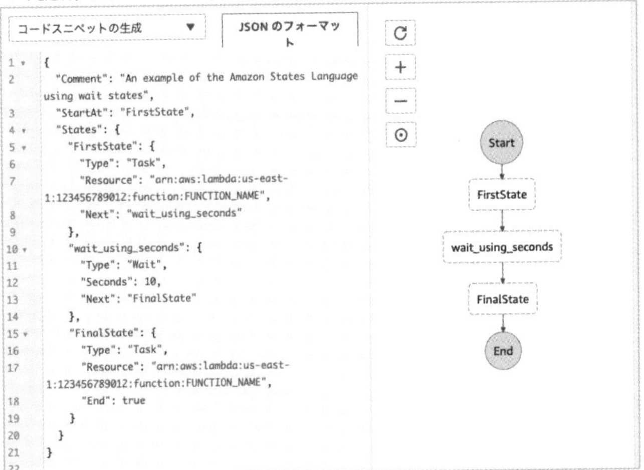

Taskでは、Step FunctionsがサポートしているAWSサービスのAPIアクションを実行できます。
代表的なAPIアクションは次です。

- **Lambda関数の実行**
- **DynamoDBテーブルへのアイテム作成**
- **ECSタスクの実行**
- **SNSトピックの発行**
- **SQSキューへのメッセージ送信**

Step Functionsでは、多くのAWSサービスとAPIアクションをサポートしているので、Step Functions Workflow Studioでドラッグ&ドロップして、パラメータを設定するだけで簡単に使用できます。
現在50以上のStep Functions向けに最適化されたAPI設定をできる統合があります。それ以外にも、SDK統合により200を超えるAWSサービスの9000を超えるAPIアクションを実行できます。

アクティビティは、Step Functionsで名前を設定して作成するだけです。作成したアクティビティをタスクで指定します。
例えば、以下のように設定します。

```
"ActivityState": {
    "Type": "Task",
    "Resource": "arn:aws:states:us-east-1:123456789012:activity:sampleAct
ivity",
    "TimeoutSeconds": 300,
    "HeartbeatSeconds": 60,
    "Next": "NextState"
}
```

▼アクティビティステート

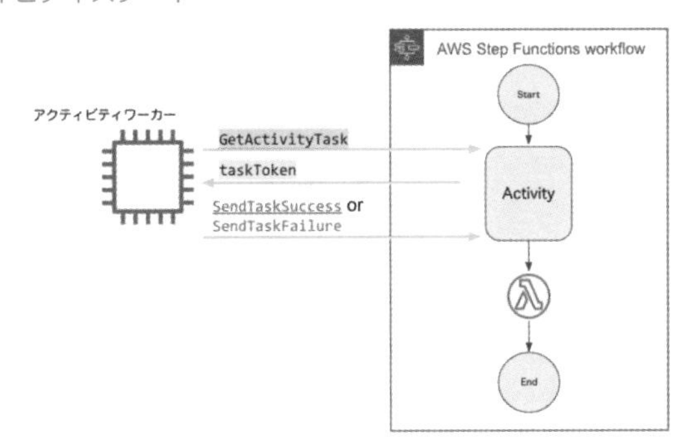

アクティビティワーカーは、EC2やECSコンテナ、オンプレミスアプリケーションなど外部のアプリケーションです。

ステートマシンに対してGetActivityTask APIアクションでポーリングし、レスポンスデータがある場合はアクティビティステータスになっているので、taskTokenを取得し、任意の処理を開始します。

処理が正常完了すれば、SendTaskSuccess APIアクションを送信して、ステートマシンを次のステートに遷移させます。

失敗した場合は、SendTaskFailureとして終了します。

長時間にわたる処理を行うときは、途中で処理が中断した場合には迅速にタイムアウトして検知するよう、HeartbeatSecondsを指定します。

上記の例では、アクティビティステートのタイムアウトが300秒、ハートビートは60秒としているので、SendTaskSuccessかSendTaskFailureが300秒以内に送信されないとき、SendTaskHeartbeatが60秒周期以内で送信されない場合はタイムアウトとなります。ステートマシンの最大実行時間は1年間です。

Wait

```
"wait_using_seconds": {
    "Type": "Wait",
    "Seconds": 10,
    "Next": "FinalState"
},
```

Waitタイプでは、指定した時間あるいは指定した日時まで、その処理を待ちます。次のタスクなどのステート実行前に準備が必要な場合などに指定します。

Choice

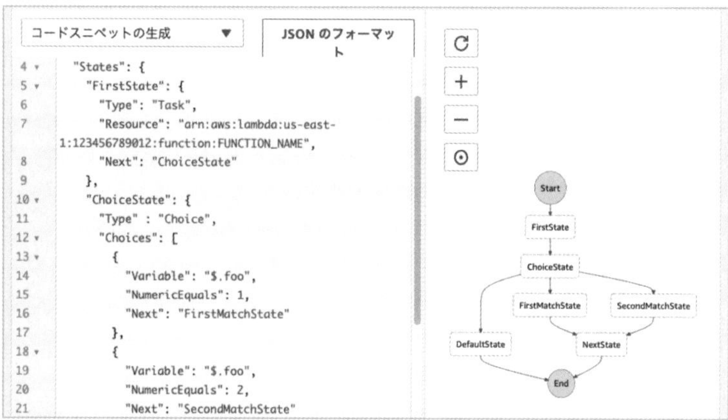

Choiceタイプは分岐です。このテンプレートの例では、最初のFirstStateで実行されたLambdaの結果がfoo変数にあって、その数字が1の場合はFirstMatchState、2の場合はSecondMatchState、それ以外はDefaultState、という分岐が定義されています。

Fail, Succeed

```
"DefaultState": {
    "Type": "Fail",
    "Error": "DefaultStateError",
    "Cause": "No Matches!"
},
```

Choiceステートのテンプレートでは、DefaultStateがFailタイプです。

Failタイプでは、エラー名(Error)、エラーの理由(Cause)を指定できます。エラー処理や分析に使用できます。

```
"SuccessState": {
  "Type": "Succeed"
}
```

Succeedとして、そのステートで終了させることもできます。

Parallel

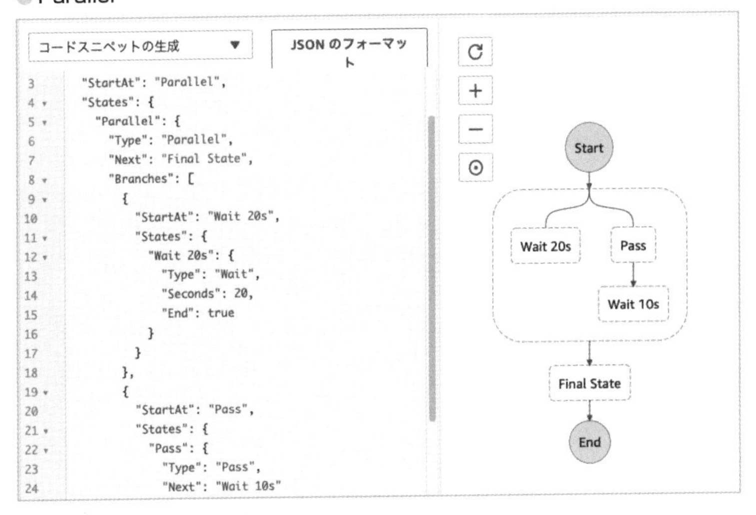

Parallelタイプは並列処理です。Branchesの配列に複数のStatesを指定して並列化します。最後のFinalStateは、並列処理がすべて正常完了してから実行できます。

Map

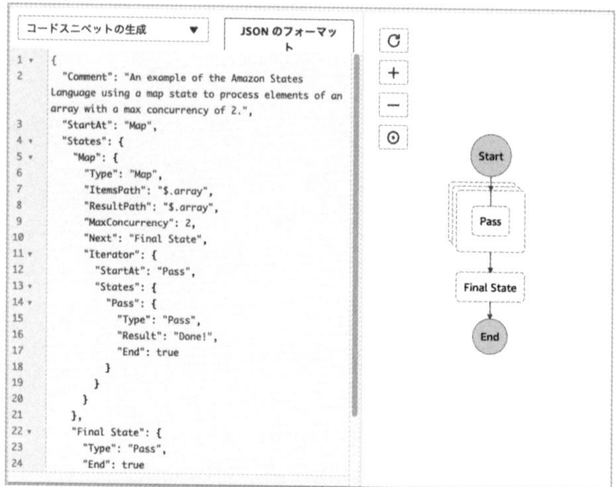

Mapタイプは動的配列の並列処理です。ItemsPath変数の配列の数だけIteratorで指定した処理を実行できます。毎回、ステートマシンの実行ごとに変わるリクエストを配列に格納して、そのリクエストの数だけLambda関数を実行する、といったことができます。

Step FunctionsのInput、Output

▼InputPath、ResultPath、outputPath

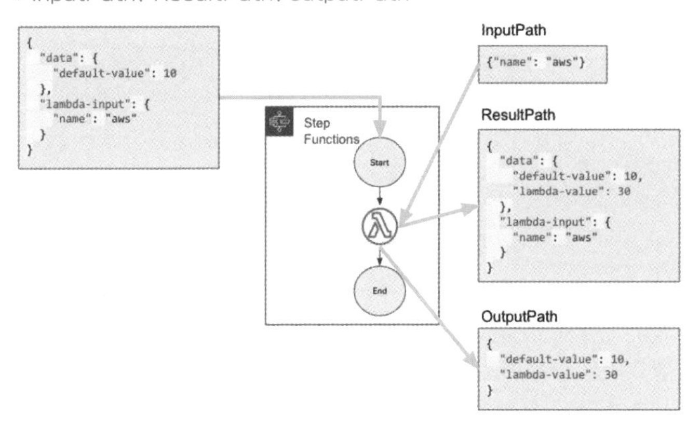


```
{
    "StartAt": "InputOutputSample",
    "States": {
        "HelloWorld": {
            "Type": "Task",
            "Resource": "arn:aws:lambda:us-east-1:123456789012:function:Sa
mpleFunction",
            "InputPath": "$.lambda-input",
            "ResultPath": "$.data.lambda-value",
            "OutputPath": "$.data",
            "End": true
        }
    }
}
```

Step Functionsステートマシンを実行し、入力を渡します。入出力は＄変数で扱います。

例として、次のような入力です。

```
{
    "data": {
        "default-value": 10
    },
    "lambda-input": {
        "name": "aws"
    }
}
```

"InputPath": "$.lambda-input"としているので、Lambda関数には { "name": "aws"} が渡されます。その結果、Lambda関数はレスポンスに30を返します。

"ResultPath": "$.data.lambda-value"となっているので、入力のdataキーにlambda-valueとして追加します。

```
{
    "data": {
        "default-value": 10,
        "lambda-value": 30
    },
    "lambda-input": {
        "name": "aws"
    }
}
```

Lambda関数を実行したタスクステートの出力は、"OutputPath": "$.data"となっているので、dataだけを出力すると以下のとおりです。

```
{
    "default-value": 10,
    "lambda-value": 30
}
```

■Step Functionsの実行

●StartExecution APIを実行

Lambda関数などから実行するときに使用します。

●EventBridgeルールからターゲットとして実行

周期的に実行する場合は間隔指定をして、cron式で実行できます。AWSアカウントで特定のAPIイベントが実行されたタイミングでの実行もできます。

●API Gatewayによる統合実行

API GatewayからAWSサービス統合を使用することで、Step Functionsで作成したワークフローを簡単にAPI化できます。

●Amazon EventBridge

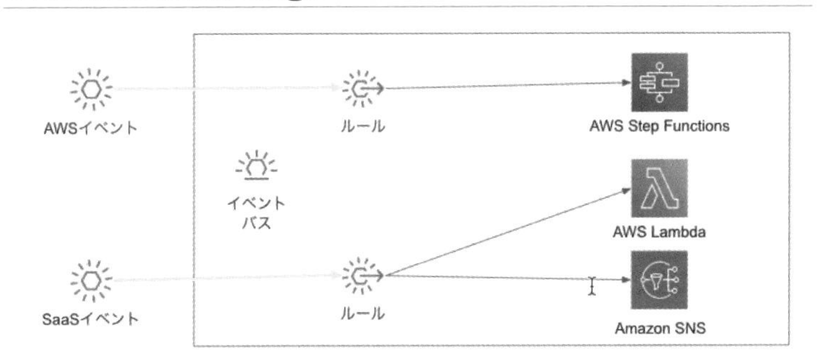

Amazon EventBridgeはAWSアカウント内のイベントや、SaaSサービスのイベント発生をトリガーとして、自動でターゲットアクションを実行できます。イベントバスというイベントの送信先を作成して、イベントバスでルールを定義します。このルールに該当したイベント発生がトリガーとなり、ターゲットアクションとして設定したLambda、SNS、Step Functionsなどを実行できます。

ルールはJSONで記述しますが、GUIで設定もできます。次はCodeCommitで特定のリポジトリのmasterブランチが更新された際に発生するイベントルールの例です。

```
{
  "source": ["aws.codecommit"],
  "detail-type": ["CodeCommit Repository State Change"],
  "resources": ["arn:aws:codecommit:us-east-1:123456789012:DemoSource"],
  "detail": {
    "event": ["referenceCreated", "referenceUpdated"],
    "referenceType": ["branch"],
    "referenceName": ["master"]
  }
}
```

イベントではなく、特定の時間や定期的に実行したい場合は、EventBridgeスケジュールが使用できます。指定した時間に１回のみ実行することも、cron式で毎月第１月曜日の８時を指定したり、rate式で10分ごとにしたりする定期実行も可能です。

▼EventBridgeイベントバス

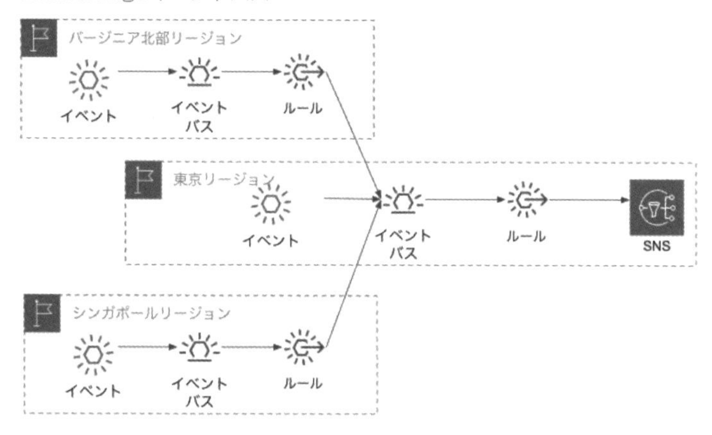

ルールのターゲットにほかのイベントバスを指定もできます。こうすることで、ほかリージョンのイベントを特定のリージョンのイベントバスに集約できます。

9 章末サンプル問題

■問題

Q 1. アベイラビリティーゾーンの説明を以下から1つ選択してください。

A. AWSが用意したデータセンター。
B. データセンターのグループ。障害を分離するよう設計している。
C. データセンターグループが複数ある地域。
D. キャッシュコンテンツなどを扱う世界200ヶ所以上の拠点。

Q 2. リージョンの説明を以下から1つ選択してください。

A. AWSが用意したデータセンター。
B. データセンターのグループ。障害を分離するよう設計している。
C. アベイラビリティーゾーンが2つ以上ある地域。全世界からユーザーが選択する。
D. キャッシュコンテンツなどを扱う世界200ヶ所以上の拠点。

Q 3. グローバルなキャッシュコンテンツを展開するのに利用すると有効なものはどれでしょう？ 1つ選択してください。

A. リージョン
B. アベイラビリティーゾーン
C. ローカルゾーン
D. エッジロケーション

Q 4. S3バケットを作成するときに選択するのは何ですか？ 次から1つ選択してください。

A. アベイラビリティーゾーン
B. エッジロケーション
C. VPC
D. リージョン

Q 5. Application Load Balancerは何を選択してデプロイしますか？　次から1つ選択してください。

A. 1つのアベイラビリティーゾーン
B. エッジロケーション
C. リージョン、VPC、複数のサブネット
D. リージョンのみ

Q 6. Lambda関数を作成するときに選択するのは何ですか？　次から2つ選択してください。

A. 1つのアベイラビリティーゾーン
B. Route 53
C. VPCのみ
D. リージョンのみ
E. リージョン、VPC、複数のサブネット

Q 7. DynamoDBテーブルを作成するときに選択するのは何ですか？　次から1つ選択してください。

A. アベイラビリティーゾーン
B. エッジロケーション
C. VPC
D. リージョン

Q 8. RDS MySQLインスタンスでリージョンレベルでの災害が発生したときに、ダウンタイムをなるべく少なくしたいです。どの方法を選択しますか？　次から1つ選択してください。

A. バックアップ
B. クロスリージョンリードレプリカ
C. マルチAZ配置によるレプリケーションフェイルオーバー
D. 暗号化

Q 9. AWSサービスの操作をするときにAPIアクションが実行されるのは次のどれですか？ 1つ選択してください。

A. マネジメントコンソール
B. AWS CLI
C. AWS SDK
D. 上記のすべて

Q10. 開発者がAWSのAPIを直接実行する際に必要な手続きを、次から1つ選択してください。

A. AWSアカウントを作成したあと、AWSにAPI実行許可の申請をする。
B. API実行キーをAWSサポートに申請して発行してもらう。
C. 特に認証は必要ない。
D. 署名バージョン4方式で署名を作成してリクエストに含める。

Q11. 次のうちAWS CLIコマンドが実行できるのはどれですか？ 1つ選択してください。

A. 端末にAWS CLIをインストールする。
B. 端末にIAMユーザーのアクセスキーを設定する。
C. マネジメントコンソールからCloudShellを使用する。
D. EC2インスタンスにSSHで接続する。

Q12. EC2インスタンスでaws configureコマンドを実行してS3を操作できるだけの認証情報を設定しました。EC2を操作できるだけのIAMロールも割り当てています。EC2インスタンスにSSHでアクセスしてAWS CLIを実行した際に許可される権限はどれですか？

A. S3とEC2の操作
B. EC2の操作
C. S3の操作
D. 何もできない

Q13. 次のうち、SDKが使用できないのでAPIを直接実行しなければならない言語はどれですか？　1つ選択してください。

A. Python
B. Java
C. PHP
D. COBOL

Q14. 複数のIAMユーザーでリアルタイムな共有をし、サーバーレスアプリケーションの開発を素早く開始したいと考えています。開発環境の準備はどの方法が最も早くできるでしょうか？　1つ選択してください。

A. ローカルの開発環境を個別に用意する。
B. 開発用のEC2インスタンスをデプロイする。
C. Cloud9をデプロイして、チームのIAMユーザーを招待メンバーに追加する。
D. 複数のCloud9をIAMユーザーごとにデプロイする。

Q15. オンプレミスのアプリケーションをAWSに移行します。アプリケーションは添付ファイルをローカルディスクに保存しています。添付ファイルは設定ファイルで保存先を変更できます。移行にあたり可用性を高めるため複数のアベイラビリティーゾーンにアプリケーションサーバーを配置します。アプリケーションのプログラムソースコードのカスタマイズはしたくありません。どの方法が適切ですか？　1つ選択してください。

A. 移行を諦める。
B. 単一アベイラビリティーゾーンに移行する。
C. S3バケットに添付ファイルを移動するようカスタマイズする。
D. EFSファイルシステムをマウントする。

Q16. マウントしているEFSに転送する通信データを暗号化したいです。最も簡単な方法を１つ選択してください。

A. Linuxサーバーのローカルディレクトリを暗号化する。
B. マウント先のディレクトリに保存するプログラムで暗号化を実装する。
C. ファイルシステム作成時に暗号化オプションを有効にする。
D. -o tlsオプションをつけてマウントする。

Q17. S3を使用するユースケースとして適しているものを選択してください。

A. 毎秒追記されるログファイル
B. 3年間保存しておくだけで特定要件時のみしかアクセスしない監査ファイル
C. データベースのデータ領域
D. インターネットに配信するPDFファイル

Q18. S3を使用するときの検討事項はどれですか？　1つ選択してください。

A. 暗号化、セキュリティ設定
B. 確保する最大容量
C. 複数のAZ配置
D. バケットの性能

Q19. データレイクとして常時分析されるデータの保存先に向いているサービスは次のどれですか？　1つ選択してください。

A. RDS
B. EBS
C. S3
D. Glacier

Q20. S3に保存した多数のデータファイルにSQLクエリを直接実行できるサービスはどれですか？　1つ選択してください。

A. AWS Glue
B. Amazon SageMaker
C. AWS Lake Formation
D. Amazon Athena

Q21. S3に、データ量の多いParquet形式のファイルがあります。ファイルをローカルにダウンロードしてから分析をしていましたが、一部のクエリ条件のデータしか抽出していないのに、転送時間もダウンロード時間もかかりすぎているとの指摘を受けています。他の分析サービスからも同じデータを使っているので、データを分解して保存するのは二度手間になるので避けたいです。開発者はどうやって改善しますか？　1つ選択してください。

A. プレフィックスを指定してデータをダウンロードする。
B. CloudFront経由でダウンロードする。
C. Selectアクションを使ってダウンロードする。
D. バケットのレプリケーションで近くのリージョンからダウンロードする。

Q22. 1年間、改ざんされてはならないデータがあります。どの方法を使うのが適切ですか？　2つ選択してください。

A. S3バケットのバージョニングを有効にする。
B. DeleteObjectアクションを特定IAMユーザーだけに許可する。
C. DeleteObjectアクションを全ユーザーについて拒否する。
D. コンプライアンスモードでオブジェクトロックを有効にする。
E. S3バケットのレプリケーションを設定する。

Q23. 3年間保存しておくだけのデータは、どのストレージクラスで保存するのが適切ですか？　1つ選択してください。

A. S3標準IA
B. Glacier
C. 1ゾーンIA
D. S3標準

Q24. オンプレミスのアプリケーションのデータバックアップをS3へ保存することにしました。バックアップデータはNFSプロトコルで保存できます。バックアップアプリケーションのカスタマイズをせずに実現します。どの方法が適切ですか？　1つ選択してください。

A. バックアップデータをS3に保存するように開発する。
B. Storage Gatewayのファイルゲートウェイをデプロイする。
C. Storage Gatewayのボリュームゲートウェイをデプロイする。
D. Storage Gatewayのテープゲートウェイをデプロイする。

Q25. 東京リージョンのS3バケットに保存しているオブジェクトがあります。リージョンレベルの災害対策として、別リージョンにもオブジェクトを置いておきたいです。最も素早く、運用負荷をなるべくかけずにどうやって実現しますか？　1つ選択してください。

A. AWS S3 syncコマンドを実行するEC2インスタンスをデプロイする。
B. バケット間のコピーを実行するLambda関数を開発してデプロイする。
C. ローカルPCでダウンロード、アップロードする。
D. 災害対策用のリージョンにバケットを作成して、バケット間のレプリケーションを有効化する。

Q26. HTML、CSS、JavaScriptで構成されている、全世界に展開するサイトがあります。次のどの方法が適切でしょうか？　1つ選択してください。

A. S3バケットにデプロイして配信する。
B. S3バケットにデプロイしてCloudFrontから配信する。
C. EC2インスタンスにデプロイしてCloudFrontから配信する。
D. EC2インスタンスにデプロイしてALBでリクエスト分散してCloudFrontから配信する。

Q27. S3に大きいサイズのファイルを効率的にアップロードするにはどうすればいいですか？　帯域幅に余裕はあります。1つ選択してください。

A. データを分散してローカルに保存し、アップロードが完了してから1つに結合する。
B. ローカルで圧縮し、アップロードが完了してからS3上で展開する。
C. マルチパートアップロードAPIを利用する。
D. アップロードするPCを高スペックにする。

Q28. S3オブジェクトにメタデータを設定したい場合、どうすればリクエスト回数を増やさずに実現できますか？　1つ選択してください。

A. Putリクエスト実行時にパラメータで設定する。
B. Putが成功したのちにオブジェクトを指定してメタデータを追加する。
C. S3に保管されているオブジェクトを指定してメタデータを追加する。
D. S3に保管されているオブジェクトを複数指定して、まとめてメタデータを追加する。

Q29. サイズの大きいS3オブジェクトをダウンロードします。回線が安定せず途中でダウンロードが中断してしまい、また最初からやり直しになってしまいました。直前ではなくても、なるべく途中からリトライできるようにしたいです。どうすればいいですか？

A. マルチパートダウンロードAPIを利用する。
B. DirectConnectを手配する。
C. VPN接続する。
D. バイト数を指定したダウンロードを繰り返し、途中からリトライできるようアプリケーションを実装する。

Q30. S3バケットからデプロイ担当者が誤ってindex.htmlを削除してしまいました。確実にすぐに復元したいです。コスト最適化も考慮して、どうしておけばいいですか？ 1つ選択してください。

A. デプロイ作業用PCに常に1つ前のバックアップを保持しておいてアップロードする。
B. バケットレプリケーションを作成しておいてレプリケーション先から復元する。
C. オンプレミスにバックアップを作成しておいてバックアップ先から復元する。
D. バージョニングを有効にしておいて、削除によって作成されたindex.htmlの削除マーカーを削除する。

Q31. S3バケットにアップロードしたオブジェクトについて、特定のCloud Frontディストリビューション経由のみのアクセスに限定します。どの方法が適切ですか？ 1つ選択してください。

A. アクセスコントロールリストで設定する。
B. バケットポリシーで設定する。
C. 署名付きURLを作成する。
D. CORSを設定する。

Q32. S3バケットにアップロードしたオブジェクトを、AWSアカウントを持たない特定のユーザーにのみダウンロードしてほしいです。どの方法が適切ですか？ 1つ選択してください。

A. アクセスコントロールリストで設定する。
B. バケットポリシーで設定する。
C. 署名付きURLを作成する。
D. CORSを設定する。

Q33. S3バケットへの指定したオブジェクトキーでのアップロードを、AWSアカウントを持たない特定のユーザーにのみ許可したいです。どの方法が適切ですか？ 1つ選択してください。

A. アクセスコントロールリストで設定する。
B. バケットポリシーで設定する。
C. 署名付きURLを作成する。
D. CORSを設定する。

Q34. S3バケットにアップロードしたWebフォントファイルを、他のドメインのスタイルシートから使用したいです。すでにパブリックな公開設定は完了しています。どの設定が必要ですか？ 1つ選択してください。

A. アクセスコントロールリストで設定する。
B. バケットポリシーで設定する。
C. 署名付きURLを作成する。
D. CORSを設定する。

Q35. S3にアップロードするオブジェクトがアップロード途中で壊れたり欠落したりしていないかをチェックしたいです。どうすればいいですか？ 1つ選択してください。

A. マルチパートアップロードAPIを設定する。
B. メタデータをパラメータで設定する。
C. アップロード前に取得したMD5チェックサムが変更されていないか、アップロード後のETag値と比較する。
D. アップロード前に取得したMD5チェックサムが変更されていないかを--content-md5オプションで確認する。

Q36. S3 APIにリクエストした結果、InternalErrorが返ってきました。どのように対応しますか？ 1つ選択してください。

A. エクスポネンシャルバックオフアルゴリズムで再試行する。
B. ソースコードにバグがないか調査する。
C. ローカルのアプリケーションテストを徹底する。
D. デプロイチェックリストを確認する。

Q37. 事前に指定されたS3バケットへオブジェクトをアップロードするプログラムがあります。パフォーマンスの最適化を図るためにはどうしますか？1つ選択してください。

A. バケットの存在確認リクエストをしてから、バケットが存在する場合にオブジェクトをアップロードする。
B. バケットをリストしてバケットの存在を確認してから、オブジェクトをアップロードする。
C. バケット名を指定してアップロードする。万が一バケットがない場合はNoSuchBucketエラーをキャッチして処理する。
D. バケット名を指定してアップロードする。万が一バケットがない場合は処理を中断する。

Q38. BucketAlreadyExistsエラーが発生しました。どのように対応するべきでしょうか？ 1つ選択してください。

A. エクスポネンシャルバックオフアルゴリズムで再試行する。
B. バケット名を一意のバケット名に変更する。
C. AWSサポートへの問い合わせをする。
D. バケット名に大文字や使用できない文字が含まれていないか確認する。

Q39. InvalidBucketNameエラーが発生しました。どのように対応するべきでしょうか？　1つ選択してください。

A. エクスポネンシャルバックオフアルゴリズムで再試行する。
B. バケット名を一意のバケット名に変更する。
C. AWSサポートへの問い合わせをする。
D. バケット名に大文字や使用できない文字が含まれていないか確認する。

Q40. 列指向の集計や分析にはどのデータベースサービスが適切ですか？　1つ選択してください。

A. ElastiCache
B. Neptune
C. Redshift
D. Timestream

Q41. グラフAPIを使用したアプリケーションでは、どのデータベースサービスが適切ですか？　1つ選択してください。

A. ElastiCache
B. Neptune
C. Redshift
D. Timestream

Q42. 時系列データを管理するには、どのデータベースサービスが適切ですか？　1つ選択してください。

A. ElastiCache
B. Neptune
C. Redshift
D. Timestream

Q43. 同じリージョンではリードレプリカを使ってフェイルオーバーし、別のリージョンにはグローバルデータベースでフェイルオーバーするMySQLが必要です。どのサービスを利用しますか？　1つ選択してください。

A. DynamoDB
B. RDS for MySQL
C. Aurora
D. MySQL on EC2

Q44. 負荷の状況に応じて自動的に性能を増減できるリレーショナルデータベースが必要です。どのサービスを利用しますか？　1つ選択してください。

A. DynamoDB
B. RDS for MySQL
C. Aurora Serverless
D. MySQL on EC2

Q45. オンプレミスのMemcachedをAWSに移行するには、どのサービスを選択しますか？　1つ選択してください。

A. ElastiCache
B. DynamoDB
C. Aurora
D. Neptune

Q46. RDSデータベースへのクエリが集中しており、アプリケーションのボトルネックになっています。どのサービスを使ってクエリキャッシュを利用しますか？　1つ選択してください。

A. Redshift
B. Neptune
C. ElastiCache
D. Timestream

Q47. マルチスレッドキャッシュが必要です。どのサービスを使用しますか？　1つ選択してください。

A. DynamoDB
B. Aurora
C. ElastiCache for Memcached
D. ElastiCache for Redis

Q48. アプリケーションにPub/Subが必要です。どのサービスを使用しますか？　1つ選択してください。

A. Neptune
B. Aurora
C. ElastiCache for Memcached
D. ElastiCache for Redis

Q49. ゲームアプリケーションなどに向いているNoSQLデータベースは、次のどれですか？　1つ選択してください。

A. ElastiCache
B. DynamoDB
C. Aurora
D. Neptune

Q50. DynamoDBのプライマリキーに設定できるキーは、次のどれですか？　2つ選択してください。

A. セカンダリキー
B. シークレットキー
C. パーティションキー
D. ストリングキー
E. ソートキー

Q51. パーティションキーに設定できるデータ型はどれですか？　1つ選択してください。

A. ブール値
B. マップ
C. 数値
D. リスト

Q52. DynamoDBテーブルに対して、どれくらいのリクエストが発生するかわからない場合は、どの請求モードを使用しますか？　1つ選択してください。

A. プロビジョニング済みキャパシティモード
B. 書き込みキャパシティユニットモード
C. インスタンスクラス
D. オンデマンドモード

Q53. 1WCUでできることはどれですか？　1つ選択してください。

A. 最大4KBの項目を1秒に1回書き込む。
B. 最大4KBの項目を1秒に2回書き込む。
C. 最大1KBの項目を1秒に1回書き込む。
D. 最大1KBの項目を1秒に2回書き込む。

Q54. 1RCUでできることはどれですか？　1つ選択してください。

A. 最大4KBの項目を強い整合性で1秒に1回読み込む。
B. 最大4KBの項目を強い整合性で1秒に2回読み込む。
C. 最大1KBの項目を強い整合性で1秒に1回読み込む。
D. 最大1KBの項目を強い整合性で1秒に2回読み込む。

Q55. 1RCUでできることはどれですか？　1つ選択してください。

A. 最大4KBの項目を結果整合性で1秒に1回読み込む。
B. 最大4KBの項目を結果整合性で1秒に2回読み込む。
C. 最大1KBの項目を結果整合性で1秒に1回読み込む。
D. 最大1KBの項目を結果整合性で1秒に2回読み込む。

Q56. DynamoDBテーブルのプロビジョニング済みキャパシティモードのオートスケーリングで連携するサービスは、どれですか？　1つ選択してください。

A. CloudWatch Logs
B. CloudWatch Events
C. CloudWatchアラーム
D. CloudTrail

Q57. テーブルのパーティションキーを使用して、ソートキー以外で範囲選択したい場合に使用するインデックスは、次のどれですか？　1つ選択してください。

A. グローバルセカンダリインデックス
B. ローカルセカンダリインデックス
C. マルチインデックス
D. グローバルテーブル

Q58. テーブルのパーティションキーとは別で、クエリキー検索を行いたい場合に使用するインデックスは、次のどれですか？　1つ選択してください。

A. グローバルセカンダリインデックス
B. ローカルセカンダリインデックス
C. マルチインデックス
D. グローバルテーブル

Q59. グローバルセカンダリインデックスに使用できる読み込みは次のどれですか？　1つ選択してください。

A. 結果整合性のみ
B. 強力な整合性のみ
C. 結果整合性と強力な整合性
D. 整合性に違いはない

Q60. AWS LambdaでDynamoDBテーブルの更新をトリガーにしたいです。何を有効にする必要がありますか？　1つ選択してください。

A. ローカルセカンダリインデックス
B. グローバルセカンダリインデックス
C. ポイントインタイムリカバリ
D. ストリーム

Q61. DynamoDBテーブルのマルチマスターレプリカを他のリージョンに作成したいです。どの機能を利用しますか？　1つ選択してください。

A. ローカルセカンダリインデックス
B. グローバルセカンダリインデックス
C. グローバルテーブル
D. ストリーム

Q62. 先週の特定時点のDynamoDBテーブルを復元したいです。どの機能を利用しますか？　1つ選択してください。

A. ローカルセカンダリインデックス
B. グローバルセカンダリインデックス
C. ポイントインタイムリカバリ
D. ストリーム

Q63. DynamoDBのアイテムの読み込み速度をマイクロ秒に短縮したいです。どの機能を利用しますか？　1つ選択してください。

A. オンデマンドモード
B. RCUのオートスケーリング
C. DAX（DynamoDB Accelerator）
D. DynamoDBストリーム

Q64. DynamoDBテーブルに、同じプライマリキーを持つアイテムがPutItemされました。どうなりますか？　1つ選択してください。

A. プライマリキーに枝番がついて両方保存される。
B. PutItemリクエストは失敗する。
C. 既存のアイテムをPutItemされたアイテムで置き換える。
D. 更新内容がマージされて既存アイテムの属性も保存される。

Q65. DynamoDBテーブルの特定のアイテムの特定の属性のみ更新したいです。どのオペレーションを使用しますか？　1つ選択してください。

A. PutItem
B. WriteItem
C. UpdateItem
D. GetItemしてからPutItem

Q66. DynamoDBテーブルにUpdateItemを実行する際に、属性名がDynamoDBの予約語でした。どうやって実現しますか？　1つ選択してください。

A. ExpressionAttributeValuesを使う。
B. ExpressionAttributeNamesを使う。
C. ConditionExpressionを使う。
D. FilterExpressionを使う。

Q67. DynamoDBテーブルにUpdateItemを実行する際に、特定条件の場合のみ更新したいです。どうやって実現しますか？　1つ選択してください。

A. ExpressionAttributeValuesを使う。
B. ExpressionAttributeNamesを使う。
C. ConditionExpressionを使う。
D. FilterExpressionを使う。

Q68. DynamoDBテーブルにUpdateItemを実行する際に、オプティミスティックロックを使用したいです。どうやって実現しますか？　1つ選択してください。

A. ExpressionAttributeValuesを使う。
B. ExpressionAttributeNamesを使う。
C. ConditionExpressionを使う。
D. FilterExpressionを使う。

Q69. DynamoDBテーブルへのGetItemで、特定の属性のみ取得したいです。どのパラメータを使用しますか？　1つ選択してください。

A. ExpressionAttributeValuesを使う。
B. ProjectionExpressionを使う。
C. ExpressionAttributeNamesを使う。
D. ConsistentReadを使う。

Q70. DynamoDBテーブルへのGetItemの際に、強力な整合性で読み込みたいです。どのパラメータを使用しますか？　1つ選択してください。

A. ExpressionAttributeValuesを使う。
B. ProjectionExpressionを使う。
C. ExpressionAttributeNamesを使う。
D. ConsistentReadを使う。

Q71. DynamoDBテーブルへのDeleteItemで、削除前の項目の内容を取得したいです。どのパラメータを使用しますか？　1つ選択してください。

A. ReturnValuesを使う。
B. ReturnItemCollectionMetricsを使う。
C. ReturnConsumedCapacityを使う。
D. ConditionalOperatorを使う。

Q72. DynamoDBテーブルへのQueryで、パーティションキー、ソートキー以外の属性で絞り込んだ項目をレスポンスで取得したいです。どうしたらいいですか？　1つ選択してください。

A. KeyConditionExpressionに含める。
B. FilterExpressionに含める。
C. ProjectionExpressionに含める。
D. ReturnValuesに含める。

Q73. DynamoDBのQueryで、特定のグローバルセカンダリインデックスを指定したいです。どうしたらいいですか？　1つ選択してください。

A. ConsistentReadを使用する。
B. QueryFilterを使用する。
C. IndexNameを指定する。
D. ExclusiveStartKeyを指定する。

Q74. DynamoDBのQueryで、強力な整合性で結果を得たいです。どうしたらいいですか？　1つ選択してください。

A. ConsistentReadを使用する。
B. QueryFilterを使用する。
C. IndexNameを指定する。
D. ExclusiveStartKeyを指定する。

Q75. DynamoDBテーブルの全項目を取得したいです。どの操作をしますか？　1つ選択してください。

A. Query
B. GetItem
C. Scan
D. GetAllItems

Q76. 100MBを超えるDynamoDBスキャン時に、全項目がレスポンスに含まれませんでした。どうしますか？　1つ選択してください。

A. Limitパラメータを Unlimitedにしてスキャンする。
B. FilterExpressionで必要な項目のみに絞り込んでスキャンする。
C. レスポンスのLastEvaluatedKeyをExclusiveStartKeyに指定して再度スキャンする。
D. レスポンスのExclusiveStartKeyをLastEvaluatedKeyに指定して再度スキャンする。

Q77. 多くのアイテムをまとめてDynamoDBテーブルに効率的に書き込む操作は次のどれですか？　1つ選択してください。

A. TransactWriteItems
B. TransactGetItems
C. BatchWriteItem
D. BatchGetItem

Q78. BatchGetItemで読み込めないアイテムがあった場合はどうなりますか？　1つ選択してください。

A. すべての読み込みが失敗する。
B. 読み込めたアイテムの情報だけがレスポンスに含まれる。
C. 自動的にリトライされる。
D. レスポンスのUnprocessedItemsに、読み込めなかったアイテムの情報が含まれる。

Q79. 複数テーブルのアイテムを、タイミングをあわせて書き込みたいです。どの操作を使用しますか？　1つ選択してください。

A. TransactWriteItems
B. TransactGetItems
C. BatchWriteItem
D. BatchGetItem

Q80. TransactWriteItemsで一部のアイテムが書き込めませんでした。どうなりますか？　1つ選択してください。

A. レスポンスのUnprocessedItemsに、書き込めなかったアイテムの情報が含まれる。
B. すべての書き込みが失敗する。
C. 書き込めたアイテムの情報だけがレスポンスに含まれる。
D. 自動的にリトライされる。

Q81. DynamoDBテーブルに対して読み込みや書き込みをするアプリケーションを.NETで開発します。開発効率と可読性を高めたいです。何を利用できますか？　1つ選択してください。

A. SDKのみを使用する。
B. APIを直接コールする。
C. オブジェクト永続性モデルを使用する。
D. Pythonをゼロから学ぶ。

Q82. DynamoDBの特定のテーブルや項目、属性のみへのアクセスを許可したいです。どの方法を利用しますか？　1つ選択してください。

A. データベースユーザーを作成して権限設定をする。
B. セキュリティグループでネットワーク通信を制御する。
C. アプリケーションで独自のセキュリティを実装する。
D. IAMポリシーで定義する。

Q83. DynamoDBのパーティションキーに最も向いている属性は次のどれですか？　1つ選択してください。

A. 4桁の西暦
B. ユーザーID
C. 6種のステータス
D. 四季

Q84. 以下のうちLambdaのランタイムとして用意されている最適な選択肢を1つ選択してください。

A. Python、Node.js
B. Java、C#（.NET）
C. Ruby、Go
D. A～Cのすべて

Q85. Lambdaでユーザーが選択するものを、以下から1つ選択してください。

A. CPUコア数
B. OS
C. メモリ容量
D. ハードウェア

Q86. S3のイベントトリガーでLambdaを実行するために必要なものは次のどれでしょうか？　1つ選択してください。

A. 関数の実行ロールとポリシー
B. Lambda関数のリソースポリシー
C. X-Rayトレースの設定
D. タイムアウト設定

Q87. API Gateway のイベントトリガーでLambdaを実行するために必要なものは次のどれでしょうか？　1つ選択してください。

A. 関数の実行ロールとポリシー
B. Lambda関数のリソースポリシー
C. X-Rayトレースの設定
D. タイムアウト設定

Q88. DynamoDBのイベントトリガーでLambdaを実行するために必要なものは次のどれでしょうか？　1つ選択してください。

A. 関数の実行ロールとポリシー
B. Lambda関数のリソースポリシー
C. X-Rayトレースの設定
D. タイムアウト設定

Q89. SQSのイベントトリガーでLambdaを実行するために必要なものは次のどれでしょうか？　1つ選択してください。

A. 関数の実行ロールとポリシー
B. Lambda関数のリソースポリシー
C. X-Rayトレースの設定
D. タイムアウト設定

Q90. Lambda関数はソースコードからの出力をCloudWatch Logsに出力します。必要な設定は次のどれですか？　1つ選択してください。

A. 何も必要ない。そのまま書き込まれる。
B. ロググループとログストリームを作成してLambda関数に紐付ける。
C. logs:CreateLogGroup、logs:CreateLogStream、logs:PutLogEventsを、実行ロールにアタッチするポリシーで許可する。
D. logs:CreateLogGroup、logs:CreateLogStream、logs:PutLogEventsを、実行ロールにアタッチするポリシーで許可する。また、ロググループとロググストリームを作成してLambda関数に紐付ける。

Q91. Lambda関数に割り当てる実行ロールの信頼ポリシーで、何を許可する必要がありますか？　1つ選択してください。

A. compute.amazonaws.comのsts:AssumeRole
B. compute.amazonaws.comのlambda:AssumeRole
C. lambda.amazonaws.comのsts:AssumeRole
D. lambda.amazonaws.comのlambda:AssumeRole

Q92. Lambdaの請求対象は次のどれですか？　1つ選択してください。

A. 実行時間と最大使用メモリ容量、リクエスト回数。
B. 実行時間と設定メモリ容量、リクエスト回数。
C. イベントが実行されるまでの待ち時間、実行時間と最大使用メモリ容量、リクエスト回数。
D. イベントが実行されるまでの待ち時間、実行時間と設定メモリ容量、リクエスト回数。

Q93. 複数のLambda関数で共通の外部モジュールを呼び出しています。効率のいいデプロイは次のどれですか？　1つ選択してください。

A. 外部モジュールをそれぞれのLambda関数のZIPファイルに含めてアップロードする。
B. S3バケットに外部モジュールをアップロードし、Lambda関数の実行時に各関数からダウンロードして使用する。
C. Lambdaレイヤーに外部モジュールをデプロイして、各関数から使用する。
D. 外部モジュールでAPIを構築して、各関数からリクエストする。

Q94. Lambda関数を更新したところ、バグが発生しました。どこを更新したのかわからなくなり、元に戻すことができなくなりました。このようなことを効率的に防ぐためにはどうしたらいいですか？　1つ選択してください。

A. オンプレミスにLambda関数のバックアップをとっておく。
B. S3にLambda関数のバックアップをとっておく。
C. Lambda関数を更新する前に、新しいバージョンを発行する。
D. コードのどこを更新するかについて、複数人でレビューする。

Q95. 新しいバージョンのLambda関数を本番環境にリリースする際の、効率的で安全な手順を1つ選択してください。

A. テスト用のLambda関数と本番用のLambda関数を作っておいて、呼び出し元から呼び出す先を変更する。
B. 本番環境で使用するLambdaエイリアスに新しいバージョンを紐付ける。問題があればロールバックする。
C. 呼び出し元アプリケーションから呼び出す先のバージョン番号を変更する。
D. 本番稼働しているLambda関数を更新する。

Q96. Lambdaで、ログレベルをデバッグにしたりエラーにしたりという切り替えを時々行います。以下のうちどこで切り替えると安全でしょうか？　1つ選択してください。

A. ソースコード内
B. 関数内
C. 外部モジュール内
D. 環境変数

Q97. Lambda関数からRDSデータベースに対してクエリを実行したいです。どうやって実現しますか？ 1つ選択してください。

A. Lambda関数はパブリックインターネット上にあるので、RDSをパブリック接続可能にする。
B. Lambda関数はパブリックインターネット上にあるので、パブリックサブネットに踏み台サーバーを配置してプライベートサブネットのRDSインスタンスに接続する。
C. Lambda関数をRDSインスタンスと同じVPCで起動して、サブネット、セキュリティグループを指定する。RDSインスタンスのセキュリティグループ送信元に、Lambdaに設定したセキュリティグループを指定する。
D. RDSインスタンスのVPCにLambda関数のVPCエンドポイントを設定する。

Q98. 1つのLambda関数へのリクエストが、同時に最大10発生する可能性があります。どのような構成にしますか？ 1つ選択してください。

A. オートスケーリンググループで最小2、最大10としておく。
B. Lambda関数へのリクエストをメトリクスとしてCloudWatchアラームを作成し、同じLambda関数をデプロイするLambda関数を開発する。
C. Lambda関数の同時実行数制限を10以上にしておく。
D. Lambda関数でループを10以上回せるようにソースコードをカスタマイズしておく。

Q99. アカウント内、同一リージョンのLambda関数の同時実行数が1,000回の制限を超えました。どうしますか？ 1つ選択してください。

A. Lambda関数のタイムアウト時間を増やして、1関数あたりが処理する量を増やす。
B. 別リージョン、別アカウントに関数をデプロイし直す。
C. 実行タイミングをずらすように調整する。
D. クォータ引き上げをサポートメニューから申請する。

Q100. Lambda関数でDynamoDBのデータを基にCSVを作成しています。見積もりでは800MBぐらいのCSVになる予定です。タイムアウト時間は最大の900秒に設定しました。テストをすると実行開始から600秒未満ぐらいでエラーが発生しています。何が問題でしょうか？　1つ選択してください。

A. タイムアウト制限
B. 構文エラー
C. DynamoDBテーブルへのアクセス権限のエラー
D. /tmpディレクトリのサイズ設定

Q101. 以下からLambdaのベストプラクティスを1つ選択してください。

A. 時間がかかってもいいのでメモリサイズを小さく設定する。
B. IAMロールには必要以上のIAMポリシーフルアクセスを設定しておく。
C. 自分自身を呼び出すトリガーになるような再帰的なコード呼び出しを使用しない。
D. パラメータをコードに埋め込んで直接更新する。

Q102. API Gatewayで選択できるAPIタイプを1つ選択してください。

A. HTTP API
B. WebSocket API
C. REST API
D. A～Cのすべて

Q103. API Gatewayでは特にメッセージの変換は必要なく、URLクエリ文字列をLambda関数に渡したいです。どうするのが最も素早く開発できる方法でしょうか？　1つ選択してください。

A. マッピングテンプレートを使用してメッセージを変換する。
B. Mockを使用する。
C. Lambdaプロキシ統合を使用する。
D. APIキーを設定する。

Q104. バックエンドのWebサーバーでの検証が必要です。API Gatewayでどのように設定しますか?

A. メソッドリクエストの認可でIAM認証を有効にする。
B. クライアント証明書を作成して、APIステージに設定する。
C. APIキーを設定する。
D. Lambdaオーソライザーを設定する。

Q105. 特定の送信元IPアドレスからだけリクエストを受け付けるAPIを作成したいです。どの方法が適切でしょうか? 1つ選択してください。

A. API Gatewayにセキュリティグループを設定する。
B. メソッドリクエストの認可でIAM認証を有効にする。
C. APIキーを設定する。
D. API Gatewayのリソースポリシーで、Conditionの条件でSourceIpを設定する。

Q106. 特定のIAMユーザーのみAPIリクエストを許可するAPIを作成します。どの方法が適切でしょうか? 1つ選択してください。

A. メソッドリクエストの認可でCognitoオーソライザーを有効にする。
B. メソッドリクエストの認可でLambdaオーソライザーを有効にする。
C. メソッドリクエストの認可でIAM認証を有効にする。
D. メソッドリクエストの認可でIAM認証を有効にして、IAMユーザーにAPIを実行できるポリシーをアタッチする。

Q107. 他アカウントのIAMユーザーにAPIリクエストを許可するAPIを作成します。どの方法が適切でしょうか？　1つ選択してください。

A. メソッドリクエストの認可でCognitoオーソライザーを有効にする。
B. メソッドリクエストの認可でIAM認証を有効にする。
C. メソッドリクエストの認可でIAM認証を有効にして、IAMユーザーにAPIを実行できるポリシーをアタッチする。
D. メソッドリクエストの認可でIAM認証を有効にして、IAMユーザーにAPIを実行できるポリシーをアタッチする。API Gatewayのリソースポリシーで他のアカウントからの実行を許可する。

Q108. Cognitoユーザープールでサインインしたユーザーにのみ実行を許可するAPIを作成します。どの方法が適切でしょうか？　1つ選択してください。

A. Cognitoオーソライザーを作成する。
B. Cognitoオーソライザーを作成して、メソッドリクエストの認可でCognitoオーソライザーを有効にする。
C. Lambdaオーソライザーを作成する。
D. Lambdaオーソライザーを作成して、メソッドリクエストの認可でLambdaオーソライザーを有効にする。

Q109. Lambda関数から呼び出すサードパーティ製品で認証されたユーザーのみ実行を許可するAPIを作成します。どの方法が適切でしょうか？　1つ選択してください。

A. Cognitoオーソライザーを作成する。
B. Cognitoオーソライザーを作成して、メソッドリクエストの認可でCognitoオーソライザーを有効にする。
C. Lambdaオーソライザーを作成する。
D. Lambdaオーソライザーを作成して、メソッドリクエストの認可でLambdaオーソライザーを有効にする。

Q110. APIの1日の実行回数を制限します。どの方法で制限できますか？　1つ選択してください。

A. アカウントの制限でリージョンごとに決まっている総実行数のみ。個別に決めることはできない。
B. リソースのメソッドでスロットリングを設定する。
C. CORSを有効にするときにスロットリングを設定する。
D. ステージでスロットリングを設定する。

Q111. 顧客ごとにAPIの使用回数を制限します。どの方法で制限できますか？　1つ選択してください。

A. ステージでスロットリングを設定する。
B. ステージでスロットリングとバーストを設定する。
C. 使用量プランで秒と月ごとの制限数を設定する。
D. 使用量プランで秒と月ごとの制限数を設定する。APIキーを作成して顧客に配布する。使用量プランとAPIキー、APIステージを紐付ける。

Q112. リクエストに含まれるクエリパラメータを特定のJSONフォーマットに変換したいです。どうしますか？　1つ選択してください。

A. URLパスパラメータを設定する。
B. HTTPヘッダーを設定する。
C. 統合リクエストのマッピングテンプレートで変換を定義する。
D. 統合レスポンスのマッピングテンプレートで変換を定義する。

Q113. GETリクエストのたびに何度もバックエンドの処理を行いたくありません。API Gatewayだけで設定できる方法はどれですか？　1つ選択してください。

A. CloudFrontで指定したパスのみキャッシュを返す。
B. バックエンド処理内でElastiCacheを使ってキャッシュを返す。
C. APIステージでキャッシュを有効化する。
D. バックエンド処理内でDAXを使う。

Q114. クライアントがAPIに対してCache-Control: max-age=0を含むリクエストを送信してキャッシュを無効化することを制限したいです。どうすればいいですか？　1つ選択してください。

A. 何もしなくても制限されている。
B. APIキーを有効化する。
C. キャッシュ無効化で［認可］にチェックを入れる。
D. 使用量プランで制限する。

Q115. API Gatewayに対してのリクエストの問題を調査したいです。どうすればいいですか？　1つ選択してください。

A. デフォルトで出力されているS3バケットのログを確認する。
B. デフォルトで出力されているCloudWatch Logsを確認する。
C. APIステージでCloudWatch Logsを有効にして、出力されたログを確認する。
D. 使用量プランでログを設定する。

Q116. 作成したAPIをSAM(Serverless Application Model)に組み込んで他のアカウントでもデプロイしたいです。どの方法が最も早くできますか？ 1つ選択してください。

A. SAMのtemplate.yamlで定義を作成する。
B. SAMで呼び出すSwaggerをYAMLフォーマットで作成する。
C. APIステージからSwagger形式でエクスポートし、SAMから呼び出せるようにS3バケットにアップロードする。
D. sam initのパラメーター--export-apiを実行する。

Q117. ステージ変数で指定した値が代入されるのは、次のどれですか？ 1つ選択してください。

A. ${Stage.val}
B. ${Variables.val}
C. ${stageVariables.val}
D. ${resourceVariables.val}

Q118. ECRにコンテナイメージをプッシュする際のログイン手順で、正しいものを1つ選択してください。

A. aws ecr get-loginの実行。
B. docker tagの実行。
C. aws ecr get-login-passwordの実行。
D. aws ecr get-login-passwordを実行し、出力値のパスワードを使ってdocker loginコマンドでログイン。

Q119. ECSで実行するコンテナからDynamoDBにPutItem、GetItemを行います。必要な権限をセキュアに設定するにはどうしますか？ 1つ選択してください。

A. EC2クラスターにDynamoDBテーブルへの権限ポリシーをアタッチしたIAMロールを割り当てる。
B. タスクロールにDynamoDBテーブルへの権限ポリシーをアタッチしたIAMロールを割り当てる。
C. コード内で指定する。
D. 環境変数に設定する。

Q120. ECSで実行するコンテナに環境変数を設定したいです。どうしますか？ 1つ選択してください。

A. 環境変数は設定できない。
B. EC2クラスターに環境変数を設定する。
C. ユーザーデータを使用する。
D. タスク定義のコンテナの環境変数で指定する。

Q121. SQSキューのメッセージをEC2オートスケーリンググループのコンシューマーが処理しています。現在、4つのEC2インスタンスがコンシューマーとして常にポーリングを行いメッセージの処理をしています。1つのコンシューマーが処理中のメッセージを、他のコンシューマーが受信してしまう問題が多発しています。何を確認して調整しますか？ 1つ選択してください。

A. 遅延時間が短いので長くする。
B. メッセージ保持期間が長いので短くする。
C. 可視性タイムアウトのタイムアウト時間が短いので長くする。
D. 受信待機時間が短いので長くする。

Q122. プロデューサーが送信したメッセージに原因があり、コンシューマーが何度処理をしてもエラーとなり、可視性タイムアウトを繰り返しています。どうすればいいですか？　1つ選択してください。

A. メッセージ保持期間が長いので短くする。
B. 可視性タイムアウトのタイムアウト時間が短いので長くする。
C. 受信待機時間が短いので長くする。
D. 最大受信数を設定して、それに達したメッセージはデッドレターキューに移動する。

Q123. コンシューマーはポーリングを繰り返していますが、メッセージ0件の受信が多くなったので、ポーリングを減らしたいです。どうしますか？　1つ選択してください。

A. メッセージ保持期間が長いので短くする。
B. 可視性タイムアウトのタイムアウト時間が短いので長くする。
C. 受信待機時間が短いので長くする。
D. 最大受信数を設定して、それに達したメッセージはデッドレターキューに移動する。

Q124. SQSキューに他のAWSアカウントからのメッセージ送信を許可したいです。どうしますか？　1つ選択してください。

A. キューのアクセスコントロールリストで設定する。
B. パブリックキューを作成する。
C. キューポリシーで他アカウントからのsqs:SendMessageリクエストを許可する。
D. キューポリシーで他アカウントからのsqs:ReceiveMessageリクエストを許可する。

Q125. 標準キューの特徴を1つ選択してください。

A. 1秒間3,000のメッセージをサポート
B. 1回のみの配信をサポート
C. 先入れ先出し（First In First Out）をサポート
D. 少なくとも1回以上の配信

Q126. FIFOキューの特徴を1つ選択してください。

A. 無制限のパフォーマンス
B. 少なくとも1回以上の配信
C. 先入れ先出しはベストエフォート
D. 1回のみの配信をサポート

Q127. プロデューサーがSQSキューにメッセージを送信してから、メッセージが利用可能になるまでの遅延時間は、どのパラメータで設定しますか？ 1つ選択してください。

A. DelaySeconds
B. MaximumMessageSize
C. MessageRetentionPeriod
D. ReceiveMessageWaitTimeSeconds

Q128. SQSキューのメッセージ受信待機時間はどのパラメータで設定しますか？ 1つ選択してください。

A. DelaySeconds
B. MaximumMessageSize
C. MessageRetentionPeriod
D. ReceiveMessageWaitTimeSeconds

Q129. SQSキューにメッセージを送信する際に、属性を設定するパラメータは次のどれですか？　1つ選択してください。

A. MessageBody
B. DelaySeconds
C. MessageAttributes
D. MaximumMessageSize

Q130. SQSキューからメッセージを受信する際に、受信最大メッセージ数を指定するパラメータは次のどれですか？　1つ選択してください。

A. WaitTimeSeconds
B. VisibilityTimeout
C. MaxNumberOfMessages
D. MaximumMessageSize

Q131. SQSキューのメッセージを削除するときに指定する情報はどれですか？　1つ選択してください。

A. メッセージID
B. ReceiptHandle
C. リクエストID
D. メッセージキー

Q132. SQSキューのメッセージを一度すべて削除したいです。キューは残します。どの操作で削除しますか？　1つ選択してください。

A. DeleteQueue
B. DeleteMessage
C. DeleteMessageBatch
D. PurgeQueue

Q133. Javaで開発しているアプリケーションがあります。キューに格納したいメッセージは500KBぐらいになりそうです。どうすれば素早く開発できますか？ 1つ選択してください。

A. Java SDKのみ使用する。
B. Extended Client Libraryを使用する。
C. APIを直接コールする。
D. Pythonを学習する。

Q134. SNSトピックからSQSキューにサブスクライブしています。SQSキューのコンシューマーは、メッセージの属性は必要なくメッセージ本文のみが必要です。どうしますか？ 1つ選択してください。

A. コンシューマー側で、本文だけを抜き取るコードを開発する。
B. サブスクリプション設定で、rawメッセージの有効化をする。
C. トピックへのパブリッシュでrawメッセージ送信オプションを使う。
D. SQSキュー側で「rawメッセージのみ受付」の有効化をする。

Q135. 特定のサブスクライバーだけにメッセージを送信するにはどうしたらいいですか？ 1つ選択してください。

A. サブスクライバー側でフィルター属性のないメッセージをリジェクトする。
B. メッセージ属性にフィルター条件を含めてパブリッシュする。
C. サブスクリプションにフィルターポリシーを設定する。
D. サブスクリプションにフィルターポリシーを設定して、メッセージ属性にフィルター条件を含めてパブリッシュする。

Q136. SNSトピックに他のAWSアカウントからのメッセージパブリッシュを許可したいです。どうしますか？　1つ選択してください。

A. トピックのアクセスコントロールリストで設定する。
B. パブリックトピックを作成する。
C. トピックポリシーで他アカウントからのsns:Publishリクエストを許可する。
D. トピックポリシーで他アカウントからのsns:ReceiveMessageリクエストを許可する。

Q137. SNSトピックのサブスクリプション設定ができるプロトコルを、次から1つ選択してください。

A. Lambda関数
B. SQSキュー
C. Eメール
D. A～Cのすべて

Q138. Kinesis Data Streamsで処理キャパシティが不足して遅延が発生しています。解消するにはどうしますか？　1つ選択してください。

A. WCU、RCUを増やす。
B. コンシューマーのインスタンスタイプを大きくする。
C. プロデューサーのインスタンスタイプを大きくする。
D. シャードを増やす。

Q139. Step Functionsステートマシンで、Resultに指定した値をそのまま次のステートの入力に渡すタイプは次のどれですか？　1つ選択してください。

A. Pass
B. Task
C. Wait
D. Choice

Q140. Step Functionsステートマシンで、Lambda関数を実行するタイプは次のどれですか？　1つ選択してください。

A. Fail
B. Task
C. Wait
D. Choice

Q141. Step FunctionsステートマシンのTaskタイプで指定できるものは次のどれですか？　1つ選択してください。

A. DynamoDB
B. SNS
C. SQS
D. A～Cのすべて

Q142. モバイルアプリケーションやEC2、ECSコンテナアプリケーション、オンプレミスのアプリケーションの状態をステートマシンに含めて、送信された結果によって次のステートに遷移する場合はどうしますか？

A. Step Functionsでアクティビティを作成する。
B. Taskタイプのステートを作成してアクティビティを指定する。
C. アプリケーションにアクティビティワーカーを実装する。
D. Step Functionsでアクティビティを作成する。Taskタイプのステートを作成してアクティビティを指定する。アプリケーションにアクティビティワーカーを実装する。

Q143. Step Functionsステートマシンで、指定した秒数あるいは指定した日時まで止めるタイプは次のどれですか？　1つ選択してください。

A. Fail
B. Parallel
C. Wait
D. Choice

Q144. Step Functionsステートマシンで、値に応じて分岐するためのタイプは次のどれですか？　１つ選択してください。

A. Fail
B. Parallel
C. Map
D. Choice

Q145. Step Functionsステートマシンで、並列処理をするためのタイプは次のどれですか？　１つ選択してください。

A. Fail
B. Parallel
C. Map
D. Choice

Q146. Step Functionsステートマシンで、動的な配列のリスト数だけ実行するためのタイプは次のどれですか？　１つ選択してください。

A. Fail
B. Parallel
C. Map
D. Choice

Q147. Step Functionsステートマシンで、Taskタイプで指定したLambda関数に渡す入力値を指定する要素は次のどれですか？　１つ選択してください。

A. InputPath
B. ResultPath
C. OutputPath
D. ItemsPath

Q148. Step Functionsステートマシンで、Taskタイプで指定したLambda関数からのレスポンスをルート変数$にどのように含めるかを指定する要素は次のどれですか？　１つ選択してください。

A. InputPath
B. ResultPath
C. OutputPath
D. ItemsPath

Q149. Step Functionsステートマシンで、ステートの出力を指定する要素は次のどれですか？　1つ選択してください。

A. InputPath
B. ResultPath
C. OutputPath
D. ItemsPath

Q150. Step Functionsステートマシンで、Mapタイプに渡す配列を指定する要素は次のどれですか？　1つ選択してください。

A. InputPath
B. ResultPath
C. OutputPath
D. ItemsPath

Q151. Step Functionsステートマシンを毎晩23時に実行したいです。どこから実行しますか？　1つ選択してください。

A. ジョブサーバーに用意したスケジューラー
B. EventBridgeルール
C. API Gatewayによる統合実行
D. StartExecution APIをLambdaから実行

Q152. モバイルアプリケーションから送信ボタン押下時にStep Functionsステートマシンを実行したいです。どこから実行しますか？　1つ選択してください。

A. ジョブサーバーに用意したスケジューラー
B. EventBridgeルールcron式
C. EventBridgeルール固定周期
D. API Gatewayによる統合実行

■正解と解説

Q１ 正解 B
アベイラビリティーゾーンは複数のデータセンターのグループで、アベイラビリティーゾーンはお互いに障害や災害が影響しないように設計しています。

Q２ 正解 C
リージョンにはアベイラビリティーゾーンが2つ以上あります。ユーザーが選択します。

Q３ 正解 D
世界550ヶ所以上あるエッジロケーションにキャッシュコンテンツを配置して、エンドユーザーから最もレイテンシーの低い配信を行えます。

Q４ 正解 D
S3バケットは、リージョンを選択し作成します。複数のアベイラビリティゾーンが自動的に使用されます。

Q５ 正解 C
Application Load Balancerは、VPCと複数のアベイラビリティゾーンのサブネットを選択して作成し、高可用性を実現します。

Q６ 正解 D, E
Lambda関数は、リージョンのみを選択して作成するケースとVPCを選択するケースがあります。VPC内のRDSインスタンスにクエリを実行するLambda関数などはVPCと複数のサブネットを選択して作成します。

Q７ 正解 D
DynamoDBテーブルは、リージョンを選択して作成します。複数のアベイラビリティゾーンが自動的に使用されます。

Q８ 正解 B
Cはアベイラビリティゾーンレベルの障害対策で、リージョンレベルの災害に対応していません。Aは、ほかのリージョンにスナップショットをコピーしておけば復元できますが、復元時間がかかり、Bよりもダウンタイムが発生すると考えられます。Dの暗号化は災害対策ではなく、セキュリティ対策です。

Q９ 正解 D

Q10 正解 D
事前申請は必要ありませんが、アクセスキーID、シークレットアクセスキーなどアカウントとIAMユーザーを識別するための認証情報が必要です。認

SECTION 2 開発

証情報は署名バージョン4方式で署名を作成して、Authorizationヘッダまたは URL クエリパラメータに含めます。

Q11 正解　C

CのCloudShellはマネジメントコンソールにサインインしている認証情報をそのまま使用できます。

A：認証情報がありません。

B：CLIのインストールも必要です。

D：IAMロールなど認証情報が必要です。

Q12 正解　C

aws configureコマンドで、.aws/credentialsに保存した認証情報は、IAMロールを引き受けた認証情報よりも優先されます。

Q13 正解　D

SDKは開発を楽にできるツールで、SDKがない言語でもAPIを直接実行すればAWSサービスへリクエストできます。

Q14 正解　C

A,Bのように移行や高可用性を諦める必要はありません。EFSは複数のEC2インスタンスからマウントして使用でき、アプリケーションによる添付ファイルなどの保存先に指定できます。S3に保存するようにカスタマイズするのは、この問題の要件に適していません。

A, B：時間がかかり、IAMユーザーでの共有に向いていません。

D：リアルタイムな共有は1つのCloud9で実現可能です。

Q15 正解　D

Q16 正解　D

A：ローカルディレクトリの暗号化であり、EFS転送の暗号化ではありません。

B：クライアントサイドの暗号化ですが、最も簡単ではありません。

C：ストレージの暗号化です。

Q17 正解　D

A：頻繁に書き込みが発生するファイルはEBSやEFSで処理します。

B：通常アクセスしないアーカイブファイルはGlacierで保存したほうが、コスト効率がいいです。

C：データベースのデータ領域はEBSで保管します。

Q18 正解　A

S3は自動的に複数のアベイラビリティゾーンを使用し、容量は無制限です。EC2やRDSのように性能を指定する必要もありません。暗号化の種類やアクセス制御は検討します。

Q19 正解　C

RDSはアプリケーションからの書き込み読み込みに向いていて、分析には向いていません。EBSは1つのアベイラビリティゾーンを使用するので、可用性の面で常時分析というニーズに適していません。Glacierはデータの取り出しが必要で、かつアクセス頻度が低いアーカイブデータの保存に向いています。データレイクにはS3が最も適しています。

Q20 正解　D

Q21 正解　C

Parquet形式のファイルからクエリ条件でデータを抽出しているので、Selectアクションで抽出後のデータをダウンロードすれば改善できます。

A：プレフィックスを指定しても、ファイル全体をダウンロードすることには変わりありません。

B：CloudFrontを利用しても、ファイル全体をダウンロードすることは同じです。

D：ファイル全体をダウンロードすることになり、ストレージ料金も余分に発生します。

Q22 正解　A, D

バケットのバージョニングおよび対象のオブジェクトでのオブジェクトロックを有効にすると、誰もバージョンIDを指定したバージョンの削除ができません。バージョンの削除ができないということは、オブジェクトが上書きされても元のバージョンが残っていて、改ざんされたとしても取り戻せます。

B：特定ユーザー以外は削除できます。

C：ポリシーの編集ができるユーザーは、編集して削除ができます。

E：レプリケーション先のバケットで削除できます。

Q23 正解　B

保存しておくだけでアクセスがない場合、この選択肢のストレージクラスで最も保存コストが低いのはGlacierです。GlacierにはInstant Retrieval、Flexible Retrieval、Deep Archiveがありますが、特に明記がなく、どのストレージクラスであったとしても、最も低い保存コストは変わらないので、このような問題ではGlacierを選択します。

Q24 正解　B

オンプレミスアプリケーションからS3バケットへの直接保存はカスタマイズが必要です。Storage GatewayでNFSプロトコルをサポートしているのは、ファイルゲートウェイです。

Q25 正解　D

「最も素早く、運用負荷をなるべくかけずに」ですので、コマンドや関数の開発、ローカルPCの利用ではなく、AWSの機能を使用します。S3バケットはクロスリージョンレプリケーションを設定できます。

Q26 正解　B

静的なコンテンツはS3から配信します。全世界に展開する場合はCloudFrontを使用すると、レイテンシーを低減できてパフォーマンスを高めることができます。

Q27 正解　C

Aの操作を提供しているのがマルチパートアップロードです。BのようにS3バケット上でオブジェクトの変更はできません。

Q28 正解　A

B, C, D：アップロード後のメタデータ追加はCopy操作になります。

Q29 正解　D

A：マルチパートダウンロードAPIはありません。

B, C：リトライできるようにしたいので、回線やネットワークの変更は関係ありません。

Q30 正解　D

A, C：オンプレミスやローカルPCに保存しておいたデータの耐久性やコスト効率は低いです。

B：コスト効率を考慮すると最適ではありません。

Q31 正解　B

OAC(オリジンアクセスコントロール)をオリジンに設定し、S3バケットのバケットポリシーでアクセスを制限します。

Q32 正解　C

アクセスコントロールリスト、バケットポリシーで匿名ユーザーにも公開設定できますが、範囲が広すぎます。

Q33 正解　C

署名付きURLは、PUTリクエストによるアップロードも対応しています。

Q34 正解　D

すでにパブリックな公開設定は完了しているので、アクセス制限についての対応A,B,Cは必要ありません。それよりも他のドメインからのリクエストを許可するためにCORSの設定をします。

Q35 正解　D

ETag値は必ずしもMD5チェックサムと一致しているとは限りません。--content-md5オプションを使用するのが確実です。

Q36 正解　A

Internal Errorは5から始まるエラーでサーバー側のエラーですので再試行します。B,C,Dはクライアント側のエラー対応です。

Q37 正解　C

リクエストの回数を減らす方法はCです。

Q38 正解　B

すでにバケット名が使用されているエラーですので、バケット名を変更します。

Q39 正解　D

バケット名が無効というエラーですので、無効な文字が含まれているかを確認します。

Q40 正解　C

Q41 正解　B

Q42 正解　D

Q43 正解　C

RDSにはグロバルデータベースという機能はありません。

Q44 正解　C

Aurora Serverlessでは、ACUを最小値と最大値の間で自動的に増減できます。

Q45 正解　A

Q46 正解　C

Q47 正解　C

Q48 正解　D

Q49 正解　B

Q50 正解　C, E

Q51 正解　C

パーティションキー、ソートキーに設定できるデータ型は、文字列、数値、バイナリです。

Q52 正解　D

リクエスト数が予測できる場合は、プロビジョニング済みキャパシティモードのほうがコスト最適化になります。

Q53 正解　C

Q54 正解　A

Q55 正解　B

Q56 正解　C

DynamoDBのオートスケーリングを有効にするとCloudWatchアラームが自動作成されます。

Q57 正解　B

テーブルと同じパーティションキーが使用できるので、ローカルセカンダリインデックスが使用できます。

Q58 正解　A

テーブルとは違うパーティションキーを使用したいので、グローバルセカンダリインデックスを使用します。

Q59 正解　A

グローバルセカンダリインデックスはテーブルの非同期リードレプリカなので、結果整合性のみをサポートしています。

Q60 正解　D

DynamoDBテーブルで更新、追加された情報がDynamoDBストリームに追加されます。DynamoDBストリームはLamdba関数でトリガーとして設定できます。

Q61 正解　C

グローバルテーブルは他のリージョンにマルチマスターとして書き込み可能なレプリカテーブルを作成できます。

Q62 正解　C

DynamoDBテーブルにはバックアップとポイントタイムリカバリがあります。特定時点を指定して復元する場合は、ポイントタイムリカバリを使用します。

Q63 正解　C

DAXはDynamoDBテーブル専用のキャッシュソリューションです。

Q64 正解　C

PutItemは基本新規アイテムの書き込みに使用しますが、既存プライマリキーに対しては上書きします。

Q65 正解　C

特定の属性をUpdateItemの更新式で指定して更新できます。

Q66 正解　B

属性名に予約語は使用できますが、更新式ではExpressionAttributeNameを使用しなければいけません。

Q67 正解　C

UpdateItemにConditionExpressionを指定して、更新の際の条件を追加できます。

Q68 正解　C

オプティミスティックロック（楽観的ロック）を実現する際に、属性にバージョン番号などを使用し、ConditionExpressionを追加して他プロセスによってバージョンが更新されていない場合にUpdateItemを実行します。

Q69 正解　B

GetItemではプライマリキーをProjectionExpressionで指定します。

Q70 正解　D

ConsistentReadを指定しない場合は結果整合性で読み込みます。

Q71 正解　A

Q72 正解　B

FilterExpressionではクエリ読み込み結果から、キー以外の属性でフィルターした結果のみ取得できます。

Q73 正解　C

Q74 正解　A

Q75 正解　C

Q76 正解　C

レスポンスのLastEvaluatedKeyが空でない場合は、制限を超えて全部を取得できていない可能性があります。次の操作でExclusiveStartKeyに前回のLastEvaluatedKeyを指定します。

Q77 正解　C

TransactWriteItemsはタイミングをあわせた書き込みです。GetItemsは読み込みです。

Q78 正解　D

読み込めたアイテムはレスポンスに含まれます。

Q79 正解　A

BatchWriteItemは、まとめた書き込みです。一部のアイテムにエラーがあっても他のアイテムは書き込みますので、タイミングをあわせることになりません。

Q80 正解　B

Q81 正解　C

Q82 正解　D

アプリケーションが実行されるEC2やLambda関数のIAMロールにアタッチするIAMポリシーのConditionで、dynamodb:LeadingKeysや

dynamodb:Attributesを指定して、特定項目や特定属性のみにアクセスを制限できます。

Q83 正解　B

パーティションキーによってパーティションが分かれます。分散性を高めるためには種類の少ないキーや時間によって集中しやすいキーを避けます。

Q84 正解　D

Q85 正解　C

Lambda関数でメモリを設定すると、CPUコア数は自動で設定されます。

Q86 正解　B

S3などプッシュイベントでLambda関数を実行する場合は、Lambdaのリソースベースポリシーが必要です。

Q87 正解　B

API Gatewayはプッシュイベントですので、Lambdaのリソースベースポリシーが必要です。

Q88 正解　A

DynamoDBストリームのプルイベントでは実行IAMロールにアタッチするポリシーに、GetRecordの許可が必要です。

Q89 正解　A

SQSキューのプルイベントでは実行IAMロールにアタッチするポリシーに、ReceiveMessageの許可が必要です。

Q90 正解　C

CreateLogGroupとCreateLogStreamを許可しているので、事前に作成する必要はなく、ログストリームは動的に作成されるので、事前作成はできません。

Q91 正解　C

Q92 正解　B

Q93 正解　C

A：非効率です。

B, D：共通で利用できますが、セットアップの手間がかかり非効率です。

Q94 正解　C

バージョンを作成するとそのバージョンは変更することができずに残ります。安全にロールバックできます。

Q95 正解　B

エイリアスを呼び出すようにトリガーを設定します。エイリアスを新しいバージョンに紐づけてリリースします。

Q96 正解 D
変更する可能性があるパラメータはパラメータストアなど外部で管理する方法もありますが、選択肢にない場合は環境変数も有効です。

Q97 正解 C
VPC内にLamdba関数をデプロイして、プライベートネットワークでデータベースに接続できます。LambdaのVPCエンドポイントはVPC内からLambdaのAPIを使用したい場合のもので、VPC外のLambda関数からインバウンド通信を許可するものではありません。

Q98 正解 C
Lambda関数そのものへのリクエストが同時に発生しますので、リクエスト数以上の同時実行数を設定します。

Q99 正解 D
アカウントの初期ではリージョンごとアカウントごとに1000が制限値です。引き上げを申請できます。

Q100 正解 D
/tmpディレクトリ (エフェメラルストレージ) のデフォルトは512MBです。
A : 900秒未満なのでタイムアウトではありません。
B : 600秒間は実行されているので、構文エラーではありません。
C : 600秒間は実行されているので、権限のエラーは可能性としては低いです。

Q101 正解 C
再帰的なコードは避けましょう。
A : 処理が早く終わるメモリサイズに調整しましょう。
B : 必要最小権限を設定しましょう。
D : セキュアではないパラメータは環境変数、セキュアなものはパラメータストアのセキュアストリング、ローテーションするものはSecrets Managerなどを使用して、ハードコーディングは避けましょう。

Q102 正解 D

Q103 正解 C
Lambdaにそのまま入力値を渡して素早く開発するには、プロキシ統合を使用します。
A : メッセージ変換の必要はありません。
B : Mockはテスト用のバックエンドの処理を持たないAPIを作成するので関係ありません。
D : APIキーも関係ありません。

Q104 正解 B

API Gateway経由でのみ、Webサーバーへのリクエストを制限するために、クライアント証明書による検証ができます。他の選択肢はAPI Gatewayそのものへのアクセス制限です。

Q105 正解 D

API Gatewayにセキュリティグループは設定できません。IAM認証やAPIキーではIPアドレスを指定できません。

Q106 正解 D

特定のIAMユーザーに許可する場合に最適な選択肢はIAM認証です。

C：Dに比べると説明が不足しています。

Q107 正解 D

B、C：Dに比べると説明が不足しています。クロスアカウントアクセスになるので、お互いに許可する必要があります。

Q108 正解 B

A：Bに比べると説明が不足しています。

Q109 正解 D

C：Dに比べると説明が不足しています。

Q110 正解 D

メソッドやCORS設定ではスロットリングは設定できません。ステージで設定します。

Q111 正解 D

顧客ごとの使用回数は使用量プランで設定します。

C：Dに比べて説明が不足しています。

Q112 正解 C

Q113 正解 C

API Gatewayだけで設定したいので、A、B、Dではありません。

Q114 正解 C

キャッシュ無効化について、IAMユーザーによる認可を必要とするようにできます。

A：制限されていません。

B：APIキーは関係ありません。

D：使用量プランは関係ありません。

Q115 正解 C

CloudWatch LogsをAPIステージごとに有効化できます。

A, B：デフォルトでは有効ではありません。

D：使用量プランは関係ありません。

Q116 正解 C

APIステージから既存のAPI のSwagger 形式でのエクスポートができて、SAM から呼び出して使用することができます。

A, B：時間がかかります。

D：そのようなパラメータはありません。

Q117 正解 C

Q118 正解 D

A：古いバージョンのCLIコマンドで非推奨です。

C：Dに比べて説明が不足しています。

Q119 正解 B

ECSのタスク定義でタスクロールを設定できます。コンテナタスクによりアプリケーションに適切なIAMポリシーをアタッチできます。

Q120 正解 D

Q121 正解 C

処理中に他のコンシューマーが受信してしまうということは、処理時間に対して可視性タイムアウトの時間が短いことが考えられます。

A：遅延時間が短くても処理の競合には影響ありません。

B：メッセージをキューに保持しておく時間は影響ありません。

D：ショートポーリングかロングポーリングかも関係ありません。

Q122 正解 D

デッドレターキューを設定して、最大受信数に達したメッセージを移動することができます。何度繰り返しても無駄なメッセージの処理をやめます。

Q123 正解 C

ロングポーリングにします。

Q124 正解 C

A, B：ありません。

D：ReceiveMessageは受信です。

Q125 正解 D

A, B, C：FIFO キューの特徴です。

Q126 正解 D

A, B, C：標準キューの特徴です。

Q127 正解 A

Q128 正解 D

Q129 正解 C

Q130 正解 C
Q131 正解 B
Q132 正解 D
Q133 正解 B

SQSのメッセージサイズ制限は256KBです。超える場合はS3と組み合わせて開発しますが、Extended Client Libraryを使用して効率的な開発ができます。

Q134 正解 B

A：rawメッセージの有効化をすればいいので、わざわざ開発する必要はありません。

C, D：そのような機能はありません。

Q135 正解 D

A：フィルタポリシーが使用できるので、わざわざRejectするように開発する必要はありません。

B,C：Dに比べて説明が不足しています。

Q136 正解 C

A, B, D はありません。

Q137 正解 D
Q138 正解 D

Kinesis Data Streamsの処理性能はシャード数によって制限されます。プロデューサー、コンシューマーの性能を増やしてもKinesis Data Streamsが処理できません。

Q139 正解 A
Q140 正解 B
Q141 正解 D
Q142 正解 D

A、B、Cそれぞれの解説がDに比べて不足しています。

Q143 正解 C
Q144 正解 D
Q145 正解 B
Q146 正解 C
Q147 正解 A
Q148 正解 B
Q149 正解 C
Q150 正解 D

Q151 正解 B

EventBridgeで定期的に実行するルールを作成できます。

Q152 正解 D

API Gatewayからステートマシンを実行できます。

MEMO

SECTION 3

セキュリティ

SECTION 3の試験分野は「セキュリティ」です。
AWS認定DVA試験の主な対象は、「認証認可」と「暗号化」です。
AWSのベストプラクティスには"すべてのレイヤーにセキュリティを適用"とあります。
念のため、ネットワークレイヤーのセキュリティも最低限VPCについてはおさえておきましょう。

1 責任共有モデル

●責任共有モデル

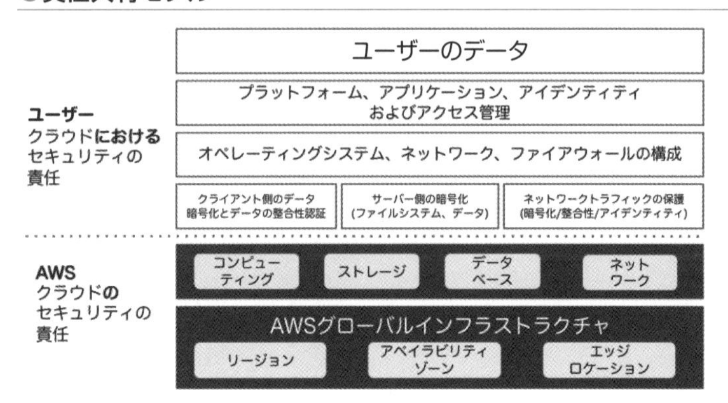

AWSのセキュリティを解説する上で外せないのが、**責任共有モデル**です。AWSとAWSを使うユーザーが協力して、安全で価値の高いサービスを提供するために、お互いの責任を果たします。

AWSはクラウドをユーザーに提供するために、施設の物理的なセキュリティをはじめ、仮想化レイヤーやデータセンター内のあらゆる機器、マネージドサービスのホストオペレーティングシステムなどの広範囲おいて、運用、管理、制御をします。

ユーザーはクラウドにおけるセキュリティの責任を果たします。そこにはもちろんビジネス判断も含まれるので、選択ができるように、セキュリティを支援する様々なサービスがAWSにより提供されています。

ここでは、ネットワーク、認証認可、暗号化の3つのカテゴリにおける、認定DVA試験対策として代表的なサービスをピックアップします。

▼クラウドにおけるセキュリティ

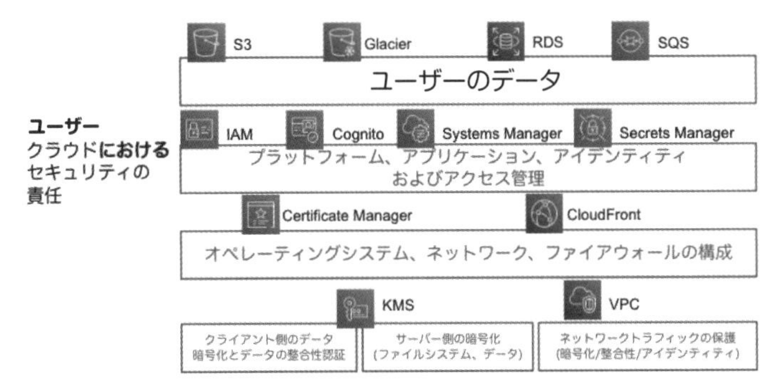

■ネットワークのセキュリティ

- Amazon VPC

■認証と認可

- AWS Identity & Access Management (IAM)
- Amazon Cognito
- AWS Systems Manager
- AWS Secrets Manager

■暗号化

- AWS Key Management Service (KMS)
- AWS Certificate Manager
- AWS Private Certificate Authority (CA)
- Amazon CloudFront
- Amazon Simple Storage Service (S3)
- Amazon RDS
- Amazon Simple Queue Service (SQS)

2 ネットワークのセキュリティ

●Amazon VPC

VPCでは、AWS上でプライベートな仮想ネットワークを定義できます。

ここでは、ネットワークセキュリティの要件を満たすための基本設計を解説します。

■ルートテーブルとサブネットでの制御

▼ルートテーブルとサブネット

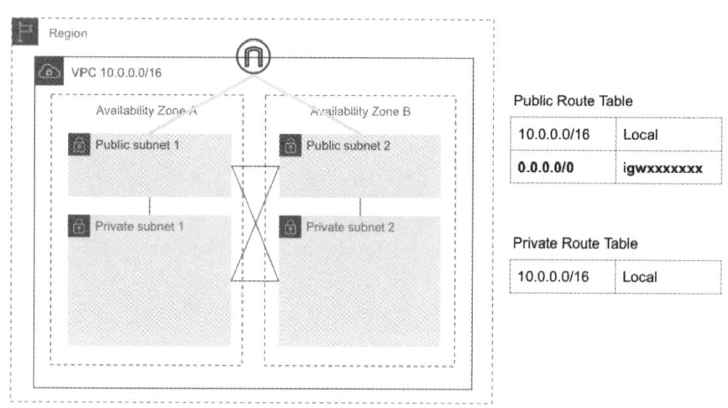

VPCは、リージョンを選択して作成します。VPCではプライベートなIPアドレス範囲を定義します。例えば、上図では、10.0.0.0/16なので、10.0.0.0から10.0.255.255までが使用できます。この表記方法について詳しく知りたい方は、「CIDR」をインターネットなどで調べてください。

デフォルトでは、定義したIPアドレスの範囲内でのみ通信ができます。インターネットゲートウェイをVPCにアタッチすることで、初めてインターネットへの出入り口ができます。

VPCで定義したIPアドレスをサブネットに分けます。**サブネット**はアベイラビリティーゾーンを指定して作成します。作成したサブネットの通信先を関連付けている**ルートテーブル**で定義します。

前ページの図では、インターネットゲートウェイに対するルートのあるパブリックサブネットと、インターネットゲートウェイに対するルートのないプライベートサブネットがあります。

インターネットから直接アクセスしたいロードバランサーなどをパブリックサブネットに配置します。インターネットから直接アクセスしないEC2インスタンスやRDSデータベースインスタンス、ElastiCacheノードなどは、プライベートサブネットで外部の攻撃から保護します。

▼NATゲートウェイ

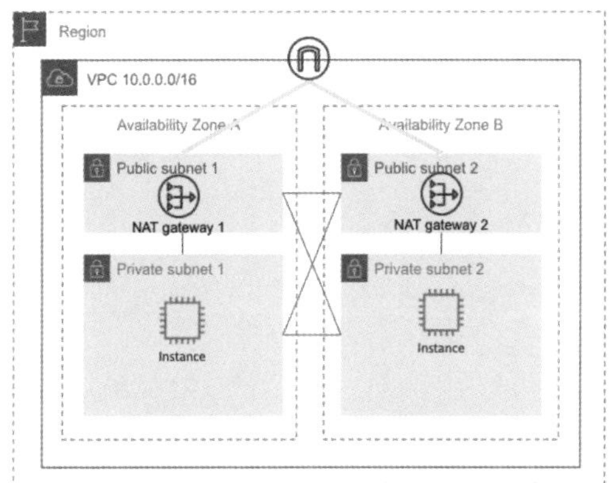

Public Route Table

10.0.0.0/16	Local
0.0.0.0/0	igwxxxxxxx

Private Route Table 1

10.0.0.0/16	Local
0.0.0.0/0	**nat 1 xxxxx**

Private Route Table 2

10.0.0.0/16	Local
0.0.0.0/0	**nat 2 xxxxx**

プライベートサブネットで保護しているEC2インスタンスが、インターネット上の情報（AWSのAPIや外部API、セキュリティパターンファイル、更新プログラムなど）にアクセスする必要がある場合は、NATゲートウェイを使用します。

NATゲートウェイは、外向き通信専用のゲートウェイです。NATゲートウェイをパブリックサブネットに配置します。それぞれのアベイラビリティーゾーンにあるNATゲートウェイをターゲットとしてそれぞれのプライベートルートテーブルを設定します。

■ネットワークACLとセキュリティグループでの制御

●ネットワークACLとセキュリティグループ

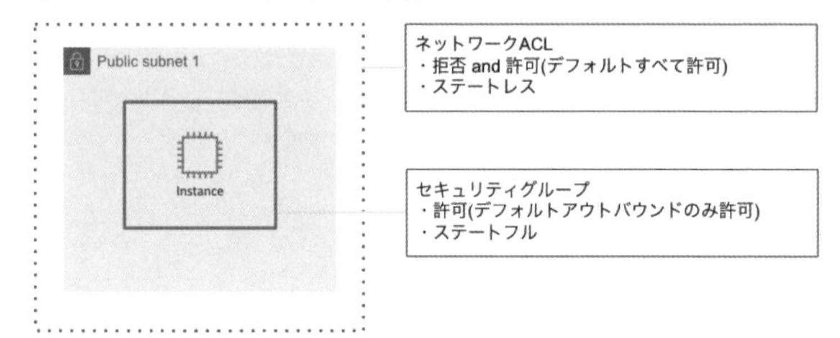

VPCには2つのファイアウォール機能があります。セキュリティグループとネットワークACLです。

●セキュリティグループ

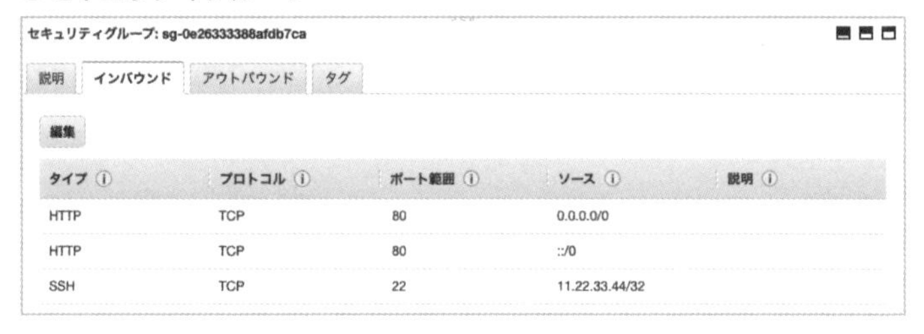

セキュリティグループは、EC2インスタンスなど、VPC内のリソースにアタッチされているElastic Network Interface（ENI）に設定します。インバウンドとアウトバウンドの許可ルールを設定します。

画面イメージの例では、HTTP 80番ポートに対して、すべてのIPアドレスを送信元として許可しています。SSH 22番ポートには、特定の1つのIPアドレスだけを許可しています。アウトバウンドはデフォルトで許可されています。ステートフルという特徴があり、平たくいうと、リクエスト側だけ設定すればレスポンスは許可されます。

トラブルシューティングの留意点として、インバウンド（例えば、EC2に外から入ってくるリクエスト）を許可したいのならインバウンドにだけ、アウトバウンド（例えば、EC2から外に出ていくリクエスト）ならアウトバウンドにだけ許可をすることで、正常に通信が行えます。

●ネットワークACL

ネットワークACL（アクセスコントロールリスト）は、サブネットを対象にして設定します。インバウンドとアウトバウンドの拒否・許可ルールを設定します。

画面イメージはデフォルトのネットワークACLです。ネットワークACLにはルール番号があり、番号の小さいほうが優先されます。すべてのルールに該当しない場合、"＊" が有効になります。ALLOW（許可）とDENY（拒否）を設定できます。

デフォルトのネットワークACLでは、すべてのプロトコルとポートに対する送信元からの許可を100番のルールで設定しているので、すべてのネットワーク通信が許可されます。アウトバウンドもインバウンドと同様にすべて許可されています。

ステートレスという特徴があり、リクエスト、レスポンスも両方判定されます。

トラブルシューティングの留意点として、全体が拒否されて一部を許可するようなネットワークACLでは、インバウンドリクエストを許可したい場合はアウトバウンドでレスポンスのための一時ポート範囲を許可しておかなければなりません。

HTTP 80番ポートへのインバウンドリクエストとそれに対応するアウトバウンドレスポンスを許可するネットワークACLの設定例を次の図に示します。インバウンドには、80番ポートを許可します。

●ネットワークACLインバウンド

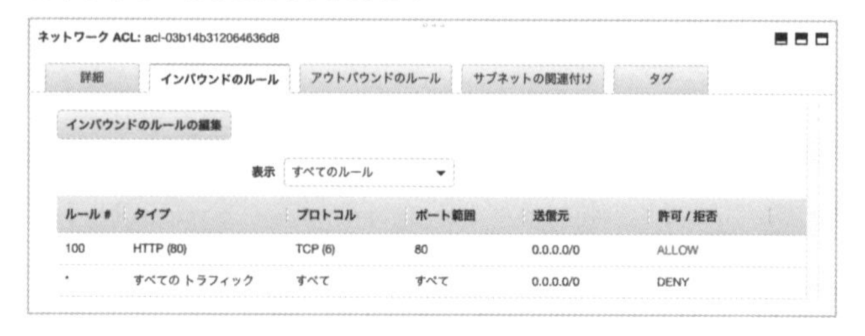

アウトバウンドには、クライアントへの返信に使う一時ポート32768～65535を範囲指定します(Linuxの場合)。

●ネットワークACLアウトバウンド

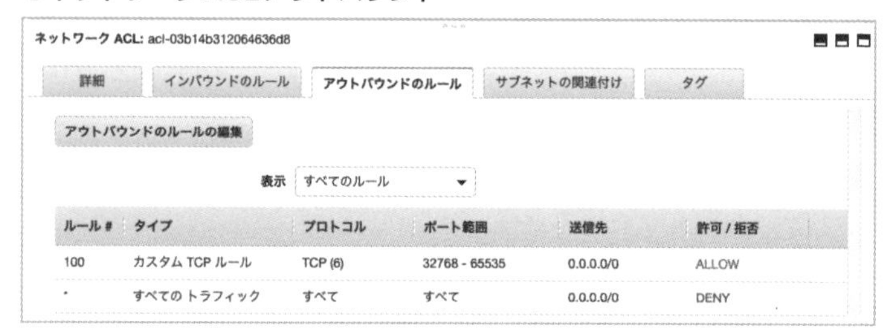

リクエストのあったポート番号ではなく、一時ポートに対するレスポンスが返される点に注意して設定します。トラブルシューティングの際には、この点にも注意してください。

■VPCエンドポイント

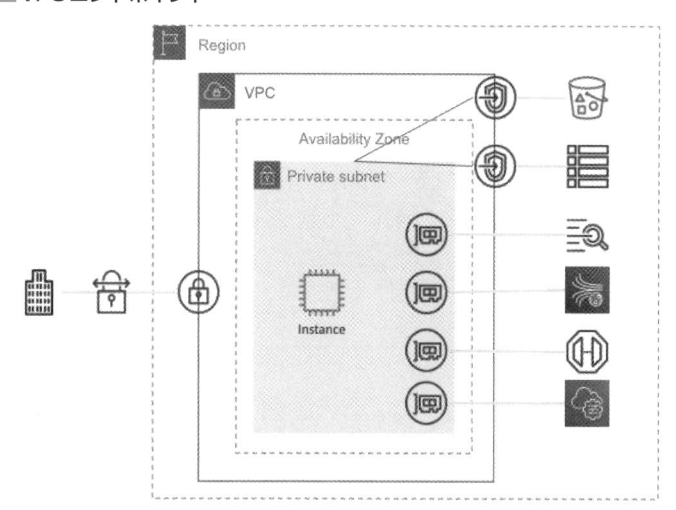

VPCはVGW（仮想プライベートゲートウェイ）をアタッチして、オンプレミスデータセンターなどのルーターとVPN接続ができます。

例えば、オンプレミスのみと接続している社内アプリケーションがVPC内のEC2インスタンスで起動しているとします。その社内アプリケーションが、S3やDynamoDB、CloudWatch Logs、Kinesis Data Streams、API Gatewayエンドポイント、Systems Managerなど、AWSのAPIに対してリクエストをするサービスを使いたい場合は、そのためだけにVPCにインターネットゲートウェイをアタッチするのは、セキュリティ上、得策ではありません。

そこで、**VPCエンドポイント**です。VPCエンドポイントを使うことで、インターネットゲートウェイを介さずに、AWSの各サービスのAPIに直接リクエストが実行できます。VPCエンドポイントには、ゲートウェイエンドポイントと、インターフェイスエンドポイントがあります。どちらもネットワークレイヤーのセキュリティ要件を満たすため、検討した上で選択しましょう。

●ゲートウェイエンドポイント

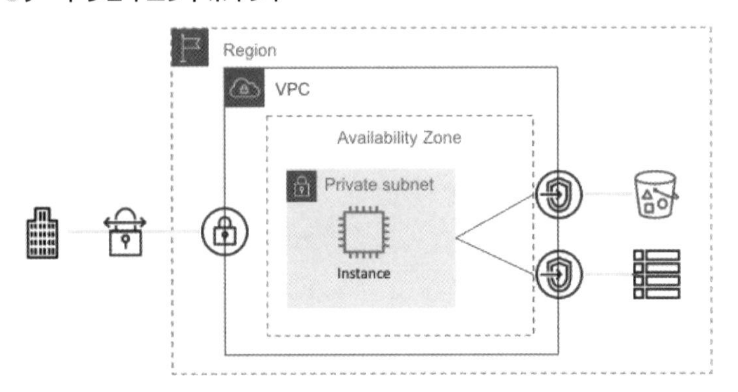

ゲートウェイエンドポイントをVPCにアタッチして、サブネットに関連付けているルートテーブルでゲートウェイエンドポイントへのルートを設定します。ゲートウェイエンドポイントを使用するサービスは以下の2つだけです。

- Amazon S3
- Amazon DynamoDB

●インターフェースエンドポイント

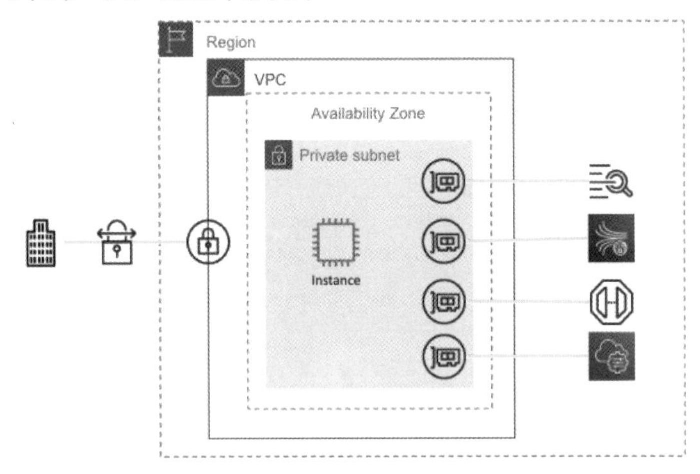

インターフェイスエンドポイントは、サービスAPIを宛先とするプライベートIPアドレスを持つENIをサブネットに作成します。様々なサービスのインターフェイスエンドポイントを作成できますが、以下に、AWS認定DVA試験に関係がありそうなサービスのみを示します。

- Amazon API Gateway
- Amazon CloudWatch
- AWS CodeBuild
- AWS Elastic Beanstalk
- Amazon Elastic Container Registry
- AWS Key Management Service
- Amazon Kinesis Data Streams
- AWS Lambda
- AWS Secrets Manager
- AWS Systems Manager
- Amazon SNS
- Amazon SQS

3 認証と認可

● AWS Identity and Access Management (IAM)

開発環境を設定する場合も、本番環境で開発したプログラムを実行する場合も、本番環境にデプロイするときにも、認証と認可が必要です。

AWS Identity and Access ManagementのIdentity Managementは認証、Access Managementは認可です。認証とは「誰が（ユーザー、ロール）」を制御し、認可とは「何を（ポリシーによるAPIアクション定義）」を制御します。

■IAMの基本

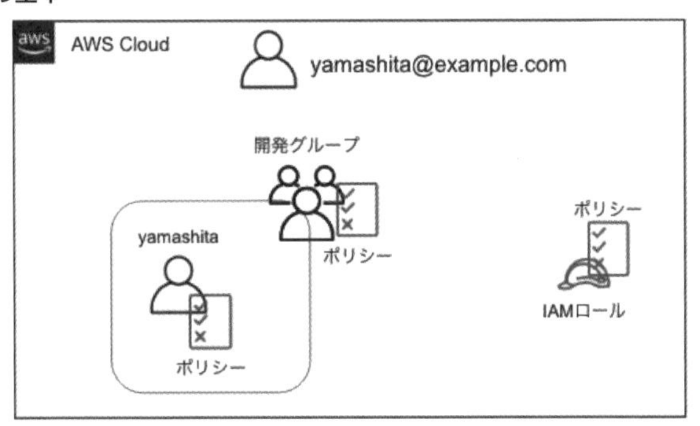

AWSアカウントを作るときに設定するメールアドレスとパスワードでログインするユーザーは、ルートユーザーです（例では、yamashita@example.comです）。

ルートユーザーは、アカウント内のすべての権限が与えられていて、権限を減らすことができません。ルートユーザーで不正アクセスをされると完全にアカウントが乗っ取られてしまうのでルートユーザーは使わずに、IAMユーザーを作って運用します（例では、yamashitaです）。IAMユーザーは、グループでまとめて管理すると運用が楽です。

権限を記述したポリシーは、グループにアタッチしてまとめて管理することも、ユーザーに直接アタッチもできます。

一時的な認証情報を安全に設定する方法として、IAMロールがあります。IAMロールにもポリシーがアタッチできます。

IAMユーザーの認証

IAMユーザーがサインインしたり、コマンドを実行したりする際の認証情報は、2種類あります。1つは、マネジメントコンソールへサインインするときに必要な、12桁のアカウントID、ユーザー名、パスワードです。

もう1つは、CLIでコマンドを実行したり、SDKでコーディングしたプログラムを実行したりするときに必要な、アクセスキーID、シークレットアクセスキーです。

▼認証設定画面

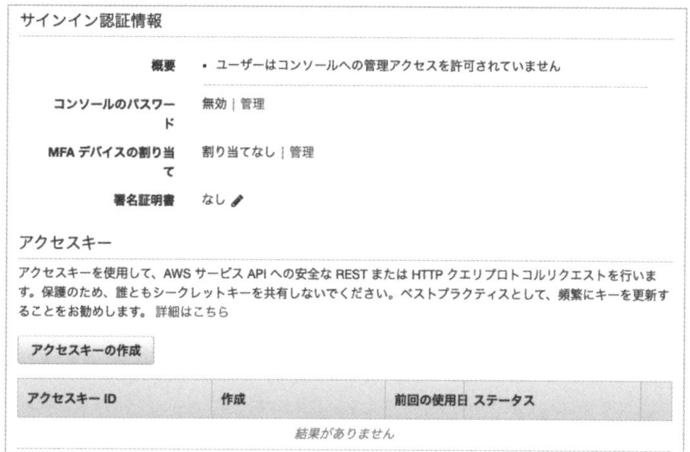

2つの認証情報は、IAMユーザーに対して設定できます。IAMユーザーにアタッチされているポリシーによって、できること、できないことが制限されます。

オフィスや自宅などのローカルのPCから、AWS CLIによるコマンド操作や、SDKを使った開発テストをする場合は、aws configureによってアクセスキーIDとシークレットアクセスキーを設定するのが一般的です。

aws configureコマンドによって設定した、アクセスキーIDとシークレットアクセスキーは、ローカルのユーザーのホームディレクトリ（フォルダ）に.awsというディレクトリ（フォルダ）ができて、そこにcredentialsという名前で保存されます。

- Linux、macOS、Unix：~/.aws/credentials
- Windows：C:¥Users¥USERNAME¥.aws¥credentials

▼credentials

```
[default]
aws_access_key_id = your_access_key_id
aws_secret_access_key = your_secret_access_key
```

■名前付きプロファイル

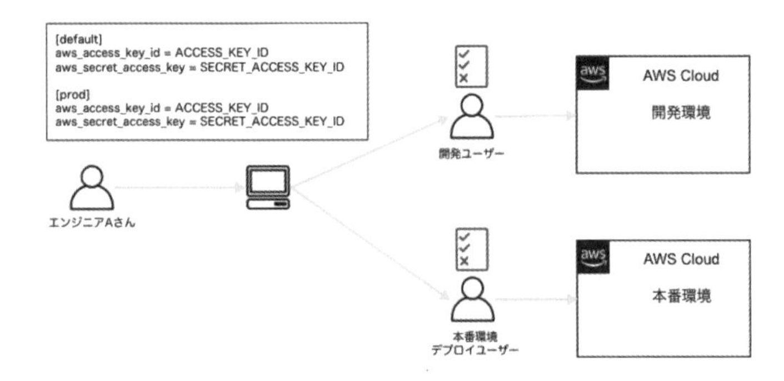

例えば、エンジニアAさんは、普段は開発用のクライアントマシンを使って開発をしています。SDKを使って開発しているので、テストコードを実行すると開発環境のAWSアカウントのリソースに対してリクエストが実行されます。リリースのタイミングだけ本番環境をCLIから操作します。

開発環境、本番環境の両方を操作できる権限を持つアクセスキーID、シークレットアクセスキーを設定していると、開発環境のつもりで本番環境のリソースにリクエストしてしまい、取り返しのつかないミスをしてしまう可能性があります。

前ページの図のように、プロファイルを使って認証を分けておくことによって、Aさんは本番環境を操作するときは意識して操作できるので、ミスを減らすことができます。プロファイルはCLIコマンド実行時にパラメータで指定します。

以下の例では、プロファイル名prodを本番環境と想定しています。

▼設定時

```
$ aws configure --profile prod
```

▼実行時（本番環境のS3バケット一覧を見ている）

```
$ aws s3 ls --profile prod
```

■デフォルトリージョン

aws configureを実行したときに、デフォルトのリージョンも対話形式で設定しています。入力したリージョンコードは、.aws/configというファイルに保存され、CLIやSDKでリージョンが必要な場合に使用されます。

CLIコマンドを実行するときや、SDKを使用するときに、リージョンを指定も可能です。

ここでCLIコマンドのリージョン指定例を示します。東京リージョンのEC2インスタンスの詳細を出力しています。

▼CLIコマンドのリージョン指定例

```
$ aws ec2 describe-instances --output table --region ap-northeast-1
```

次に、PythonのSDK（Boto3）でのリージョン指定例を示します。やはり、同じく東京リージョンのEC2インスタンスの詳細を出力しています。

▼SDK（Boto3）でのリージョン指定例

```
ec2 = boto3.client('ec2', region_name='ap-northeast-1')
ec2.describe_instances()
```

■IAMポリシー

IAMポリシーはアクセス権限を設定するドキュメントです。JSONフォーマットで記述します。AWS Policy Generatorを使うことで、JSONを直接書かなくてもポリシーを作成できます。

- **AWS Policy Generator**
  https://awspolicygen.s3.amazonaws.com/policygen.html

▼AWS Policy Generator

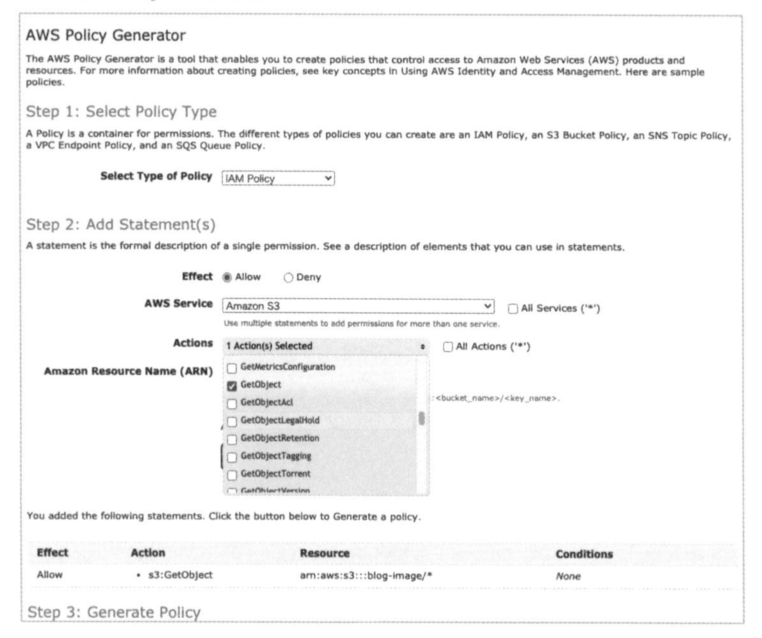

例えば、次のようなIAMポリシーを作成できます。

▼IAMポリシーの例

```
{
  "Version": "2012-10-17",
  "Statement": [
  {
      "Effect": "Allow",
      "Action": [
        "s3:GetObject"
      ],
      "Resource": "arn:aws:s3:::blog-image/*"
    }
  ]
}
```

- Statement ：許可（拒否）を複数設定する。
- Effect ：許可（Allow）か拒否（Deny）を設定する。
- Action ：許可（拒否）するアクションのAPIを設定する。
- Resource ：アクションの対象リソースを指定する。

Action、Resourceにはアスタリスク（＊）が使用できます。

このポリシーでは、S3バケットblog-imageのオブジェクトにGetObjectリクエストを許可します。このポリシーがアタッチされたIAMユーザーは、オブジェクトのダウンロードができます。

■最小権限の原則

▼フルアクセスIAMポリシー

```
{
    "Version": "2012-10-17",
    "Statement": [
        {
            "Effect": "Allow",
            "Action": "*",
            "Resource": "*"
        }
    ]
}
```

上記のIAMポリシーは、すべてのリソースに対して、すべてのアクションを許可するIAMポリシーです。すべてのIAMユーザーに、このようなポリシーを付与している場合、どのような状況が起こりうるでしょうか。

リソースが増えたり、AWSの新しいサービスがリリースされたりしても、ポリシーを変更する必要がないので、運用は楽になるでしょう。しかし、仮にIAMユーザー名、パスワードが漏れてしまって、マネジメントコンソールに不正アクセスされたとします。すべてのリソースが使い放題ですし、保存済みのデータを盗むこともできます。

悪意がなかったとしても、テスト環境を操作しているつもりで本番環境のリソースが削除されることもあります。

コンプライアンス要件を満たさなければならない場合、対象データへのアクセス権限を持っているだけで、「アクセスしていない」ということを証明しなければならなくなるでしょう。必要のない権限を設定していると、リスクや余計な作業が増えます。

IAMポリシーは、最小権限の原則を守って設定することがベストプラクティスです。

■ARN

227ページの例でResourceに指定しているのは、**ARN（Amazon Resource Name）**です。blog-image/＊としているので、blog-imageバケットのオブジェクトすべてが対象です。これをblog-imageのみにして、/＊を省いてしまうと、blog-imageバケット自体が対象になってしまい、GetObjectアクションの対象リソースがないという矛盾したIAMポリシーになるので注意しましょう。

次はARN（Amazon Resource Name）の書式です。

```
arn:aws:service:region:account:resource-id
```

- arn:aws　：先頭に必要です。
- service　：s3、dynamodbなどサービス名を指定します。
- region　：us-east-1、ap-northeast-1などリージョンコードを指定します。
- account　：12桁数値のアカウントIDを指定します。
- resource-id：リソースを識別する名前やIDを指定します。サービスによって異なります。

次の例は、DynamoDBテーブルの例です。東京リージョン、123456789012アカウントのmytableというテーブルを指定しています。

```
arn:aws:dynamodb:ap-northeast-1:123456789012:table/mytable
```

次はS3オブジェクトの例です。mybucketのオブジェクトすべてを対象としています。S3バケットはアカウントやリージョンには関係なく、一意の名前を設定する必要があります。ARNでもリージョンコード、アカウントIDを省いて指定します。

```
arn:aws:s3:::mybucket/*
```

■Condition（条件）

例えば、オフィスの拠点など特定のIPアドレスからリクエストを実行したときだけS3オブジェクトへのリクエストを許可したい、という場合はConditionを使用します。

▼Conditionの例

```
{
  "Version": "2012-10-17",
  "Statement": [
    {
      "Effect": "Allow",
      "Action": [
      "s3:GetObject"
      ],
      "Condition": {
        "IpAddress":  {
          "aws:SourceIP":  "11.22.33.44/32"
        }
      },
      "Resource": "arn:aws:s3:::blog-image/*"
    }
  ]
}
```

Conditionで追加の条件を指定できます。上記の例では、送信元IPアドレスです。特定のIPアドレス以外で制限する場合は、NotIpAddressを使用します。他の条件演算子には以下のようなものがあります。

StringEquals

文字列の完全一致です。タグを条件に含める場合などに使用します。他に、StringNotEqualsなど一致しないケースの演算子やStringLikeなど部分一致の演算子もあります。

▼StringEquals

```
"Condition": {"StringEquals": {"aws:PrincipalTag/job-category":
"iamuser-admin"}}
```

NumericEquals

数値一致です。リクエストに含まれるリストの最大数で制限する場合などに使用します。他にNumericNotEqualsなど一致しないケースの演算子や、

NumericLessThan（未満）、NumericGreaterThan（より大きい）などの比較演算子もあります。

▼NumericLessThanEquals（以下）

```
"Condition": {"NumericLessThanEquals": {"s3:max-keys": "20"}}
```

DateEquals

日付一致です。特定の日だけ許可したいケースなどで使用します。他にDateNotEqualsなど一致しないケースの演算子や、DateLessThan（より前の日時）、DateGreaterThan（よりあとの日時）のように範囲を指定できる演算子もあります。

▼DateGreaterThan

```
"Condition": {"DateGreaterThan": {"aws:TokenIssueTime":
"2020-01-01T00:00:01Z"}}
```

Bool

true、falseで指定したい場合、例えば「リクエストがSSLを使用している場合のみ許可する」などで使用します。

▼Bool

```
"Condition": {"Bool": {"aws:SecureTransport": "true"}}
```

ArnEquals

ARNの一致。送信元リソースのARNを指定するケースなどで使用します。ほかに、ArnLikeで部分一致を判定したり、ArnNotEqualsで除外したりするケースの演算子があります。

次は、特定のSNSトピックからのサブスクライブのみを受け付ける例です。

▼ArnEquals

```
"Condition": {"ArnEquals": {"aws:SourceArn": "arn:aws:sns:ap-northeast-
1:123456789012:mytopic"}}
```

■ポリシー変数

▼IAMユーザー名プレフィックスへのアクセス許可

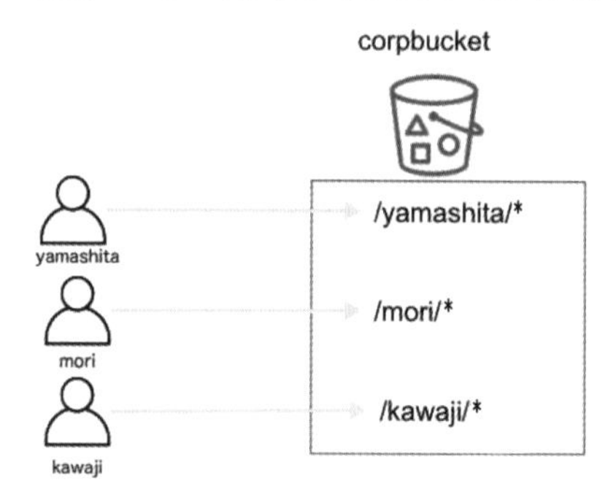

例えば、上図のように会社のバケットcorpbucketでは、自分の名前がプレフィックスについたS3オブジェクトのみの一覧表示、読み取り、書き込みが許可されているとします。IAMユーザーyamashitaにアタッチするIAMポリシーは次のようなポリシーになります。

▼IAMユーザーyamashitaのIAMポリシー

```
{
  "Version": "2012-10-17",
  "Statement": [
    {
      "Action": ["s3:ListBucket"],
      "Effect": "Allow",
      "Resource": ["arn:aws:s3:::corpbucket"],
      "Condition": {"StringLike": {"s3:prefix": ["yamashita/*"]}}
    },
    {
      "Action": [
        "s3:GetObject",
        "s3:PutObject"
      ],
      "Effect": "Allow",
```

```
            "Resource": ["arn:aws:s3:::corpbucket/yamashita/*"]
        }
    ]
}
```

この方法の場合は、IAMユーザーmori、kawajiにもそれぞれのポリシーを作成しなければならず、非効率です。そこでポリシー変数aws:usernameを使用すると、効率よくポリシーを作成、管理できます。使い方は次のとおりです。

▼ポリシー変数を使ったIAMポリシー

```
{
    "Version": "2012-10-17",
    "Statement": [
        {
            "Action": ["s3:ListBucket"],
            "Effect": "Allow",
            "Resource": ["arn:aws:s3:::corpbucket"],
            "Condition": {"StringLike": {"s3:prefix": ["${aws:username}/*"]}}
        },
        {
            "Action": [
                "s3:GetObject",
                "s3:PutObject"
            ],
            "Effect": "Allow",
            "Resource": ["arn:aws:s3:::corpbucket/${aws:username}/*"]
        }
    ]
}
```

▼IAMユーザーのパスワード変更など

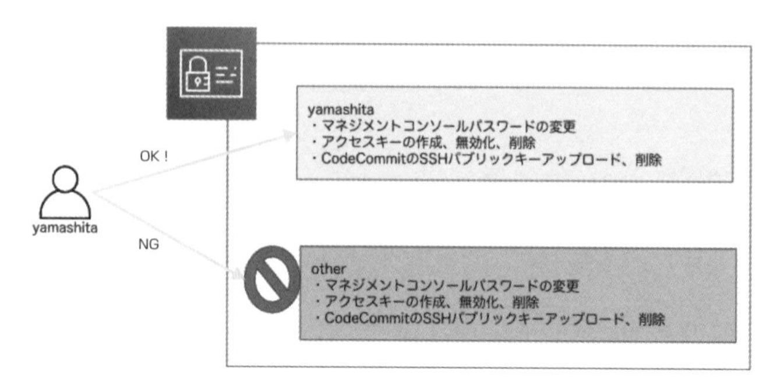

IAMユーザーが自分のパスワード変更などの運用をする場合にも、IAMポリシー変数は有効です。もちろん他の人のパスワードが変更できてしまっては問題なので、自分自身のパスワードの変更のみを許可します。

▼パスワード変更などをポリシー変数で許可するIAMポリシー

```
{
  "Version": "2012-10-17",
  "Statement": {
    "Effect": "Allow",
    "Action": [
      "iam:*LoginProfile",
      "iam:*AccessKey*"
      "iam:*SSHPublicKey*"
    ],
    "Resource": "arn:aws:iam::123456789012:user/${aws:username}"
  }
}
```

ResourceのARNにIAMユーザーを指定して、ポリシー変数aws:usernameを使用しています。これですべてのIAMユーザー向けのポリシーとして使用できます。アクションの記述にはアスタリスク（*）が使えるので便利です。

- iam：*LoginProfile　マネジメントコンソールへのサインインパスワードの編集を許可します。
- iam：*AccessKey*　アクセスキーの作成などの操作を許可します。
- iam：*SSHPublicKey*　CodeCommitリポジトリを使用するためのSSHキーのアップロードなどの操作を許可します。

AWS CodeCommitで使用するパブリックキーとプライベートキーのセットアップ

実際にセットアップする際は、ユーザーガイドを検索して詳細手順を確認してください。ここでは、プロセスを理解していただくために主要手順を解説します。

▼CodeCommitで使用するキー

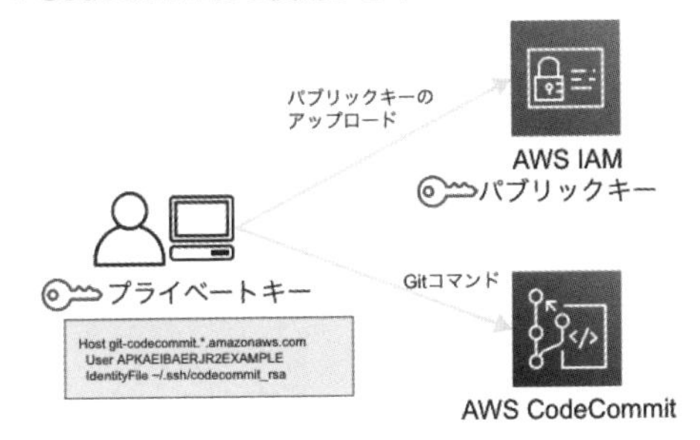

❶開発クライアントでssh-keygenコマンドを実行して、パブリックキーファイルとプライベートキーファイルを作成します。

▼IAMユーザーのCodeCommit SSHキー

AWS CodeCommit の SSH キー

SSH パブリックキーを使用して AWS CodeCommit リポジトリへのアクセスを認証します。 詳細はこちら

SSH パブリックキーのアップロード

SSH キー ID	アップロード済み	ステータス
	結果がありません	

❷マネジメントコンソール、IAMユーザーの［認証］タブの［AWS CodeCommitのSSHキー］セクションで［SSHパブリックキーのアップロード］ボタンを押下し、パブリックキーファイルに書かれた文字列を貼り付けてアップロードします。

❸生成されたSSHキーIDをコピーしておきます。開発クライアントの、ユーザーフォルダ（ディレクトリ）に.ssh/configファイルを作成して設定します。IdentityFileはプライベートキーファイルです。

▼sshクライアント設定ファイル

```
Host git-codecommit.*.amazonaws.com
  User APKAEIBAERJR2EXAMPLE
  IdentityFile ~/.ssh/codecommit_rsa
```

■ポリシーの種類

▼IAMグループにアタッチされたIAMポリシー

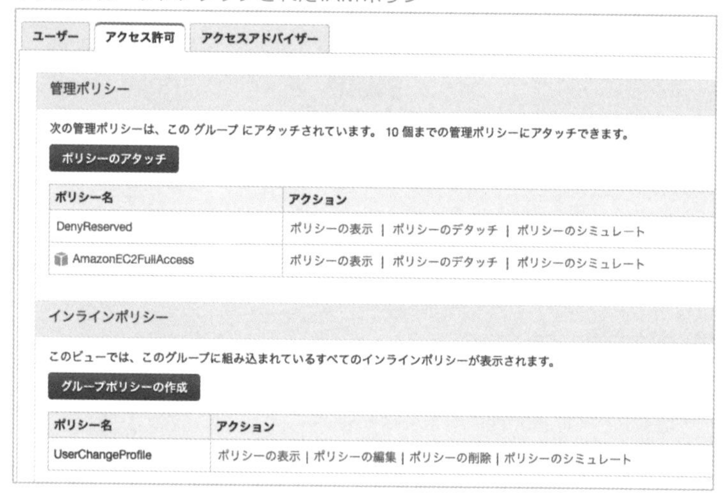

IAMポリシーの種類は次の３つです。

- AWS管理ポリシー
- カスタマー管理ポリシー
- インラインポリシー

前ページの図では、IAMグループにポリシーをアタッチしています。管理ポリシーで左端にアイコンがあるのはAWS管理ポリシーです。アイコンのない管理ポリシーがカスタマー管理ポリシーです。インラインポリシーは、このグループにだけアタッチするためのポリシーです。

- **アイデンティティベースのポリシー**
  グループ、ユーザー、ロールにアタッチするポリシーを**アイデンティティベースのポリシー**と呼びます。AWS管理ポリシーやカスタマー管理ポリシー、インラインポリシーが使用できます。

- **リソースベースのポリシー**
  S3バケットやSQSキュー、SNSトピックなどに設定するポリシーを**リソースベースのポリシー**と呼びます。インラインポリシーのみが使用できます。

AWS管理ポリシー

AWS管理ポリシーは名前のとおり、AWSが作成して管理しているポリシーです。AWSアカウントを使い始めた時点ですでに用意されています。複数のユーザー、グループ、IAMロールにアタッチできます。バージョンアップデートもAWSによって行われます。

▼AWS管理ポリシーのバージョン

ポリシー ARN　arn:aws:iam::aws:policy/AmazonEC2FullAccess

説明　Provides full access to Amazon EC2 via the AWS Management Console.

アクセス権限　ポリシーの使用状況　ポリシーのバージョン　アクセスアドバイザー

ポリシーを更新するたびに、新しいバージョンが作成されます。バージョンの最大数は 5 個です。 詳細はこちら

バージョン	作成時刻
▸ Version 5 (デフォルト)	2018-11-27 11:16 UTC+0900
▸ Version 4	2018-02-09 03:11 UTC+0900
▸ Version 3	2018-01-12 05:16 UTC+0900
▸ Version 2	2017-10-31 07:35 UTC+0900
▸ Version 1	2015-02-07 03:40 UTC+0900

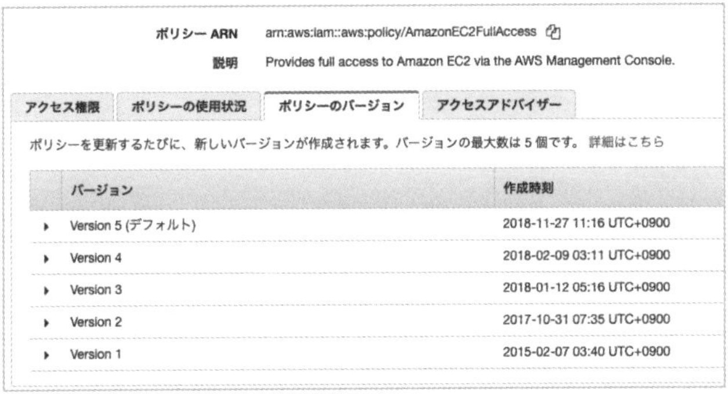

AWS管理ポリシーAmazonEC2FullAccessはバージョン5まであり、バージョン5がデフォルトポリシーです。デフォルトポリシーの設定内容が権限に反映されます。

●カスタマー管理ポリシー

カスタマー管理ポリシーは、「お客様管理ポリシー」や「ユーザー管理ポリシー」と呼ばれることもあります。その名前のとおり、ユーザーが作成して管理するポリシーです。複数のユーザー、グループ、IAMロールにアタッチできます。バージョンアップデートはユーザーによって行います。

▼カスタマー管理ポリシーのバージョン

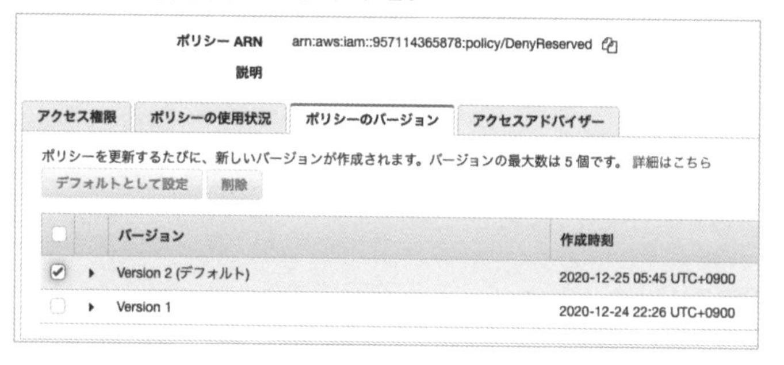

カスタマー管理ポリシーを変更すると新しいバージョンができます。その新しいバージョンをそのままデフォルトにもできますが、以前のバージョンをデフォルトとして適用もできます。

チェックをつけて［デフォルトとして設定］ボタンを押下するだけで、バージョンの適用、ロールバックができます。

ユーザー独自の対象リソースを定義できたり、アクションの組み合わせが可能になったりするので、最小権限の原則を守りやすくなります。

●インラインポリシー

他のグループやユーザー、ロールにアタッチする必要のないポリシーは**インラインポリシー**に設定します。グループ、ユーザー、ロールのようなIAMのエンティティ（識別名）のことを、プリンシパルエンティティ（認証対象の識別名）と呼びます。プリンシパルエンティティに埋め込むポリシーという意味で、インラインポリシーと呼んでいます。インラインポリシーは、リソースベースのポリシーにも使用できます。

■リソースベースのポリシー

AWSサービスの一部はリソースにポリシーを設定できます。他のアカウントやアカウント外、IAMロールを使用できない他サービスに対して、アクセスを許可したり、厳密な制御をしたりする場合に使用します。ここでは、いくつかのケースをサンプルとして解説します。

●CloudFront経由のアクセスを許可するS3バケットポリシー

▼S3バケットポリシー

```
{
    "Version": "2012-10-17",
    "Statement": {
        "Effect": "Allow",
        "Principal": {
            "Service": "cloudfront.amazonaws.com"
        },
        "Action": "s3:GetObject",
        "Resource": "arn:aws:s3:::mybucket/*",
        "Condition": {
            "StringEquals": {
                "AWS:SourceArn": "arn:aws:cloudfront::123456789012:distribut
ion/example1234"
            }
        }
    }
}
```

▼CloudFront経由のS3バケットへのアクセス

CloudFrontには**Origin Access Control**（**OAC**）が設定できます。そのOACからのみのリクエストを許可するように、**S3のバケットポリシー**に定義しておくことができます。こうすることで、S3バケットへの直接アクセスは禁止され、CloudFront経由でのアクセスのみが可能となり、パフォーマンスとセキュリティが向上します。

CloudFrontは全世界550ヶ所以上のエッジロケーションにキャッシュを配置し、エンドユーザーに対して最もレイテンシーの低いアクセスを提供します。これによりダウンロード速度を上げることができ、パフォーマンスが向上します。

Certificate Manager、Shield、WAFなどのサービスと統合することにより、セキュリティを強化できます。

●Cognitoサインイン後に呼び出しを許可するLambda関数ポリシー

▼Lambda関数ポリシー

```
{
  "Version": "2012-10-17",
  "Statement": [
    {
      "Effect": "Allow",
      "Principal": {
        "Service": "cognito-idp.amazonaws.com"
      },
      "Action": "lambda:InvokeFunction",
      "Resource": "arn:aws:lambda:ap-northeast-1:123456789012:function
:myfunction",
      "Condition": {
      "ArnLike": {
        "AWS:SourceArn": "arn:aws:cognito-idp:ap-northeast-
```

```
1:123456789012:userpool/ap-northeast-1_EXAMPLE"
            }
          }
        }
      ]
    }
```

▼Cognitoのサインイン後の呼び出しのあとにLambda関数を呼び出す

Principalでcognito-idp.amazonaws.comが設定されています。ConditionのArnLikeで、ユーザープールを指定しています。トリガー設定は、Cognitoユーザープール側から行えます。エンドユーザーがサインインしたあとに加工したロギングなど、サインイン情報の自動処理ができます。

他アカウントのIAMユーザーからの実行を許可するAPI Gatewayポリシー

▼API Gatewayポリシー

```
{{
  "Version": "2012-10-17",
  "Statement": [
    {
        "Effect": "Allow",
        "Principal": {
          "AWS": [
              "arn:aws:iam::987654321098:user/api-exe-valid",
              "arn:aws:iam::987654321098:root"
          ]
        },
        "Action": "execute-api:Invoke",
        "Resource": "arn:aws:execute-api:ap-northeast-
```

```
1:123456789012:exampleab/prod/GET/*"
    }
  ]
}
```

▼他アカウントのIAMユーザーにAPIの実行を許可する

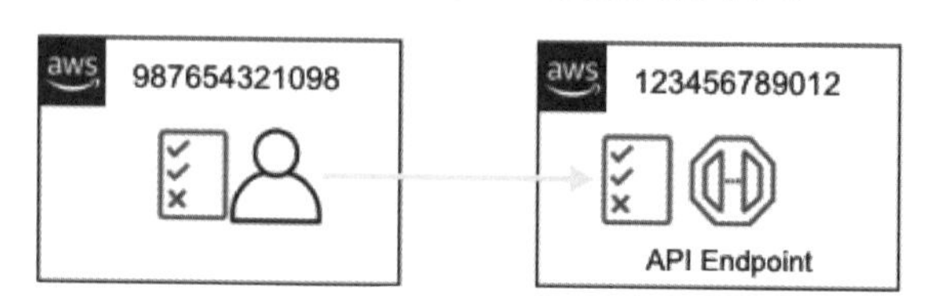

API Gatewayで作成したAPIについて、IAMユーザーのみに実行を許可できるように制限できます。他アカウントのIAMユーザーに許可する場合は、API Gatewayのリソースポリシーを作成する必要があります。Actionはexecute-api:Invokeです。

●他アカウントからのメッセージ送信を許可するSQS共有キューのポリシー

▼SQSキューポリシー

```
{
    "Version": "2012-10-17",
    "Statement": [{
      "Effect": "Allow",
      "Principal": {
        "AWS": [
          "987654321098"
        ]
      },
      "Action": "sqs:SendMessage",
      "Resource": "arn:aws:sqs:ap-northeast-1:123456789012:myqueue"
    }]
}
```

▼他アカウントのLambda関数、EC2インスタンスからのメッセージ送信を許可するSQS共有キュー

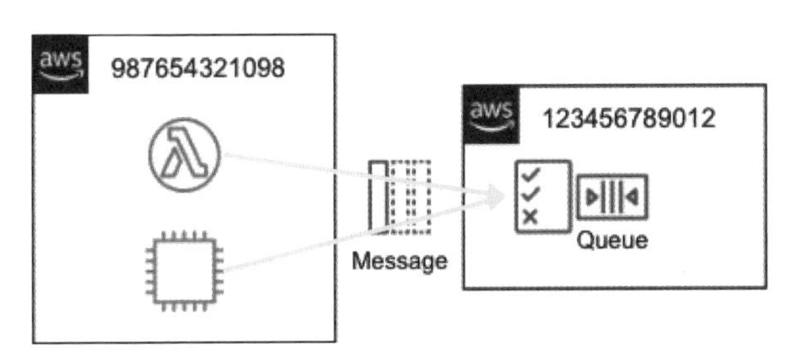

他のAWSアカウントのLambdaやEC2インスタンスからのメッセージ送信を許可するSQSキューのポリシーです。LambdaやEC2インスタンスについては、IAMロールに、myqueueに対するメッセージ送信の許可ポリシーをアタッチしておく必要があります。

●KMSのCMK（Customer Master Key）のキーポリシー

▼KMSキーポリシー

```
{
    "Version": "2012-10-17",
    "Statement": [
      ~中略~
      {
        "Sid": "Allow use of the key",
        "Effect": "Allow",
        "Principal": {
            "AWS": [
              "arn:aws:iam::98765432109:root",
            ]
        },
        "Action": [
          "kms:Encrypt",
          "kms:Decrypt",
```

```
            "kms:ReEncrypt*",
            "kms:GenerateDataKey*",
            "kms:DescribeKey"
          ],
          "Resource": "*"
        },
      {
      "Sid": "Allow attachment of persistent resources",
      "Effect": "Allow",
      "Action": [
         "kms:CreateGrant",
         "kms:ListGrants",
         "kms:RevokeGrant"
      ],
      "Resource": "*",
      "Principal": {"AWS": ["arn:aws:iam::98765432109:root"]}
      ～後略～
```

▼他アカウントのRDS暗号化スナップショットからインスタンスを復元

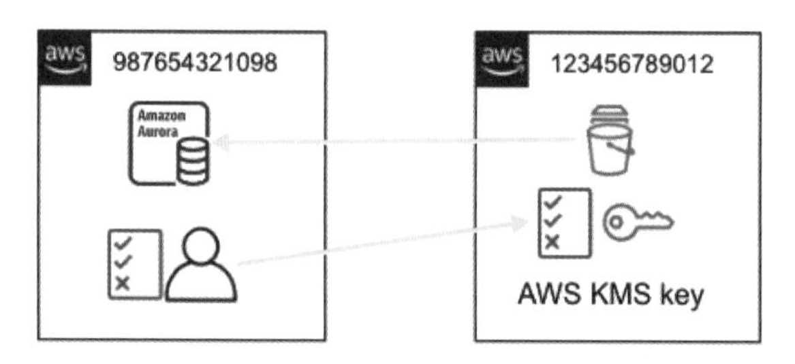

RDSスナップショットのアカウント間の共有には、AWS KMS（Key Management Service）のCMK（Customer Master Key）が必要です。CMKは暗号化するためのマスターキーで、キーポリシーが設定できます。スナップショットからRDSインスタンスをリストアするときに、マスターキーを使って復号化することを許可します。

■ポリシー評価ロジック

▼IAMポリシーの評価順序

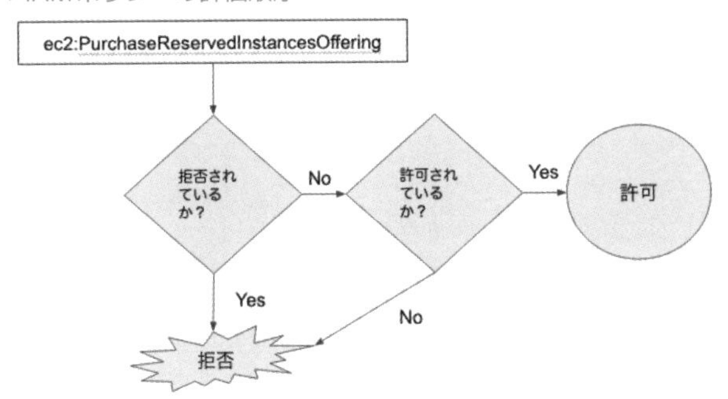

IAMポリシーはAPIアクション実行時に評価されます。まず、拒否されているかどうかが評価されて、拒否されていればその時点でアクションは拒否されます。

- 「拒否」されていなければ、許可されているかどうかが評価される
- 「許可」されていなければ拒否される

明示的に許可されていれば、初めてそのアクションへのリクエストが実行されます。

許可する範囲が広く、拒否したい操作が特定されている場合は、AWS管理ポリシーで大きく許可をしておいて、カスタマー管理ポリシーで拒否をするという方法もよく使われています。

▼リザーブドインスタンス購入を拒否するカスタマー管理ポリシー

```
{{
    "Version": "2012-10-17",
    "Statement": [
        {
            "Effect": "Deny",
            "Action": [
                "ec2:*Reserved*"
            ],
```

```
            "Resource": "*"
        }
    ]
}
```

AWS管理ポリシーAmazonEC2FullAccessと、上記のカスタマー管理ポリシーをアタッチしておけば、新規インスタンスの起動などの操作はできても、リザーブドインスタンスの新規購入はできません。IAMポリシーがグループ経由なのか直接アタッチされているのか、ポリシーを書いている順番などにはまったく関係なく、拒否が優先されると覚えておいてください。

■IAMロール

IAMロールは、一時的な認証情報を安全に渡してくれる機能です。様々なニーズに対して使用されますが、DVA試験対策では、主にAWSのリソースへの割り当てとフェデレーション（後述）を利用したアプリケーション構築にスポットをあてて解説します。

●AWSリソースがAWSサービスにアクセスするためにIAMロールを使う

▼EC2インスタンスからDynamoDB APIへのリクエストをアクセスキーで設定する

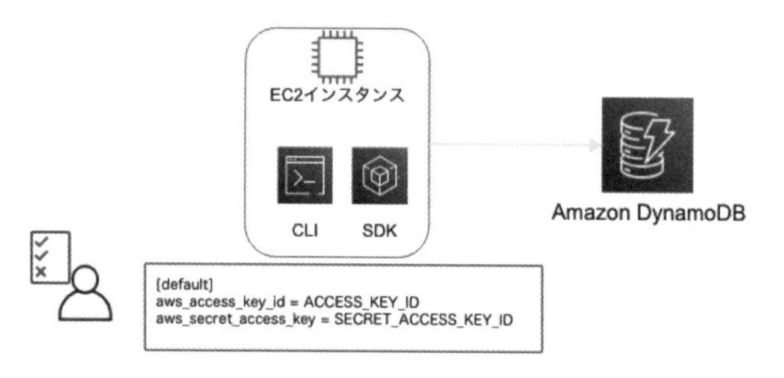

例えば、EC2インスタンス上のアプリケーションでSDKやCLIを使って開発しているとします。そのアプリケーションでは、DynamoDBのAPIに対してリクエストしています。DynamoDBへのデータの書き込み、読み込み、検索するアプリケーションです。

実現するための1つの方法は、DynamoDBテーブルに対して必要な権限

(PutItem、GetItem) を設定したポリシーをアタッチしたIAMユーザーを作るというものです。そのIAMユーザーのアクセスキーIDとシークレットアクセスキーをEC2の.aws/credentialsに保存すれば実現できます。

しかし、この方法の場合、アクセスキーIDとシークレットアクセスキーを設定するのは、開発者などの実在する人です。人が手動で設定したり、管理したりする情報は、常に漏えいする可能性があります。なぜなら、設定者自身が知っているのに加えて、どこかに記録する、属人化を避けるため他の人に教える、などでアクセスキーIDとシークレットアクセスキーの保存先が増えるためです。永続的に長期間使うことでそのリスクは増します。

そこでローテーションをしますが、ローテーションの手間も生じます。この2つの課題 (知っている人の存在、ローテーションの手間) はIAMロールで解決できます。

▼EC2インスタンスからDynamoDB APIへのリクエストをIAMロールで設定する

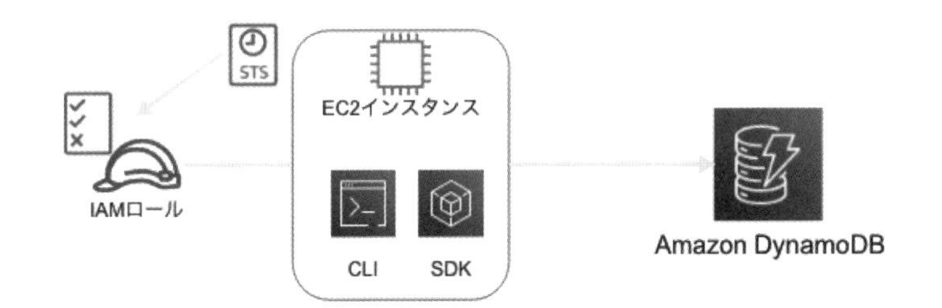

EC2インスタンスにIAMロールを割り当てて起動するだけで、EC2サービスがsts:AssumeRoleアクションを実行して、IAMロールから一時的なアクセスキーIDとシークレットアクセスキーが渡されます。CLIやSDKは、このアクセスキーIDとシークレットアクセスキー、トークンを使って、DynamoDBなどの他のサービスへのリクエストを認証できます。このアクセスキーIDとシークレットアクセスキー、トークンは約6時間おきに自動更新されます。

●EC2インスタンスにIAMロールを設定する

EC2インスタンスにIAMロールを設定する手順を解説します。作成されたIAMロールに設定されるポリシー、設定するIAMユーザーに必要な権限などを知っておいてください。

❶IAMロールの作成

IAMロールを作成してIAMポリシーをアタッチできる権限を持っているIAMユーザーが行います。

▼IAMロール作成

IAMロールを作成するときに、[信頼されたエンティティタイプ] で [AWSのサービス]、[EC2] を選択します。こうして作成することで、IAMロールの信頼ポリシーに次のポリシーが作成されます。

▼EC2用IAMロールの信頼ポリシー

```
{
    "Version": "2012-10-17",
    "Statement": [
```

```
    {
        "Effect": "Allow",
          "Principal": {
            "Service": "ec2.amazonaws.com"
        },
        "Action": "sts:AssumeRole"
    }
  ]
}
```

これは、ec2.amazonaws.comがsts:AssumeRoleアクションを、このIAMロールに対して実行できることを示しています。IAMロールにはIAMポリシーをアタッチして権限を許可します。そして、IAMロールから受け取ったアクセスキーを使うことで、その権限が許可されます。誰でもIAMロールへのアクセスキーのリクエストを実行できるのは問題があります。そのため、まずは誰がこのIAMロールに対してアクセスキー発行のリクエストを実行できるのかを指定します。それが**信頼ポリシー**です。いわば、IAMロールのリソースベースポリシーです。

❷作成したIAMロールをEC2インスタンスにアタッチする

▼IAMロールをEC2にアタッチ

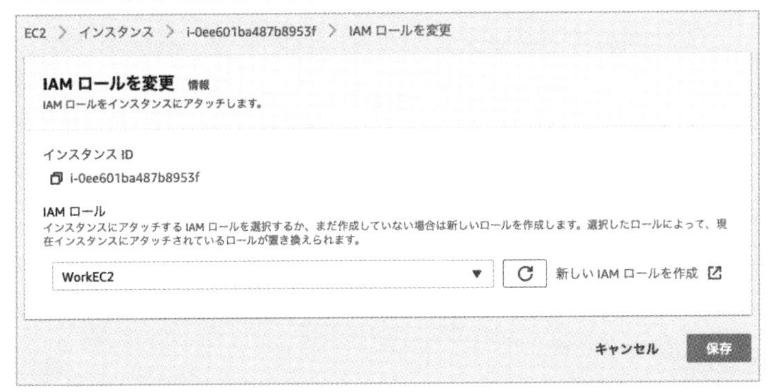

IAMロールを起動中のEC2インスタンス、またはこれから起動するEC2インスタンスにアタッチできます。ですが、既存のIAMロールを誰でも勝手にEC2イ

ンスタンスにアタッチできてしまっては、IAMロールにアタッチされた権限を使ってEC2上でCLIなどを実行して、本来できない操作ができてしまいます。EC2インスタンスにIAMロールをアタッチするIAMユーザーに対しても、APIアクションへの許可が必要です。そのAPIアクションが、GetRoleとPassRoleです。

▼IAMユーザーに必要なIAMポリシー

```
{
    "Version": "2012-10-17",
    "Statement": [{
        "Effect": "Allow",
        "Action": [
            "iam:GetRole",
            "iam:PassRole"
        ],
        "Resource": "arn:aws:iam::123456789012:role/MyRole"
    }]
}
```

これで、EC2インスタンス上のCLIやSDKは、IAMロールにアタッチされたIAMポリシーの許可（拒否）に基づいて、AWSのサービスへのリクエストが可能になりました。

内部的に渡されたアクセスキーID、シークレットアクセスキー、トークン情報を見る必要は特にありませんが、確認もできます。EC2のメタデータにアクセスすることで見ることができます。

▼IAMロールによって割り当てられたアクセスキー情報

```
sh-4.2$ curl http://169.254.169.254./latest/meta-data/iam/security-credentials/WorkEC2
{
  "Code" : "Success",
  "LastUpdated" : "2020-12-25T08:33:36Z",
  "Type" : "AWS-HMAC",
  "AccessKeyId" : "ASIAVFFERZFCKOIDKOIJ",
  "SecretAccessKey" : "hXONqux03W2uYGgrw43OVacy0GxeW1KrVolYFp94",
  "Token" : "IQoJb3JpZ2luX2VjEEEaCXVzLWVhc3QtMiJIMEYCIQCBa9N21R3bJ3dt2yXatW9+EZM+VOXQ+2
XOaic/gIuzSgIhAKXVNi3tHIdALufETC2kUphtEmAh3zyr9SqRHNpe/5D+Kr0DCOr//////////wEQARoMMzU0N
jc5OTAwNDg0IgywN8G5/EI/TiwKdtAqkQMVaOH9Ff9LWNlTGyDqQacs8Mh+pSbmbrsqLlQWqo2Kirwt02aVyofX
4gokI535z5D0T2kawNDBE2Y2qdpH/78GwbDSpdCYjglIEw7oc2aQEuZtQUqBgOWmb2mOpPQ2d3iSgtR+SJk1+Sf
8ybZ8+gZ2pT2GpU5cInj+2oCaQedPaDsIxUMH0AvN+anq906EhO5t4OQPhz9tSQ1Ee6Mia8V+wclZS8zhHxeuK1
dWOk27fG0BoLeZPs8geNyuRhOICYOKn27MsvdN63siKWKnJPMfxrQjU+gGCjajmngOdpi02Oz2Vx6I5/u8Ge4wR
+Uj1l5nJAFj2bsEzmSEM20U4cKsN3YBaYXW139Q6DkDYIsjmDgpQWZ7uI0GtI2g2ETN9W1Dq8HF37jTWFIJQZB7
Xs5D0HeTuojWnxVkwP1WH0Jas23EGkZl16E7Gq/pWL9qLdhQ636AKDEVRJmY2qQyOPQJa+rT5tln3W0+Ov76KEx
DiBQRa4OuHiSNRywg4ymjH3NmJZpKZB8DlFJtSA4gH91zeDDIx5b/BTrqAWuMVQ9+iIutYX4bq9FDNhiQBiGesu
veHJi2joC9VWofGvm0el3p8SBsF2XwjjGHcN9RXwsgDrKvDfBZcpZR8EKH5FBhP86+kLWCJleJfvvGhnDqHAmOh
ZYt7DEzAjkJzLYElj67To421+2kA9UJ4jW1jyZ+MTX2DsIbZKiVGqV38mukwWTrV/VTWHVNR3rO9uC/ctOyJqqZ
EFJtf8LhYmSu7bOgZbtWAK1C5ilg+fGUETPhgfrWYprWVieCzkCV58GR1j9OimhHEP8onVQ9xFxzru0KZz4xwzm
4iHDs42n1m8wjtcaxCVKMVA==",
  "Expiration" : "2020-12-25T15:08:12Z"
```

LastUpdated、Expirationを見てもわかるように、6〜7時間ぐらいの有効期限になっていることがわかります。有効期限を過ぎたアクセスキー、シークレットアクセスキー、トークンは再利用されません。

●インスタンスプロファイル

▼EC2インスタンスプロファイル

ロール > WorkEC2

概要

ロール ARN	arn:aws:iam::[illegible]:role/WorkEC2
ロールの説明	Allows EC2 instances to call AWS services on your behalf. | 編集
インスタンスプロファイル ARN	arn:aws:iam::[illegible]:instance-profile/WorkEC2
パス	/

EC2インスタンス用のIAMロールをマネジメントコンソールで作成すると、同じ名前のインスタンスプロファイルが自動で作成されています。

IAMロールをEC2インスタンスにアタッチする操作をしたときは、このインスタンスプロファイルがEC2インスタンスにアタッチされています。そして、インスタンスプロファイルに紐付いているIAMロールが有効になっているということです。

マネジメントコンソールで作成、アタッチした場合は、意識しなくても問題ありませんが、CLIやCloudFormationテンプレートによって構築するときには指定が必要です。

認定試験で問われる知識は、マネジメントコンソール前提ということはないので、インスタンスプロファイルについても、EC2インスタンスがIAMロールを使う際に必要な要素として覚えておいてください。

●EC2でIAMロールのポリシーとS3のバケットポリシーを組み合わせた例

▼EC2とS3バケットポリシー

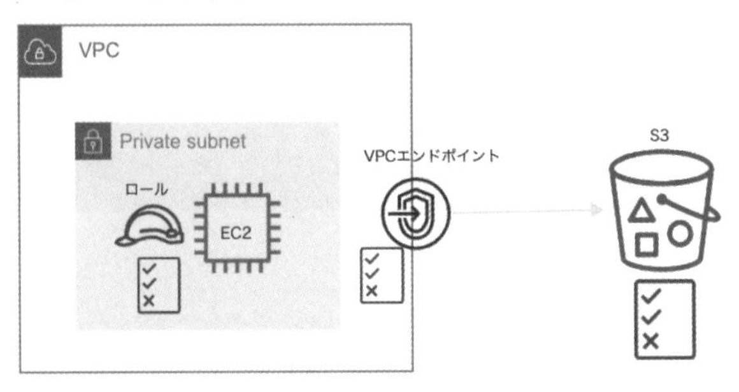

EC2が引き受けているIAMロールの許可ポリシーでは、S3バケットのオブジェクトに対して、PutObjectやGetObjectを許可しているとします。

EC2はVPCエンドポイントからS3にリクエストを実行して、VPCエンドポイントにもエンドポイントポリシーが設定されているとします。

S3のバケットポリシーでは許可されているアプリケーションとバケットの管理者以外からのリクエストを拒否したいとします。

これらの要件を満たすために、次のようなバケットポリシーが設定できます。

```
{
  "Version": "2012-10-17",
  "Statement": [
    {
      "Effect": "Deny",
      "NotPrincipal": {
        "AWS": [
          "arn:aws:iam::123456789012:user/s3manageuser",
          "arn:aws:iam::123456789012:root"
```

```
            ]
          },
          "Action": "s3:*",
          "Resource": [
            "arn:aws:s3:::samplebucket",
            "arn:aws:s3:::samplebucket/*"
          ],
          "Condition": {
            "StringNotEquals": {
              "aws:SourceVpce": "vpce-02477d3fbb9998a46"
            }
          }
        }
    ]
}
```

Conditionのaws:SourceVpceで特定のVPCエンドポイント以外のリクエストを拒否しています。ただしNotPrincipalとしてS3バケットのメンテナンスをする管理者を除外しています。

S3アクセスポイント

前例のように1つのVPC以外のみを拒否したい場合は、シンプルなバケットポリシーで設定できます。しかし、複数のアプリケーションから1つのS3バケットを使用していて、適切にバケットポリシーを使用する場合はどうでしょうか。バケットポリシーが長くなり、複雑になっていくことが想定されます。複雑になれば1つのアプリケーションのための変更が、他のアプリケーションに影響することもあり、メンテナンスが簡単に行えずに制約になります。

バケットポリシーのサイズは20KBが上限ですので、2048文字も越えられません。このような課題を解決するのがS3アクセスポイントです。

▼S3アクセスポイント

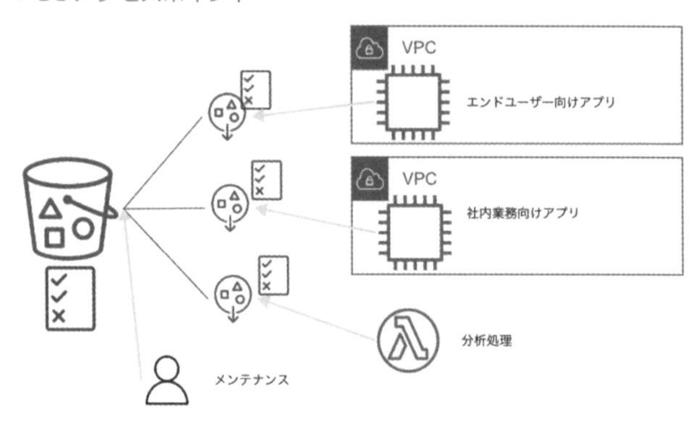

バケットに対してのリクエストの入り口となるアクセスポイントを作成できます。アクセスポイントにはそれぞれ専用のアクセスポイントポリシーを設定できます。それぞれのアプリケーションごとに条件にもとづき、個別にアクセスポイントポリシーを設定できます。

バケットポリシーには、アクセスポイントからのみのリクエストを受けるようにシンプルな設定をします。

メンテナンスはアクセスポイントポリシーでできるので、ほかのアプリケーションに影響することなく設定変更できます。

● STS（Security Token Service）

EC2インスタンスにIAMロールを設定することで、sts:AssumeRoleが自動的に実行されていますが、任意のコードで実行もできます。

▼CLIでのsts assume-roleの実行例

```
$ aws sts assume-role --role-arn arn:aws:iam::123456789012:role/MyRole
--role-session-name MySession --duration-seconds 900
{
    "Credentials": {
        "AccessKeyId": "ASIAVFFERZFCA5G5ET7M",
        "SecretAccessKey": "LNDxKT684uNU3ZWmW5J22mlE7ZsJH9iT
SscN31PK",
        "SessionToken":
```

```
"IQoJb3JpZ2luX2VjEEEaCXVzLWVhc3QtMiJHMEUCIQD34odAJWI7pngj
            ～中略～
HBUeo30b3j9kI+bGnYG/hRtwhoRncV4WmBVzCpoaGOKy1s13zwCw==",
            "Expiration": "2020-12-25T09:13:01+00:00"
        },
        "AssumedRoleUser": {
            "AssumedRoleId": "AROAVFFERZFCNTWYGXCRM:MySession",
            "Arn": "arn:aws:sts::123456789012:assumed-role/MyRole/
MySession"
        }
}
```

CLIを使って実行した例です。--duration-secondsで有効期限を決めることができます。デフォルトは3,600秒です。最小は900秒で、最大はIAMロールに設定されている最大セッション時間（1～12時間）までです。

▼オンプレミスからAWSサービスを利用

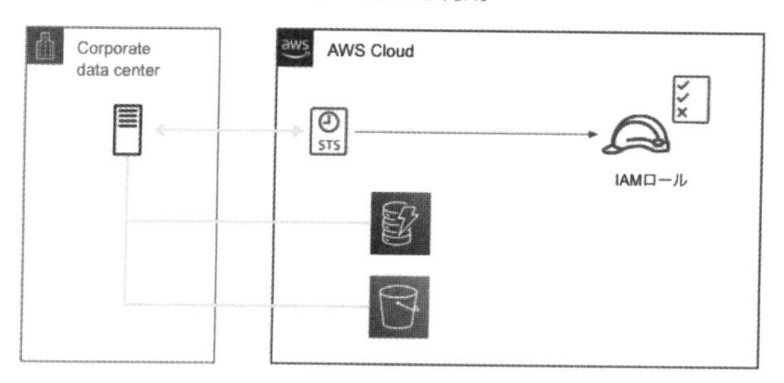

STSを使用して一時的な認証情報を取得するプログラムを実装し、オンプレミスのアプリケーションから、DynamoDBテーブルやS3バケットの使用も可能です。

● IDフェデレーション

IAMロールを使用することによって、外部認証されたユーザーをAWSで認証もできます。これをフェデレーションといいます。

SAMLを使用したSSOフェデレーション

すでにSAML 2.0をサポートしているIdP(IDプロバイダー)を使っている場合は、IAMユーザーを作成しなくても、既存のIdPで認証したユーザーにシングルサインオン(SSO)を提供できます。

Active Directoryとの統合や、IDaaS(OneLogin、Oktaなど)との統合が簡単に行えます。SSOについては、SAML 2.0をサポートしているIdPであれば、コーディングなしで実現できるということを知っておいてください。具体的な設定については本書では割愛します。興味のある方は、上記の製品名やキーワードで検索して試してみてください。

Amazon Cognito

Amazon Cognitoは、Webアプリケーションやモバイルアプリケーションに、安全に認証を提供するサービスです。Cognitoのサービスリソースは大きく分けると2つあり、ユーザープールとIDプールといいます。

■ユーザープール

ユーザープールでできる主なことは以下のとおりです。

- サインアップ、サインインを簡単にアプリケーションの実装ができる
- カスタム可能な組み込みサインインUIを開発できる
- ユーザープロファイルの管理ができる
- MFA、本人確認などユーザー認証の一般的な機能の設定ができる
- Lambdaトリガーによる関数の実行ができる
- Web IDフェデレーション(Facebook、Google、Apple、Amazon)の設定ができる

●サインアップ、サインインを簡単にアプリケーションの実装ができる

▼Cognitoユーザープール

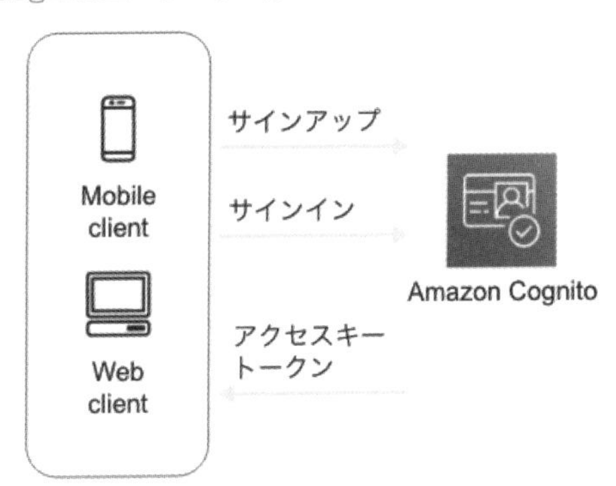

ユーザー基盤をオリジナルで開発しなくても、モバイルアプリケーションやWebアプリケーションからのサインアップやサインイン機能が簡単に実装できます。

●カスタム可能な組み込みサインインUIを開発できる

▼CognitoサインアップUIとサインインUI

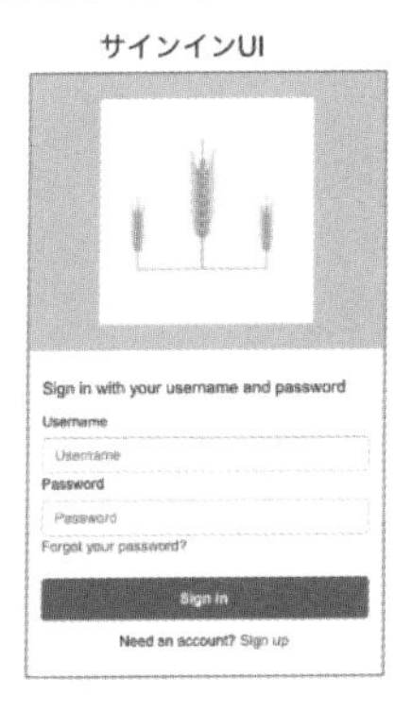

オリジナルのユーザーインターフェイス(UI)を開発して、Cognitoユーザープールを使うことが可能です。他にはカスタマイズが可能な、組み込みWeb UIがあり、すぐに使い始めることもできます。

▼Cognito UI カスタマイズ

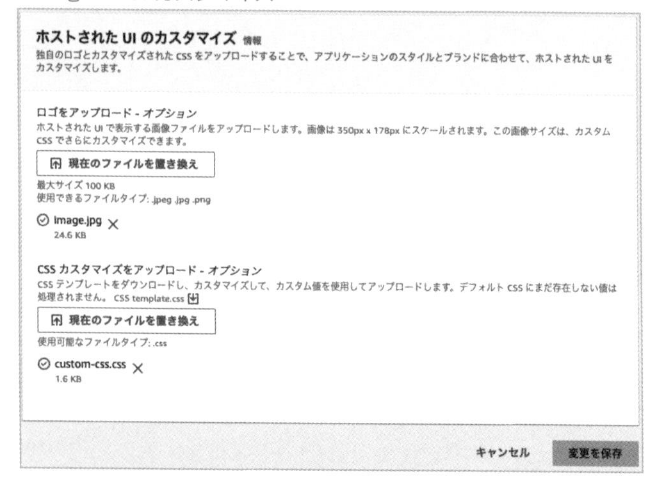

企業のロゴなどをアップロードしておき、簡単な設定により使い始めることができます。

●ユーザープロファイルの管理ができる

▼ユーザープロファイルの管理

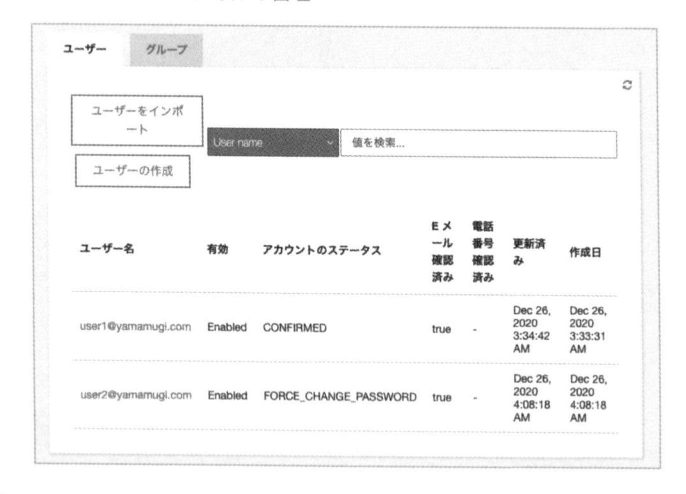

　ユーザープールはユーザーディレクトリとしても機能しています。ユーザーがログインするために必要な情報、ステータスの管理、パスワードのリセットなどのように、アプリケーションのユーザーディレクトリに必要な機能があります。

▼ユーザー属性

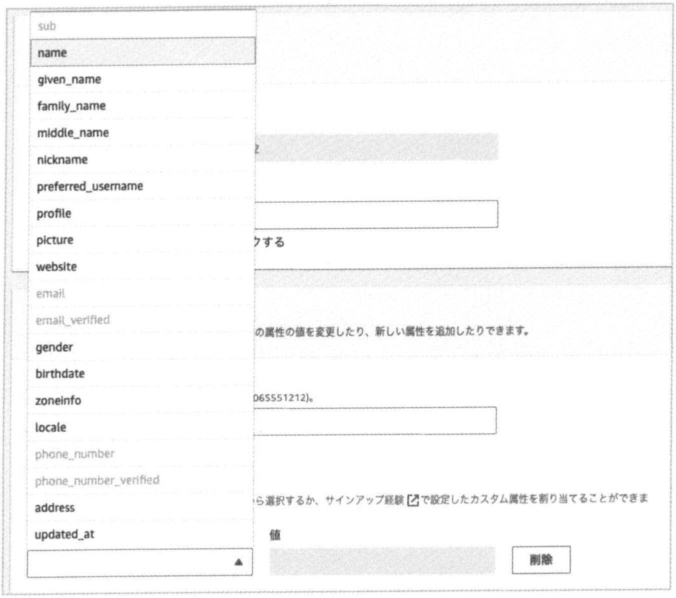

　ユーザー名とパスワードだけではなく、様々な標準属性やカスタム属性も管理できます。

MFA、本人確認などユーザー認証の一般的な機能の設定ができる

- **パスワードポリシー**

　最低文字数、必要な文字種（数字、特殊文字、大文字、小文字など）を設定できます。

- **ユーザーサインアップの許可**

　ユーザーによるサインアップができるかどうかを設定できます。管理者がサインアップしたときに一時パスワードを設定し、ユーザーの初回サインイン時にパ

スワードを変更してもらうことも可能です。

- **メールアドレス、電話番号の検証**
  メールアドレス、電話番号を使った本人検証が可能です。

上記の機能を有効にして、組み込みUIでユーザーサインアップをすると、以下の流れになります。

❶Cognitoサインアップ

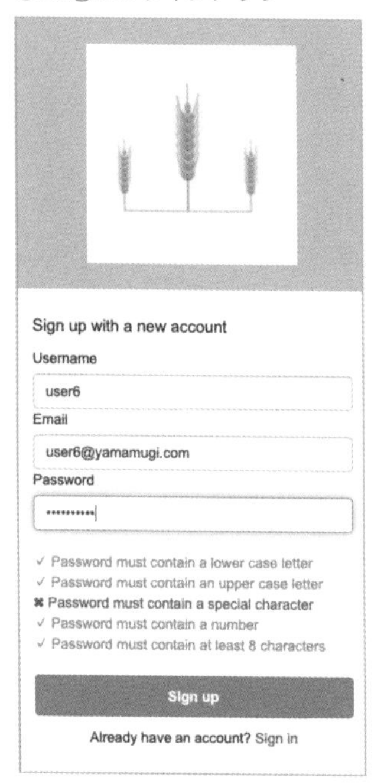

サインアップフォームでユーザー名、メールアドレス、パスワードを入力します。パスワードはポリシーに従って、入力チェックされます。

[Sign up] ボタンを押下すると、入力したメールアドレスに「Your verification code is 848246.」と検証コードが届きます。

❷Cognito検証コード

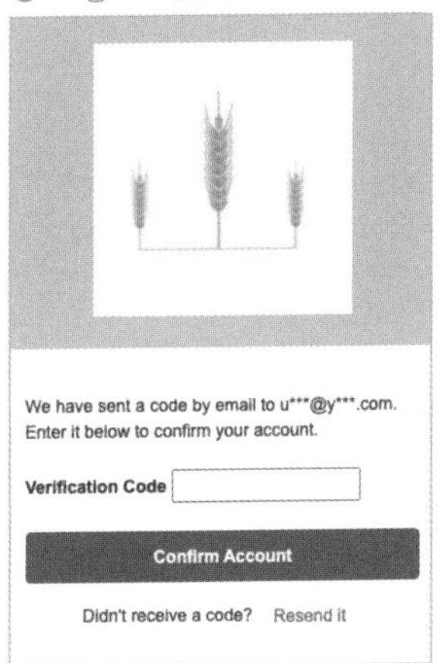

検証コードを入力して［Confirm Account］ボタンを押下すると、ユーザーのサインアップが完了します。このように、アプリケーションのサインアップに必要な機能がすでに備わっています。

- **MFA（多要素認証）**

 アプリケーションのセキュリティを向上するために、**MFA**を有効にできます。

▼Cognitoユーザープール MFA設定

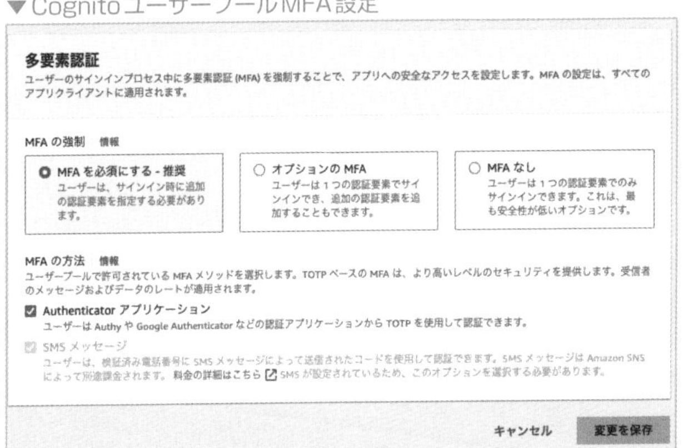

SMSテキストメッセージ、またはソフトウェアなどを使用した時間ベースのワンタイムパスワードのいずれかを選択できます。

- **アドバンスドセキュリティ**
  アドバンスドセキュリティを有効にすると、「ユーザープールに記録されたIDとパスワードが、他のウェブサイトで漏洩情報として公開されたときに、ユーザーをブロックする」などの自動対応ができます。

● Lambdaトリガーによる関数の実行ができる

サインアップイベント、サインインイベントをトリガーにして、AWS Lambda関数を実行できます。

▼Cognitoユーザープール Lambdaトリガー

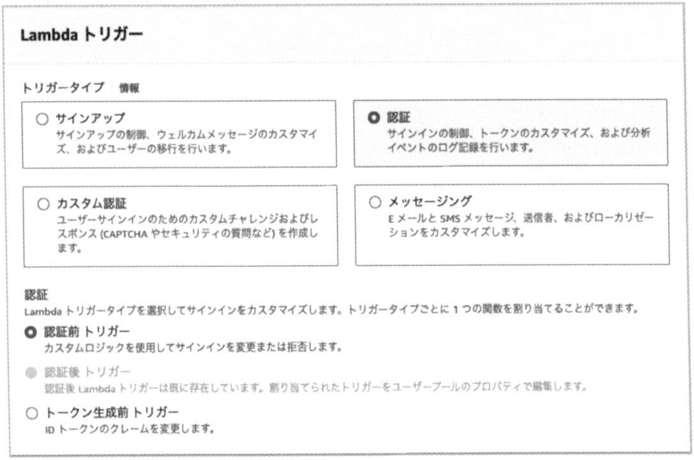

ユーザープールの情報やユーザー属性が、イベントデータとしてLambda関数に渡されます。これらの情報をLambda関数で加工して、S3などに格納し、ログインイベントの分析に使うなどの用途が考えられます。認証前トリガーでは、追加のコードにより、サインインの承認や拒否をコントロールも可能です。

●Web IDフェデレーションの設定ができる

▼Cognito Web IDフェデレーション

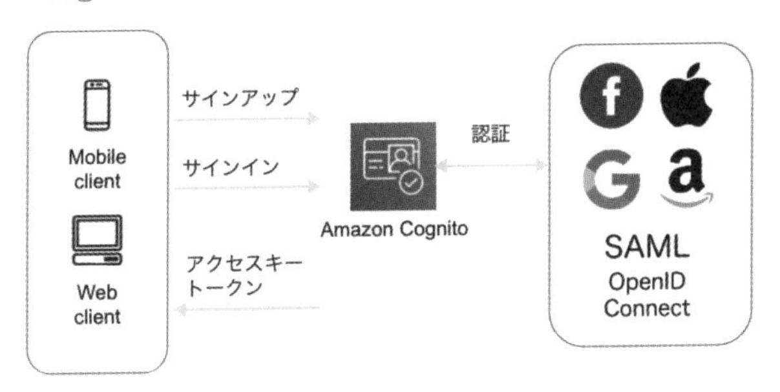

Cognitoユーザープールでは外部のID認証を使うことも可能です。よくアプリケーションで、「Facebookでサインイン」や「Googleでサインイン」などのボタンを見かけます。エンドユーザーにとっては、サインインのIDとパスワードを一元管理できるので非常に便利です。同じ機能を簡単に実装できます。

▼Cognitoユーザープール Web IDフェデレーション

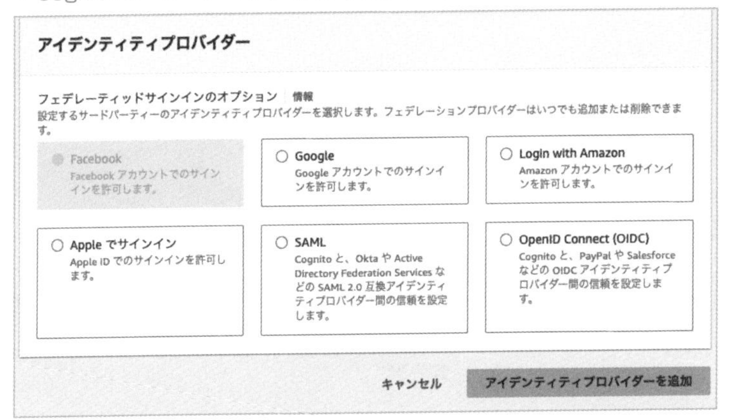

Cognitoユーザープールのフェデレーション設定で、FacebookやGoogle、Apple、Amazon、またはSAML、OpenID Connectから選択して、それぞれのプロバイダー別の設定をします。ここでの例では、Facebookサービスを設定しています。

▼Facebook属性マッピング

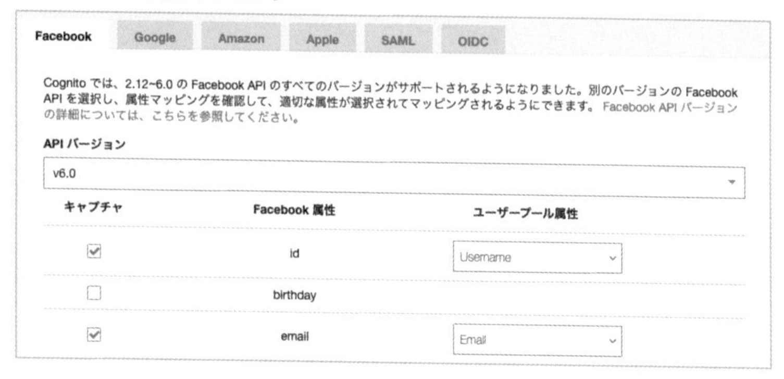

Facebook APIから渡される属性とユーザープールの属性をマッピングします。この例では組み込みUIを使っているので、アプリクライアントの設定画面の「有効なIDプロバイダ」でFacebookを有効にするだけです。

▼Facebookでサインイン

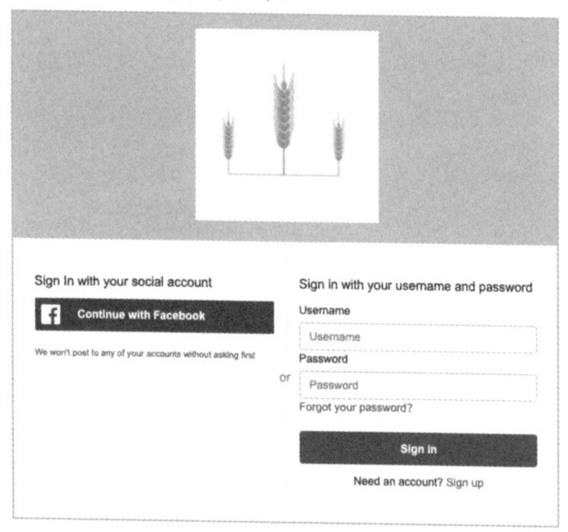

サインアップ、サインイン画面に［Continue with Facebook］ボタンができましたので押下します。

Facebookログイン画面にリダイレクトされるので、Facebookにサインインしてアプリを承認してサインアップ、サインインが完了します。ユーザープロファイルには、Facebookから連携された情報が登録されます。

■IDプール

▼Cognito IDプール

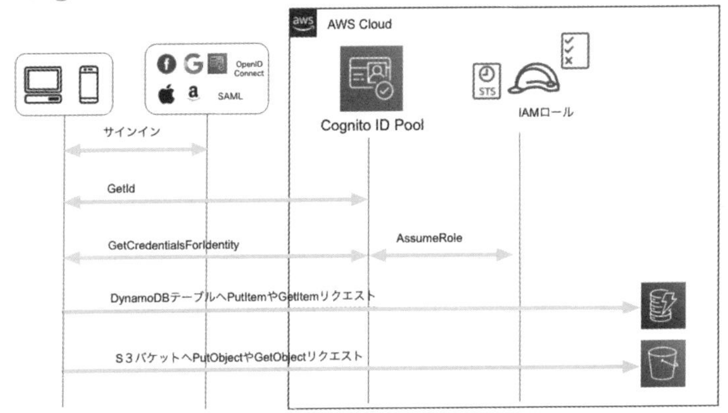

PHPやJavaなどアプリケーションサーバー側で動作するプログラムをEC2インスタンスにデプロイしている場合は、EC2インスタンスに割り当てたIAMロールへIAMポリシーをアタッチすることで、DynamoDBテーブルやS3バ

ケットに対して安全にリクエストを実行できます。同じようなことを、モバイルアプリケーションやクライアント側JavaScriptが動作しているアプリケーションで実現したい場合は、**Cognito IDプール**を使用します。

Cognito IDプールには、IAMロールと認証プロバイダーを設定できます。認証プロバイダーには直接Web IDフェデレーションを設定できますが、Cognitoユーザープールも設定できます。

GetIdリクエストによって、Cognito IDを取得します。GetCredentialsForIdentityリクエストによって、最終的にIAMロールに対してAssumeRoleがリクエストされて、一時的なアクセスキーID、シークレットアクセスキー、トークンがアプリケーションに渡されます。これによって、アプリケーションはIAMロールへアタッチされた権限に基づいて、AWSサービスへのリクエストを実行できます。

▼Cognito IDプール IAMロール

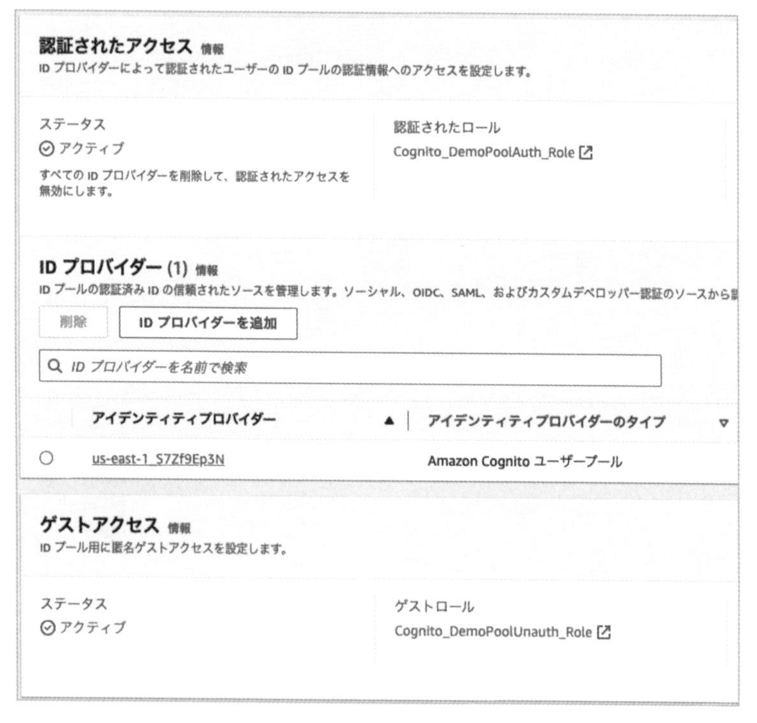

Cognito IDプールには、認証されていないゲストロールも設定できます。ゲストユーザーなど認証プロバイダーで認証されていないエンドユーザーがアプリケーションを操作する際にも、アプリケーションからAWSサービスにリクエストを実行できます。

●シークレット情報の管理

▼Webアプリケーションとデータベース

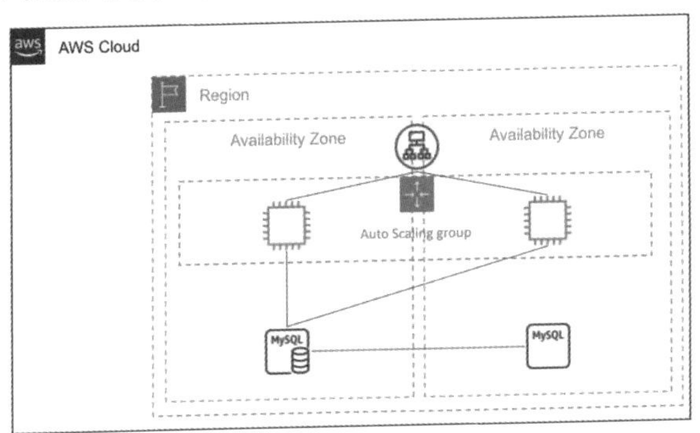

図のようなWebサーバーとMySQLデータベースがあったとします。Webサーバーのアプリケーションが MySQLデータベースに接続するには、ホスト名、ポート番号、データベース名、データベースユーザー、パスワードが必要です。この接続情報の管理には2つの課題があります。

- 複数のWebサーバーから共通の接続情報を使用する
- パスワードのようなシークレット情報を安全に管理する

この課題を解決する2つのサービスとその使い分けを解説します。

■AWS Systems Managerパラメータストア

最初のサービスは、AWS Systems Managerの1機能であるパラメータストアです。

▼Systems Manager パラメータストア

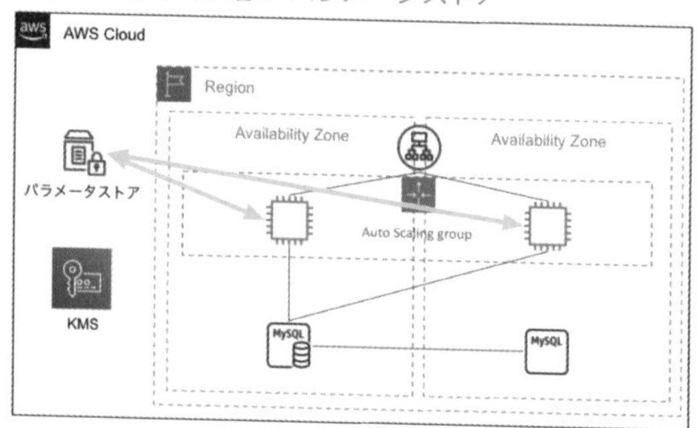

パラメータストアに書き込んだパラメータを、EC2インスタンスからGetParameterで取得して使用します。こうすることで、EC2インスタンスがオートスケーリングによって追加されたときも、接続情報をEC2インスタンスのOSローカル上に保存する必要はありません。

▼パラメータストアでの暗号化タイプはSecureString

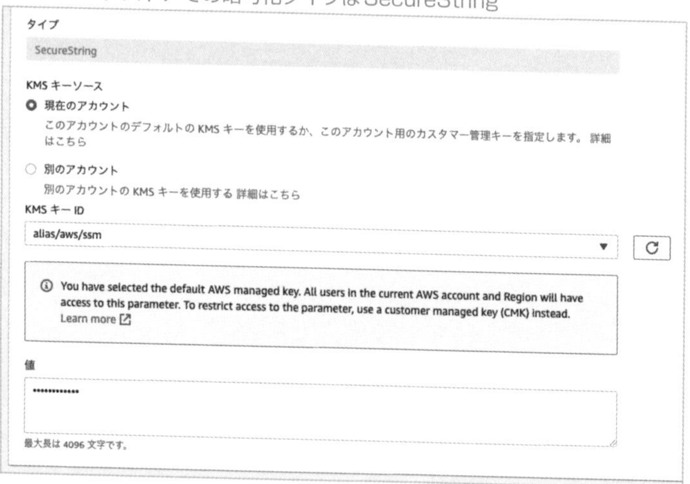

パラメータストアでは、一般的に文字列を扱います。パスワードなどのシークレット情報はKMSと連携してセキュアな暗号化保存ができます。暗号化のタイプはSecureStringです。

■AWS Secrets Manager

データベースに接続するパスワードを定期的に更新する要件があった場合はどうでしょうか。

データーベースに接続して、ALTER USERなどを使ってパスワードを変更して、パラメータストアを更新する作業が定期的に必要です。この作業は、アプリケーションが稼働している時間にはできません。データベースのパスワードが変更されてから、パラメータストアが更新されるまでの間は、古いパスワードをGetParameterで取得してしまうからです。

また、この作業をするユーザーがパスワードを知ってしまうので、知らない場合と比較すると漏洩の可能性が増えます。この課題を解決するのが、**AWS Secrets Manager**です。

▼AWS Secrets Manager

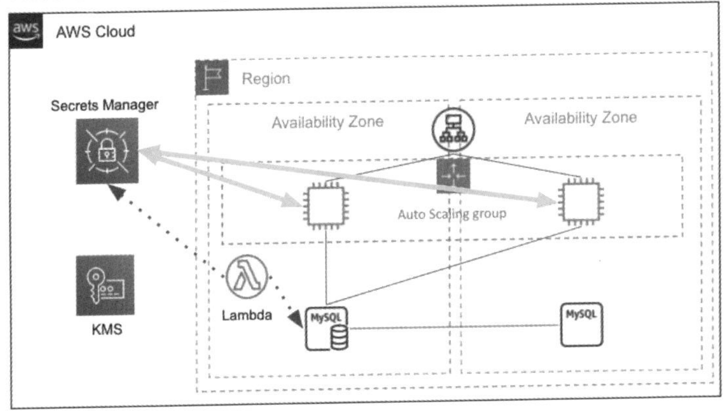

Secrets Managerに保存されたデータベースへの接続情報を、EC2インスタンスからGetSecretで取得して使用します。

Secrets Managerは設定された周期でLambda関数を自動実行し、データベースのパスワードを変更してSecrets Managerのシークレット情報を更新します。ランダムなパスワードを設定し、ユーザーが知ることなくSecrets Managerに保存されます。KMSのキーと連携して暗号化することも、Secrets Managerのデフォルトキーを使って暗号化もできます。

シークレット情報のローテーションが必要なケースや、パスワードなどを知っているユーザーをなくさなくてはならない要件では選択してください。

4 暗号化

●通信の暗号化

通信の暗号化を行う一般的な方法はSSL/TLS通信です。HTTPSプロトコルが有効なエンドポイントに対するリクエスト通信は、暗号化されていることになります。S3やDynamoDBなどのAWSサービスのエンドポイントは、HTTPSプロトコルがサポートされているので、リクエストを暗号化できます。

■AWS Certificate Manager

ユーザーが所有している独自ドメインでHTTPSプロトコルを使用したい場合、Webサーバーに証明書を設定する必要があります。独自ドメインのアプリケーションでの証明書の管理、設定の機能はAWS Certificate Managerによって提供されています。

▼AWS Certificate Manager

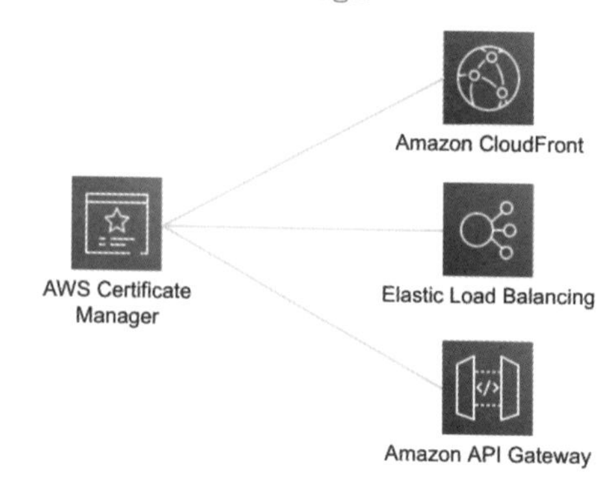

AWS Certificate Managerは、CloudFront、Elastic Load Balancing、API Gatewayと連携して、ユーザー所有ドメインの証明書を設定できます。所有者の確認は、Eメール検証かDNSでの検証で行われます。

Eメール検証は、WHOIS記載のドメイン登録者、技術担当者、管理者の3つのメールアドレスと、以下の5つの一般的なアカウントに送信されます。「your_domain_name」がドメイン名です。

- administrator@your_domain_name
- hostmaster@your_domain_name
- postmaster@your_domain_name
- webmaster@your_domain_name
- admin@your_domain_name

DNSでの検証では指定のサブドメインと値を設定することで認証されて、翌年以降の更新時も自動認証されるので、DNSサーバーでCNAMEレコードを設定できるのであれば、DNSでの検証を選択しておくほうが手間はかからないでしょう。

著者の個人ブログの「ヤマムギ」(https://www.yamamanx.com/) では、Certificate Managerで管理している証明書をCloudFrontに連携して使っています。

▼Certificate Managerで作成した証明書

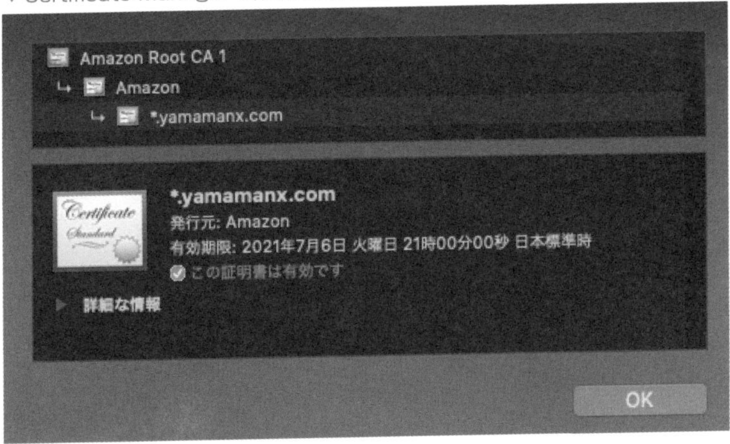

CloudFrontの機能で、HTTPに来たリクエストをHTTPSにリダイレクトしています。こうすることで、通信の暗号化を強制しています。

http://www.yamamanx.com/をブラウザのURLバーに入力すると、HTTPS にリダイレクトされることを確認できます。

▼CloudFrontによるHTTPリクエストのリダイレクト

Edit Behavior

Cache Behavior Settings

Path Pattern /wp-admin/*

Origin or Origin Group Custom-direct.yamamanx.com

Viewer Protocol Policy
○HTTP and HTTPS
◉Redirect HTTP to HTTPS
○HTTPS Only

■AWS Private Certificate Authority(CA)

プライベートな認証機関(CA)設定を作成して、プライベートな証明書を発行できます。以前はCertificate Managerの一機能でしたが、現在は独立したサービスになっています。

●保管時の暗号化

要件に応じていくつかの選択肢があります。暗号化に使用するキーの管理に専用ハードウェアが必要となるような厳しい要件には、**AWS CloudHSM**を検討してください。

本書では、マルチテナントで動作する**AWS Key Management Service**について解説します。様々なAWSサービスと連携して暗号化を行います。

■AWS Key Management Service(KMS)

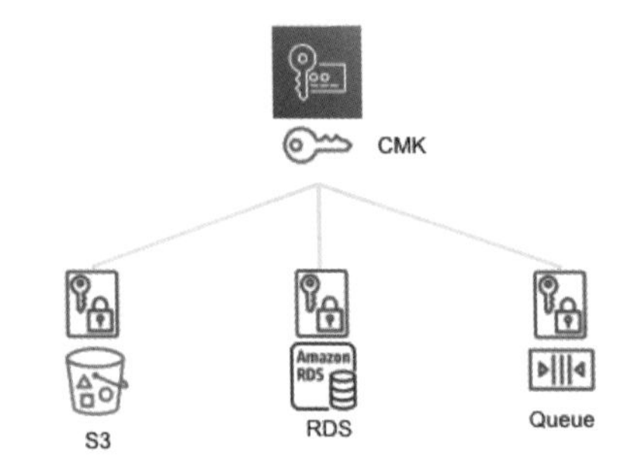

AWS Key Management Serviceは、暗号化するためのキーを作成、管理できます。KMSではデータキーを生成して、オブジェクトやインスタンスの暗号化

を行います。暗号化に使用したデータキーはマネージドキーによって暗号化されます。この方法をエンベロープ暗号化といいます。代表的なサービスの暗号化を解説します。

S3オブジェクトの暗号化

▼S3オブジェクト暗号化の種類

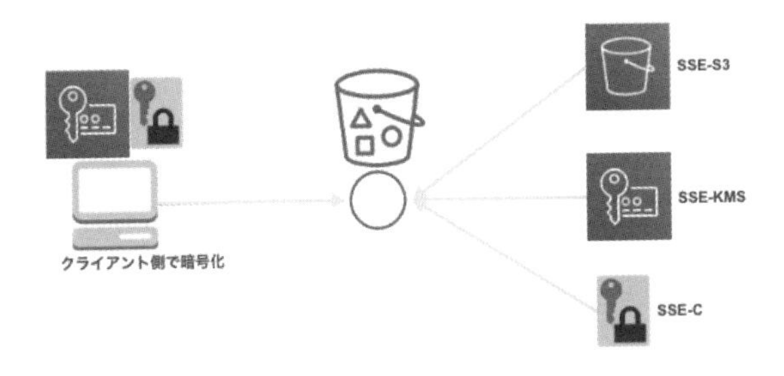

S3オブジェクトの代表的な暗号化方法は、**クライアントサイド暗号化**（2種類）、**サーバーサイド暗号化**（3種類）です。KMSも1つの選択肢です。

クライアントサイド暗号化（CSE-KMS、CSE-C）は、暗号化してからアップロードする方法です。暗号化する際に使用するキーとして、KMSを使用する方法と、独自のキーを使用する方法が考えられます。クライアントサイドの暗号化は、アップロードする前に暗号化しなければならない要件に対応できます。CSE-Cはオンプレミスキーサーバーなどで作成されたキーを使用して暗号化する方法で、CSE-KMSはKMSで管理しているKMSキーを使用して暗号化してからアップロードする方法です。

サーバーサイド暗号化（Server Side Encryption：SSE）は、S3に保管されるデータの暗号化です。AWSデータセンターのディスクへ書き込まれるときに暗号化され、オブジェクトデータへアクセスするときに復号化されます。サーバーサイド暗号化には3種類の方法があるので、要件に適したものを選択します。

SSE-S3

S3が管理するキーによるサーバー側暗号化を行います。ユーザーがキーの管理をしなくてもいい方法です。キーの個別管理要件、追跡監査要件がなければ選択します。

- **SSE-KMS**
  KMSで管理しているキーを使ったサーバー側暗号化です。ユーザーが管理するKMSキーで制御できます。個別管理要件がある場合にも選択できます。キーポリシーでマネージドへのアクセスを制御できます。CloudTrailによる追跡監査が可能です。1年ごとの自動キーローテーションもできます。

- **SSE-C**
  ユーザー指定キーによるサーバー側暗号化です。オンプレミスキーサーバーなどで作成されたキーを使用できます。

▼S3バケットデフォルト暗号化

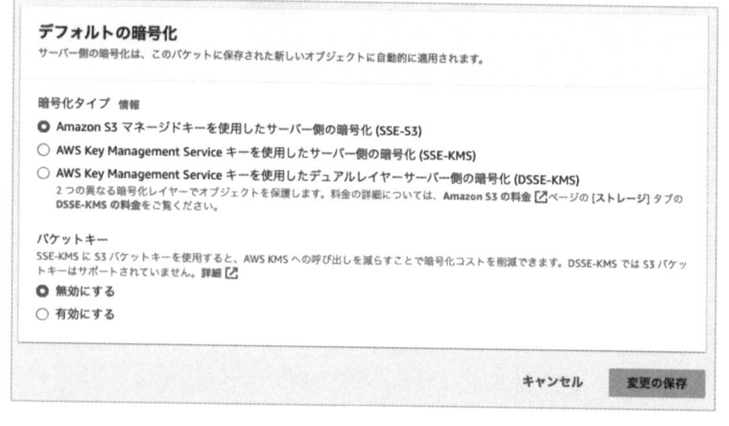

S3バケットではオブジェクトのデフォルト暗号化を簡単に設定できます。

▼暗号化制御のS3バケットポリシー

```
{
    "Effect": "Deny",
    "Principal": "*",
    "Action": "s3:PutObject",
    "Resource": "arn:aws:s3:::mybucket/*",
    "Condition": {
        "StringNotEquals": {
            "s3:x-amz-server-side-encryption": "aws:kms"
```

```
            }
      }
}
```

アップロード時の明示的な暗号化を強制する場合は、バケットポリシーで制御できます。KMSで制御する場合は、"s3:x-amz-server-side-encryption":"aws:kms"にします。

RDSインスタンスの暗号化

暗号化

☑ 暗号を有効化
選択して対象のインスタンスを暗号化します。マスターキー ID とエイリアスは、Key Management Service (KMS) コンソールを使用して作成した後に、リストに表示されます。 情報

マスターキー 情報

(default) aws/rds ▲
(default) aws/rds
キーの ARN を入力

RDSインスタンスはKMSと連携して暗号化できます。インスタンスを暗号化すると、そのバックアップスナップショットも暗号化されます。

KMSキーはリージョンから出ることはありません。

また、デフォルトでは当然、他のアカウントからアクセスできません。

暗号化したRDSスナップショットから他のリージョンでリストアしたり、他のアカウントでリストアしたりするときには、次の方法で行います。

●他のリージョンでリストア

▼RDSスナップショットを他のリージョンでリストア

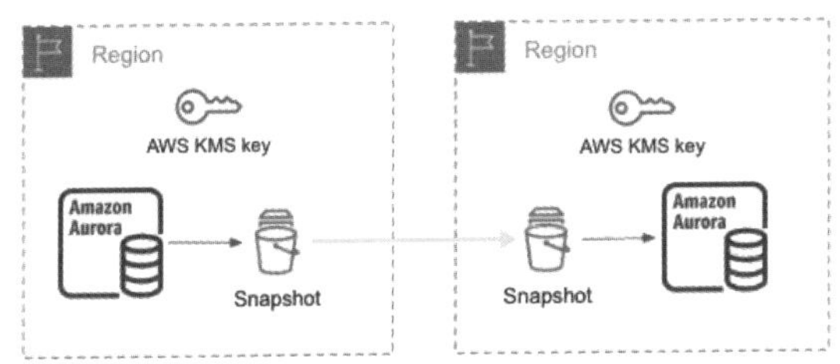

リストア先のリージョンでもKMSキーを用意しておき、スナップショットのクロスリージョンコピーをする際に、コピー先リージョンのKMSキーを選択します。

- **他のアカウントでリストア**

KMSのキーポリシーで他アカウントへの許可を設定します。RDSスナップショットの他アカウントへの共有も必要です。

SQSキューメッセージの暗号化

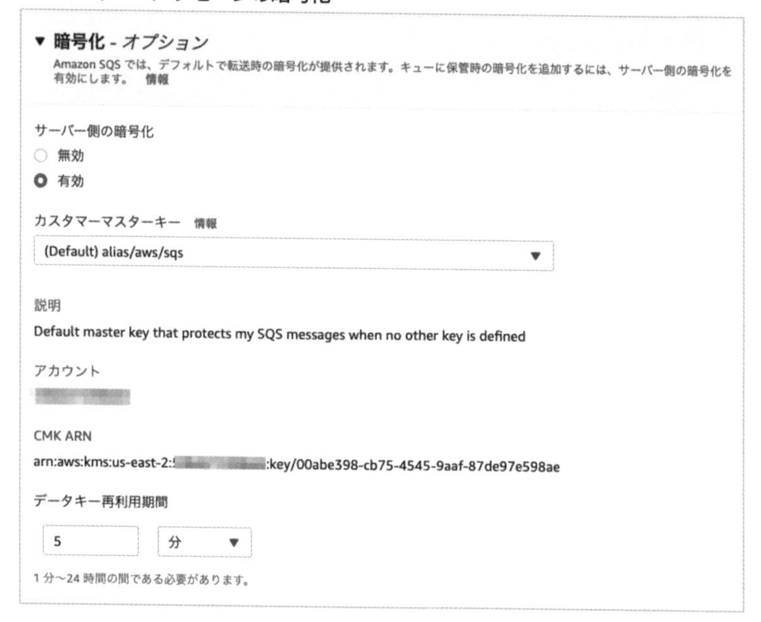

SQSキューメッセージのサーバーサイド暗号化もKMSと連携して行われます。データキーの再利用期間を指定できます。サーバーサイド暗号化を有効にすることで、SQSキューを使用したアプリケーションでも特定のセキュリティ要件を満たすことが可能です。

5　章末サンプル問題

■問題

Q 1. 責任共有モデルにおいて、ユーザーが担当するのはどれですか？　1つ選択してください。

A. AWSサービスAPIのネットワークレイヤーの保護
B. ハードウェアのアップデート
C. ストレージの廃棄処理
D. EC2インスタンスのWindowsセキュリティアップデート

Q 2. 責任共有モデルにおいてユーザーが検討するのはどれですか？　1つ選択してください。

A. SQSキューメッセージの複数サーバーでの冗長化
B. EC2インスタンスファミリーのハードウェア構成
C. AWSデータセンターで保存されているS3オブジェクトの暗号化の種類
D. RDSインスタンスへのデータベースソフトウェアのインストール

Q 3. インターネットからは直接アクセスさせたくないインスタンスから、インターネット上のAPIへのリクエストを実行したいです。次のどれが適切ですか？　1つ選択してください。

A. インターネットゲートウェイへのルートを設定したルートテーブルを関連付けたパブリックサブネットにインスタンスを配置する。
B. インターネットゲートウェイへのルートを設定したルートテーブルを関連付けたパブリックサブネットにNATゲートウェイを配置して、そのNATゲートウェイへのルートを設定したルートテーブルを関連付けたプライベートサブネットにインスタンスを配置する。
C. プライベートサブネットにNATゲートウェイを配置して、そのNATゲートウェイへのルートを設定したルートテーブルを関連付けたプライベートサブネットにインスタンスを配置する。
D. プライベートサブネットにインスタンスを配置する。

Q 4. パブリックサブネットで起動したNginx Webサーバーをインストール済み、Webアプリケーションをデプロイ済みのEC2インスタンスのパブリックIPアドレスに、ブラウザからアクセスしましたが、タイムアウトになりました。何を確認すればいいでしょうか？　1つ選択してください。

A. セキュリティグループインバウンドルールで、80番ポートが明示的に拒否されていないか確認する。
B. セキュリティグループインバウンドルールとアウトバウンドルールで、80番ポートが許可されていることを確認する。
C. セキュリティグループインバウンドルールで、80番ポートが許可されていることを確認する。
D. セキュリティグループインバウンドルール80番ポートと、アウトバウンドルールで一時ポートが許可されていることを確認する。

Q 5. パブリックサブネットで起動したNginx Webサーバーをインストール済み、Webアプリケーションをデプロイ済みのEC2インスタンスのパブリックIPアドレスに、ブラウザからアクセスしましたが、タイムアウトになりました。何を確認すればいいでしょうか？　1つ選択してください。

A. NACL（ネットワークACL）インバウンドルールで80番ポートが明示的に拒否されていないか確認する。
B. NACLインバウンドルールとアウトバウンドルールで80番ポートが許可されていることを確認する。
C. NACLインバウンドルールで80番ポートが許可されていることを確認する。
D. NACLインバウンドルール80番ポートと、アウトバウンドルールで一時ポートが許可されていることを確認する。

Q 6. S3、Key Management Serviceへのリクエストを実行する社内アプリケーションが、EC2インスタンスにデプロイされています。本社ビルからVPNで接続しているVPCのサブネットで起動しています。VPCにはインターネットゲートウェイをアタッチしたくありません。どうすればいいですか？　1つ選択してください。

A. NATゲートウェイをデプロイする。
B. AWSのすべてのサービス向けの一括VPCエンドポイントを作成する。
C. S3のゲートウェイエンドポイント、KMSのインターフェイスエンドポイントを作成して、S3エンドポイントへのルートをサブネットへ関連付けられたルートテーブルに追加する。
D. VPNをインターネット接続に変更する。

Q 7. ルートユーザー運用のベストプラクティスはどれでしょうか？　1つ選択してください。

A. 最小権限の原則に従って運用する。
B. IAMロールにスイッチロールして使用する。
C. アカウント作成後にIAMユーザーを作って、以降はルートユーザーを使わずにIAMユーザーで通常の運用をする。
D. ルートユーザーを削除する。

Q 8. IAMユーザーがマネジメントコンソールへサインインするときに必要な認証情報はどれですか？　1つ選択してください。

A. ユーザー名とパスワード
B. アクセスキーIDとシークレットアクセスキー
C. 12桁のアカウントIDとユーザー名とパスワード
D. 12桁のアカウントIDとユーザー名、パスワードとリージョン

Q 9. AWS CLIやSDKでAWSサービスに対してコードを実行するときに必要な認証情報はどれですか？　1つ選択してください。

A. ユーザー名とパスワード
B. アクセスキーIDとシークレットアクセスキー
C. 12桁のアカウントIDとアクセスキーIDとシークレットアクセスキー
D. 12桁のアカウントIDとアクセスキーIDとシークレットアクセスキーとリージョン

Q10. 名前付きプロファイルを指定するオプションは次のどれですか？ 1つ選択してください。

A. --region
B. --dry-run
C. --profile
D. --output

Q11. CLIやSDKでリクエストが実行されているリージョンは、何によって決定されますか？ 1つ選択してください。

A. オプションやコードで指定した場合はそれが優先され、指定がない場合は.aws/configに設定されているデフォルトリージョンで実行される。
B. .aws/configが設定されていれば、オプションやコードで指定しても.aws/configが優先される。
C. CLI、SDKを使うクライアントの地域によって決定される。
D. リクエストが最も少ないリージョンで実行される。

Q12. 次のIAMポリシーは意図したとおりに動作しません。何を変更すればいいですか？ 1つ選択してください。

▼動作しないIAMポリシー

```
{
"Version": "2012-10-17",
"Statement": [
        {
          "Effect": "Allow",
          "Action": [
             "s3:GetObject"
          ],
          "Resource": "arn:aws:s3:::blog-image"
        }
    ]
}
```

A. EffectをDenyにする。
B. Actionの[ ] を外す。
C. Conditionを追加する。
D. Resourceを"arn:aws:s3:::blog-image/ * " にする。

Q13. 最小権限の原則に従うメリットを2つ選択してください。

A. テストの範囲を最小化できる。
B. 他コンポーネントへの依存性を減らせる。
C. 不正アクセスが発生した際に、アクセスできる範囲が最小化されていることにより、リスクを軽減できる。
D. やらなくてもいい操作がブロックされることにより、例えば、テストユーザーが誤って本番環境のインスタンスを終了させるなどの操作ミスを防ぐことができる。
E. 異動のたびにユーザーごとのIAMポリシーの変更調整が必要になる。

Q14. DynamoDBテーブルを指定するARN で、正しいものはどれですか？ 次から1つ選択してください。

A. arn:aws:dynamodb::123456789012:table/mytable
B. arn:aws:dynamodb:ap-northeast-1::table/mytable
C. arn:aws:dynamodb:ap-northeast-1:123456789012:stream/mystream
D. arn:aws:dynamodb:ap-northeast-1:123456789012:table/mytable

---

Q15. 特定の送信元IPアドレスからのリクエストのみ許可したい場合、次のうちどれを使いますか？ 1つ選択してください。

A. aws:PrincipalTag
B. aws:TokenIssueTime
C. aws:SourceIP
D. aws:SourceArn

Q16. IAMユーザー自身に対してパスワードの変更を許可したい場合、どの方法が安全で効率的でしょうか？　1つ選択してください。

A. リソースを"＊"指定で、iam:＊LoginProfileを許可するポリシーを作成する。
B. IAMユーザーごとにiam:＊LoginProfileを許可するポリシーを作成する。
C. リソースにポリシー変数aws:usernameを設定して、iam:＊を許可するポリシーを作成する。
D. リソースにポリシー変数aws:usernameを設定して、iam:＊LoginProfileを許可するポリシーを作成する。

Q17. CodeCommitでSSHを使用して、リポジトリのクローンを実行するために必要な操作を、以下から2つ選択してください。

A. ssh-keygenコマンドを実行して、パブリックキーファイルとプライベートキーファイルを作成し、IAM認証タブにパブリックキーをアップロードする。
B. IAM認証タブでキーペアを作成する。
C. マネジメントコンソールでサインインパスワードを設定する。
D. アクセスキーIDとシークレットアクセスキーを作成する。
E. クライアントの.sshディレクトリで、Host git-codecommit.＊.amazonaws.comの設定をする。

Q18. 各AWSサービスリソースに対してのリストや詳細表示など読み込み専用のIAMポリシーが必要です。どの方法が最も効率的でしょうか？　1つ選択してください。

A. カスタマー管理ポリシー
B. インラインポリシー
C. アイデンティティベースのポリシー
D. AWS管理ポリシー

Q19. グループにアタッチしているポリシーの変更後に、タイミングをはかって、許可を適用したいです。問題があればすぐにロールバックしたいです。どの方法が適していますか？　1つ選択してください。

A. カスタマー管理ポリシー
B. インラインポリシー
C. アイデンティティベースのポリシー
D. AWS 管理ポリシー

Q20. CloudFrontのオリジンとしてS3バケットを設定しています。CloudFront経由のみ許可して、S3バケットには直接アクセスされたくありません。どうすればいいですか？　1つ選択してください。

A. 署名付きURLでアクセスする。
B. 対象オブジェクトに対して、アクセスコントロールリストでパブリック設定をする。
C. OAC（Origin Access Control）のみのGetObjectを許可するバケットポリシーを設定する。
D. プリンシパルにCloudFrontサービスを指定したバケットポリシーを設定する。

Q21. Cognitoサインイントリガーでlambdaを実行する場合、どのようなポリシーが必要でしょうか？　1つ選択してください。

A. Cognito IDプールに設定するIAMロールのポリシー。
B. Lambdaに設定する実行ロールのポリシーで、リソースにCognitoユーザープールを指定。
C. Webアプリケーションの認証を実装するEC2インスタンスに設定するIAMロールのポリシーで、LambdaのInvokeFunctionを許可。
D. Lambda関数のリソースポリシーで、CognitoサービスからのInvokeFunctionを許可。

Q22. API GatewayでデプロイしたREST APIでIAM認証を使用し、別アカウントの特定IAMユーザーからの実行を許可します。どのポリシーが必要でしょうか？　1つ選択してください。

A. API GatewayがLambda関数を実行するためのLambda関数リソースポリシー。
B. 別アカウントからの実行を許可するAPI Gatewayのリソースポリシー。
C. API GatewayからサービスAPIを実行するためのポリシー。
D. API Gatewayがログを出力するためのポリシー。

Q23. 共有SQSキューを作って他アカウントからのメッセージ送信を許可したいです。どのポリシーが必要ですか？　1つ選択してください。

A. アイデンティティベースのポリシー。
B. SQSリソースベースのキューポリシー。
C. 他アカウントとの共有キューは作成できない。
D. SNSトピックポリシー。

Q24. IAMユーザーAさんは2つのグループのメンバーです。1つのグループではEC2インスタンスの終了が拒否されています。最近メンバーになったグループでは、EC2インスタンスのすべての操作が許可されました。IAMユーザーAさんがEC2インスタンスを終了しようとしたらどうなるでしょうか？　1つ選択してください。

A. 許可されてインスタンスのステータスが終了になる。
B. 終了は拒否されて、停止ステータスになる。
C. 操作が拒否される。
D. インスタンスが終了したあと、他のグループでは拒否されていたメッセージを通知で受け取る。

Q25. EC2インスタンスからDynamoDBに対して書き込みと読み込みを行うアプリケーションがあります。どの設定がセキュアな方法でしょうか？　1つ選択してください。

A. アクセスキーIDとシークレットアクセスキーをコードに含める。
B. アクセスキーIDとシークレットアクセスキーを.aws/credentialsに含める。
C. アクセスキーIDとシークレットアクセスキーを環境変数に代入する。
D. IAMロールを使用する。

Q26. EC2インスタンスにIAMロールを設定するIAMユーザーに必要なアクションは何ですか？　1つ選択してください。

A. AssumeRole
B. GetRoleとPassRole
C. Encrypt
D. InvokeFunction

Q27. マネジメントコンソールからEC2用のIAMロールを作成したときに自動で作成されるものはどれですか？　2つ選択してください。

A. ec2.amazonaws.comからのsts:AssumeRoleを許可をした信頼ポリシー。
B. CloudWatch Logsにログを書き込むデフォルトの実行ポリシー。
C. メタデータで確認できるアクセスキーID、シークレットアクセスキー、トークン。
D. インスタンスプロファイル。
E. マネジメントコンソールから作成されたことを示すタグ。

Q28. SAMLをサポートしているIdPを使用しています。AWSアカウントで別途IAMユーザーを管理したくありません。どの方法が最も簡単ですか？　1つ選択してください。

A. IdPからエクスポートしたユーザー情報をIAMにインポートして移行する。
B. IDブローカーでコーディングすることでSSOを構成する。
C. AWS Directory Serviceデプロイし、ユーザー情報を移行してSSOを設定する。
D. IdPをIAMに設定し、SAMLプロバイダ向けのIAMロールを作成してSSOを設定する。

Q29. Cognitoユーザープールでサインアップ、サインインを設定します。最も早く実現する方法はどれでしょうか？ 1つ選択してください。

A. オリジナルUIをSDKを使って開発する。
B. Cognitoは使わずに認証基盤を実装する。
C. 組み込みUIに企業ロゴ画像をアップロードして、コールバックURLにWebアプリケーションを指定する。
D. SaaSのフォーム製品からWebhookを設定してCognito APIを呼び出す。

Q30. アプリケーションのユーザーパスワードの漏洩を検知してブロックしたいです。どうしたらいいですか？ 1つ選択してください。

A. Cognitoユーザープールを使えば何もしなくても有効。
B. Cognitoユーザープールを使用してアドバンスドセキュリティを有効にする。
C. CognitoユーザープールトリガーでLambda関数を実行し、外部の漏洩リストを検索して、リストに含まれていればブロックする。
D. Cognitoユーザープールではできないので、サードパーティ製品を使用する。

Q31. サインインに多要素認証を設定したいです。どうしたらいいですか？ 1つ選択してください。

A. Cognitoユーザープールを使えば何もしなくても有効。
B. CognitoユーザープールトリガーでLambda関数を実行して、SMSコードを検証するプログラムを実行する。

C. Cognitoユーザープールではできないので、サードパーティ製品を使用する。
D. Cognitoユーザープールを使用してMFAオプションを設定する。

Q32. アプリケーションを使用するユーザー本人のサインアップを許可します。どうしたらいいですか？　1つ選択してください。

A. SDKにより、管理者権限によるサインアップコードを実行する。
B. Cognitoユーザープールトリガーでlambda関数を実行し、有効化したAPIリンクをユーザーに送信する。
C. Cognitoユーザープールを使用してユーザーによるサインアップを許可する。
D. Cognitoユーザープールではできないので、サードパーティ製品を使用する。

Q33. アプリケーションを使用するユーザーがすでに持っている外部ソーシャルサービス（OpenIDサポート）のアカウントを使って、サインアップとサインインを行いたいです。どうしたらいいですか？　1つ選択してください。

A. Cognitoユーザープールを使えば何もしなくても有効。
B. Cognitoユーザープールを使用してWeb IDフェデレーションを設定する。
C. Cognitoユーザープールトリガーでlambda関数を実行し、外部ソーシャルサービスに対して認証をリクエストするコードを実装する。
D. Cognitoユーザープールではできないので、サードパーティ製品を使用する。

Q34. ログインしていないゲストユーザーに対しても、DynamoDBに保存されている一部の情報をWebアプリケーションの画面に表示したいです。どうしたらいいですか？　1つ選択してください。

A. DynamoDBテーブルのパブリックアクセスを可能にする。
B. DynamoDBテーブルの一部データの読み込みが可能なアクセスキーID、シークレットアクセスキーを、JavaScriptにコーディングする。
C. Cognito IDプールの認証されていないロールへ設定したIAMロールに、DynamoDBの一部データの読み込みが可能なIAMポリシーをアタッチする。

D. WebアプリケーションのJavaScriptが読み込み可能なJSON形式の情報を、DynamoDBから定期的にエクスポートする。

Q35. 機密情報をSystems Managerパラメータストアで管理したいです。どうしたらいいですか？　1つ選択してください。

A. SDKを使用してKMSへのリクエストを実行して暗号化したあとの文字列を保管する。
B. SDKを使用して任意のアルゴリズムで暗号化したあとの文字列を保管する。
C. String形式で保存する。
D. SecureString形式で保存する。

Q36. Amazon Auroraのパスワードを定期的に変更したいです。どのサービスを使うと最もシンプルに実現できますか？

A. Systems Managerパラメータストア
B. Secrets Manager
C. S3
D. DynamoDB

Q37. SSL/TLS証明書の管理を簡易化したいです。どうすればいいですか？　1つ選択してください。

A. S3でサードパーティ証明書発行のためのキーを管理する。
B. パラメータストアでサードパーティ証明書発行のためのキーを管理する。
C. Certificate Managerで証明書を作成し、メール認証する。
D. Certificate Managerで証明書を作成し、CNAME認証する。

Q38. CloudFrontで設定しているWebサイトで、HTTPSへのアクセスを強制したいです。どうすればいいですか？　2つ選択してください。

A. EC2のWebサーバーでリダイレクトするよう設定する。
B. Certificate Managerで作成した証明書をCloudFrontに設定する。
C. ALBでリダイレクトするようルールを作成する。
D. サードパーティ製証明書をWebサーバーに設定する。
E. HTTPへのリクエストをHTTPSにリダイレクトするようCloudFrontで設定する。

Q39. データの暗号化で専用ハードウェアが必要です。どのサービスが適していますか？　1つ選択してください。

A. Dedicated Hosts
B. AWS CloudHSM
C. AWS Key Management Service
D. AWS IAM

Q40. S3オブジェクトの暗号化が必要です。保管時に暗号化されていればいいという要件です。どの方法が最もシンプルな運用ですか？　1つ選択してください。

A. SSE-S3
B. SSE-KMS
C. SSE-C
D. クライアントサイド暗号化

Q41. S3オブジェクトの保管時の暗号化が必要です。暗号化に使用するキーは1年ごとにローテーションが必要です。どの方法を選択しますか？　1つ選択してください。

A. SSE-S3
B. SSE-KMS
C. SSE-C
D. クライアントサイド暗号化

Q42. S3オブジェクトの保管時の暗号化が必要です。暗号化に使用するキーとしては、オンプレミスのキーサーバーで作成したキーが必要です。どの方法を選択しますか？　1つ選択してください。

A. SSE-S3
B. SSE-KMS
C. SSE-C
D. KMSを使用したクライアントサイド暗号化

Q43. S3オブジェクトの暗号化が必要です。アップロード前に暗号化しておく必要があります。どの方法を選択しますか？　1つ選択してください。

A. SSE-S3
B. SSE-KMS
C. SSE-C
D. KMSを使用したクライアントサイド暗号化

Q44. 暗号化されたRDSスナップショットを他リージョンでリストアしたいです。どのようにすればいいですか？　1つ選択してください。

A. そのままクロスリージョンコピーして、コピー元リージョンのKMSキーを使ってリストアする。
B. スナップショットの暗号化を無効化する。
C. リストアするコピー先のリージョンのKMSキーを使って、スナップショットのクロスリージョンコピーを暗号化する。コピー先のKMSキーを使ってリストアする。
D. 元のリージョンのスナップショットを指定して、別リージョンでリストアする。

■正解と解説

Q１　正解　D

EC2インスタンスのOSはユーザーが運用する範囲です。

A：AWSサービスAPIに対しての認証認可の設定はユーザーが行いますが、ネットワークレイヤーへのDDoS攻撃からの保護はAWSが行います。

B：ハードウェアのアップデートはAWSが行います。

C：ストレージの廃棄は、AWSが行います。

Q２　正解　C

S3オブジェクトのサーバー暗号化の種類は、ユーザーが検討して決定します。

A：SQSキューはリージョンを選択してメッセージを送受信するだけです。メッセージデータの冗長化はAWSが行います。

B：EC2インスタンスファミリーの選択はユーザーが行いますが、ハードウェアの構成はAWSが行います。

D：データベースエンジンとバージョンを選択すれば、インストール済みのRDSインスタンスが用意されます。

Q３　正解　B

NATゲートウェイはパブリックサブネットに配置して、プライベートサブネットのインスタンスからアウトバウンドのみを可能とする構成にします。

A：「インターネットから直接アクセスさせたくない」という要件を満たせません。

C：NATゲートウェイをプライベートサブネットに配置しても、インターネット上のAPIへのリクエストはできません。

D：「インターネット上のAPIへのリクエスト」が満たせません。

Q４　正解　C

A：セキュリティグループで設定するのは許可のみで、明示的な拒否はありません。

B, D：セキュリティグループはステートフルなので、今回のケースではCのインバウンドが許可されていれば、アウトバウンドの確認は必要ありません。意味のないアウトバウンドを確認する過剰な運用が無駄になるという意味ではなく、セキュリティグループの特徴を知っているかどうかの問題です。

Q５　正解　D

A：拒否も設定可能ですが、拒否されていないだけではなく、許可されていることも必要です。

B：レスポンスは一時ポートで返されるので、アウトバウンドルールでは一時ポートを許可します。

C：NACLはステートレスなので、アウトバウンドの設定も必要です。

Q６　正解　C

VPC内のEC2インスタンスにデプロイされたアプリケーションから、S3やKMSへのリクエストをインターネット接続で送りたくない場合は、VPCエンドポイントを使用します。VPCエンドポイントには、サービスによってゲートウェイエンドポイントとインターフェイスエンドポイントがあります。

A：NATゲートウェイを使用する場合はインターネットゲートウェイが必要なので、要件を満たしません。

B：VPCエンドポイントは、サービスごとに作成する必要があります。

D：インターネットゲートウェイは、アタッチしたくないという要件を満たせません。

Q７　正解　C

ルートユーザーはなるべく使わないことがベストプラクティスです。不要なユーザーという意味ではなく、ルートユーザーにしかできない操作を行うときだけ使用します。

A：ルートユーザーの権限は設定できません。最小権限の原則に従うことができません。

B：スイッチロールでもルートユーザーを使うことに変わりはありません。ルートユーザーでサインインを日常的に行わないことによって、パスワードが漏れる機会を減らすことが必要です。

D：ルートユーザーは削除できません。

Q８　正解　C

CがなければAが正解ですが、Cがより正確です。12桁のAWSアカウント固有のIDも必要です。

B：アクセスキーID、シークレットアクセスキーはマネジメントコンソールの認証ではありません。

D：リージョンは必要ありません。

Q９　正解　B

A：ユーザー名、パスワードはマネジメントコンソールにサインインするための認証情報です。

C, D：アカウントIDは必要ありません。

Q10 正解　C

A：コマンドを送信するリージョンを指定します。

B：コマンド文が正しいかどうかを確認します。

D：出力フォーマットを指定します。

Q11 正解　A

B：オプションやコードで指定したほうが優先されます。

C：クライアントの地域は関係ありません。

D：リクエストの数は関係ありません。

Q12 正解　D

GetObjectはオブジェクトに対してのアクションです。リソースもバケットではなくオブジェクトを指定する必要があります。

A：Effectで許可と拒否のどちらを求めているかまでは、この問題からは読み取れません。

B：Actionは配列で複数指定できます。1つしか指定しないからといって配列を外す必要はありません。

C：Conditionは追加の条件です。条件が必要かどうかまでは、この問題からは読み取れません。

Q13 正解　C, D

A, B：マイクロサービスのメリットです。

E：メリットではありません。グループにIAMポリシーをアタッチして運用することで、グループの移動で対応できるようになります。

Q14 正解　D

A, B：DynamoDBテーブルはリージョン、AWSアカウントごとに一意なので、リージョンコード、アカウントIDが必要です。

C：DynamoDBストリームを指定する際のARNです。

Q15 正解　C

Q16 正解　D

A：他のIAMユーザーのパスワードも変更できるので、安全ではありません。

B：非効率です。

C：すべてのアクションを許可するのは、安全ではありません。

Q17 正解　A, E

B：IAM認証にキーペアを作成する機能はありません。

C, D：パスワードやアクセスキーは使用しません。

Q18 正解 D

AWS管理ポリシーのReadOnlyAccessを使用すると、自動的に新機能、新サービスのリストや詳細表示のために必要なアクションが追加されて、バージョン管理がなされます。

A, B：カスタマー管理ポリシー、インラインポリシーは、ユーザーがアクションを追加しなければなりません。

C：アイデンティティベースのポリシーは、リソースベースのポリシーと区別するための種類です。

Q19 正解 A

カスタマー管理ポリシーは、ユーザーが更新できて、デフォルトバージョンの設定もできるので、適用タイミングを図ることができ、ロールバックも可能です。

B：変更したタイミングで即時反映されて、ロールバックもできません。

C：アイデンティティベースのポリシーは、リソースベースのポリシーと区別するための種類です。

D：変更できません。適用タイミングやロールバックをユーザーはコントロールできません。

Q20 正解 C

CloudFrontディストリビューションでOACを設定して、S3バケットポリシーでOACからのGetObjectを許可するバケットポリシーを設定することで、CloudFrontを介さないアクセスをブロックできます。

A：署名付きURLでは制御できません。

B：直接アクセスできます。

D：CloudFrontサービスではなく、ディストリビューションに設定するOACに対して許可する必要があります。

Q21 正解 D

Cognitoユーザープールのトリガーはに対してプッシュ型で実行するので、Lambda関数のリソースポリシーが必要です。

A：関係ありません。

B：Lambda実行ロールは、Lambda関数ができるアクションを定義するので違います。

C：Cognitoユーザープールを使っているので、独自の認証を実装する必要はありません。

Q22 正解 B

API Gatewayもリソースポリシーがあります。IAM認証を設定した場合、許可されたIAMユーザーのみがリクエストを実行できます。別アカウントからも許可する場合は、リソースベースのポリシーが必要です。

A：Lambda関数リソースポリシーは関係ありません。

C, D：API Gatewayが実行するためのポリシーなので関係ありません。

Q23 正解　B

SQSキューにもリソースベースのポリシーがあります。

Q24 正解　C

同じIAMユーザーに、同じアクションの許可と拒否が設定されているときは、拒否が優先されます。

Q25 正解　D

アクセスキーIDとシークレットアクセスキーを直接使用するよりも、IAMロールを使用するほうが安全です。

Q26 正解　B

Q27 正解　A, D

B：明示的にアタッチしないと設定されません。

C：EC2インスタンスにIAMロールを割り当てると生成されます。

E：追加されません。

Q28 正解　D

SAML プロバイダを設定すれば、コーディングなしで設定できます。

Q29 正解　C

Cognitoユーザープールには組み込みUIが用意されていて、すぐに使用できます。

Q30 正解　B

漏洩した認証情報検出はアドバンスドセキュリティに含まれます。

Q31 正解　D

CognitoユーザープールではMFAを設定できます。

Q32 正解　C

Q33 正解　B

Q34 正解　C

A：DynamoDBテーブルのパブリック設定はありません。

B：キーのハードコーディングには、漏洩による不正アクセスのリスクがあります。

D：実現可能ですが、Cのほうが簡単で、ニアリアルタイムな情報を取得できます。

Q35 正解　D

SecureStringを使うことで、指定したKMSと連携して自動的な暗号化、復号化が行えます。

Q36 正解　B

Systems Managerパラメータストアには定期的なローテーション変更の機能はありません。

Q37 正解　D

Certificate Managerを使うと、セキュアでシンプルな証明書の管理ができます。CNAME認証によって1年ごとの更新が完全に自動化できます。

Q38 正解　B, E

最もシンプルでエンドユーザーに近い場所でリダイレクトするには、CloudFrontで設定します。そうすることでレイテンシーを削減でき、パフォーマンスの面でメリットがあります。

Q39 正解　B

Q40 正解　A

Q41 正解　B

Q42 正解　C

Q43 正解　D

「アップロード前に暗号化」するので、クライアント側での暗号化が必要です。

Q44 正解　C

RDSのスナップショットもKMSのキーも、範囲はリージョンです。他のリージョンから使うことはできません。スナップショットはクロスリージョンコピーが必要です。KMSのキーはコピー先リージョンにも必要です。

SECTION 4

デプロイ

この章では、AWS上でアプリケーションを繰り返し展開するためのデプロイ方法、およびデプロイをサポートするサービスやサーバーレスアーキテクチャについて解説します。

1 展開（デプロイ）

デプロイのプロセス、CI/CDパイプライン、パターンについて解説します。

●リリースプロセス

デプロイは、アプリケーションをリリースするプロセスの一部であり、リリースを完了させます。デプロイ以外を含むリリースプロセスの主要フェーズと対応するAWSサービスは次図のとおりです。

▼リリースプロセスの主要フェーズと対応のAWSサービス

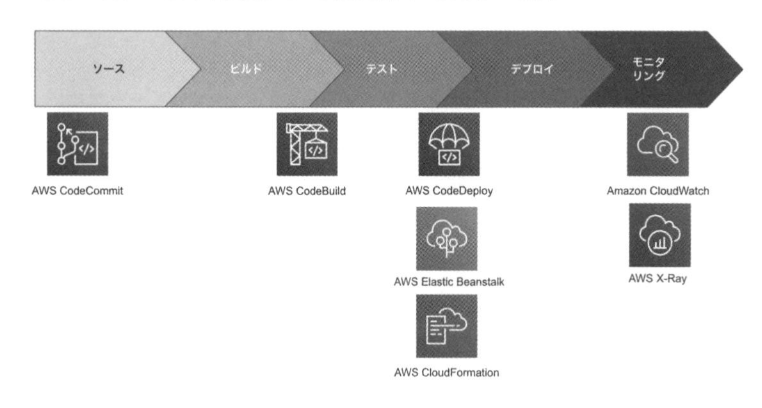

リリースプロセスは大抵の場合は、ソース、ビルド、テスト、デプロイ、モニタリングの5段階で表せます。以下、それぞれのフェーズについて説明します。

■ソースフェーズ

ソースフェーズでは、ソースコードをリポジトリに保存し、開発者間で共有します。ソースコード変更時にはレビュー、フィードバックします。

■ビルドフェーズ

ビルドフェーズでは、コードのコンパイルやユニットテストを行います。コンテナ環境の場合はコンテナイメージを作成し、レジストリにプッシュします。

■テストフェーズ

テストフェーズでは、ビルドフェーズではできなかったテストを本番に近い環境で行います。

■デプロイフェーズ

デプロイフェーズでは、本番環境にデプロイします。本番環境では、問題を検知するためにモニタリングをします。

●CI/CDパイプライン

「CI/CDパイプライン」の言葉の定義について解説します。

■CI（継続的インテグレーション / Continuous Integration）

ソースコードを開発し、リポジトリへ新規に登録すること、変更して更新すること、などを一般的に「チェックインする」といいます。

ソースコードを継続的にチェックインし、ビルドとテストを自動化し、コードを検証する手法を継続的インテグレーションといいます。要は、頻繁にプログラムを更新し、コンパイルやテストを行うといった定型作業は自動化するということです。人の手によるミスの発生や時間のかかりすぎを回避することにより、お客様のニーズにあわせて素早くソースコードを開発、更新する作業に集中できます。

■CD（継続的デプロイメント、継続的デリバリー／Continuous Deployment, Continuous Delivery）

継続的インテグレーションは、継続的デプロイメントに含まれます。開発、更新したソースコードが、本番環境でお客様が安全に使える状態に反映されます。テスト環境へのデプロイ、本番環境へのデプロイ、リリースまでを自動化します。自動化することにより、デプロイが頻繁に繰り返し発生したとしても、ボトルネックや遅延、リスクの原因にならないようにできます。

■デプロイパターン

一般的に様々なデプロイパターン（方法）があります。これは、システムの構成や特性によって様々な方法が必要となるためです。AWSの各サービスによってサポートしているパターンは異なります。AWSサービス別の機能については、のちほど図解を交えて解説します。

ここでは、DVA試験の傾向から見て出題されそうなパターンを次ページの表に列挙しておきます。各サービスの図解を見たあと、一覧で見たい場合は、この表を改めて確認してください。

デプロイパターン	特徴
In-Place	稼働中の環境を新しいアプリケーションで更新する。
Linear（線形）	毎分10%ずつ新環境の割合を増やすなど、時系列グラフとした場合、直線的に推移する。
Canary	最初は10%のみで、数分後にすべてなど、割合によって段階的にリリースする。
Blue/Green	現バージョン環境とは別に新バージョン環境を構築し、リクエスト送信先を切り替える。
Rolling	サーバーをいくつかのグループに分けて、グループごとにIn-Place更新をする。
Immutable	現バージョンサーバーとは別に新バージョンサーバーを構築する。
All at once	すべてのサーバーで同時にIn-Place更新をする。

2 デプロイサービス

一連のリリースプロセスをサポートするAWSの各サービスを解説します。各サービスのどの機能が何の要件を解決するかに注目してください。本を読むだけで理解が難しい機能は、AWSアカウントで操作してみることをお勧めします。

▼デプロイサービス

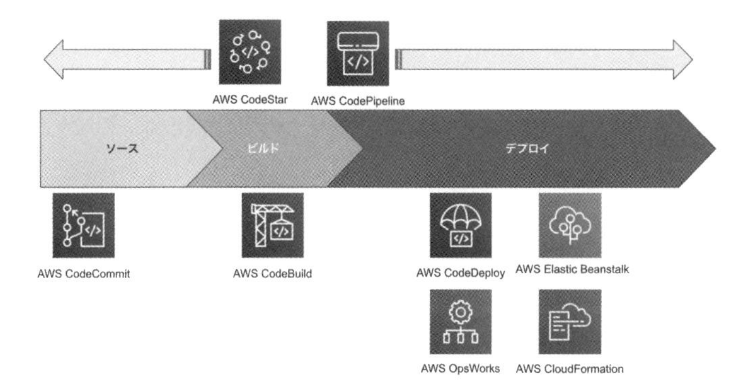

ソース、ビルド、デプロイをサポートするサービスをそれぞれ解説します。デプロイサービスのうち、AWS コードサービスから解説します。

● AWS コードサービス

▼コードサービス

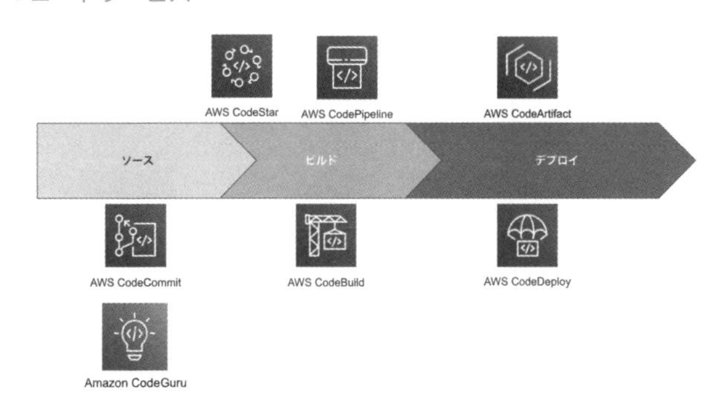

SECTION 4 デプロイ

- AWS CodeCommit：プライベートなGitリポジトリサービス
- AWS CodeBuild：コンパイル、テスト、パッケージングなどのビルドプロセスを提供
- AWS CodeDeploy：デプロイの自動化
- AWS CodePipeline：CI/CDパイプラインを構築
- AWS CodeStar：ウィザード形式でCI/CDパイプラインを構築
- AWS CodeArtifact：プライベートソフトウェア配信リポジトリサービス
- AWS CodeGuru：自動コードレビュー

これから各コードサービスの概要を解説します。認定試験の問題では、要件に応じてサービスを選択したり、「○○で△△を設定する」のようにサービスの特定の機能を選択したりする場合もあります。コードサービスの各機能で何が実現できるかを、おさえておきましょう。

●AWS CodeCommit

AWS CodeCommitは、Gitベースのリポジトリを提供するサービスです。Gitはソースコードなどのバージョン管理ソフトウェアの名称です。リポジトリは、貯蔵庫というような意味で、様々なものを一元管理するために使用されます。

システム開発プロジェクトのためのリポジトリには、ソースコードやイメージファイル、バイナリファイル、説明書（Readme）、仕様書などのドキュメント、カスタマイズ履歴などの様々な情報が集約されます。AWS以外の代表的なGitサービスには、GitHubやGitLabなどがあります。

CodeCommitは、AWSが提供するプライベートなGitサービスです。AWS CodeCommitには様々な機能がありますが、特にAWS認定DVA試験の対策として知っておくべき機能を解説します。

■リポジトリ

▼CodeCommit リポジトリ

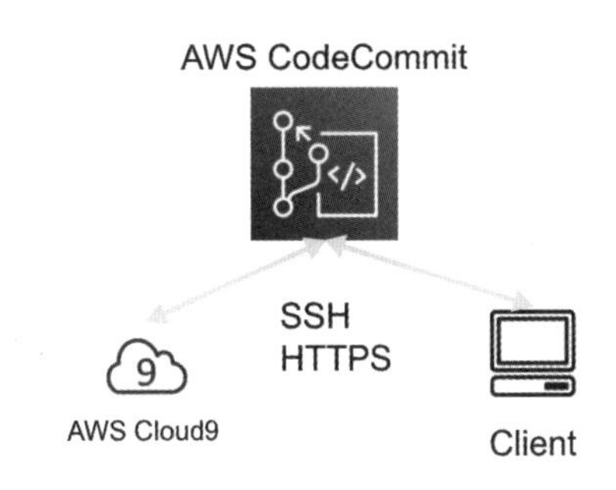

リポジトリが作成できます。作成したリポジトリは、開発環境からGitコマンドによって操作できます。Gitコマンドは、GitHubやGitLabでも同様に操作できるコマンドです。開発者やプロジェクト関係者は、既存の環境で使っている操作と同様に、GitコマンドによってCodeCommitを操作できます。クライアントマシンやCloud9の様々な開発環境から、ソースコードなどの情報を共有できます。

■CodeCommitのセキュリティ

▼CodeCommit SSHとHTTPS

AWS CodeCommit の SSH キー

SSH パブリックキーを使用して AWS CodeCommit リポジトリへのアクセスを認証します。 詳細はこちら

SSH パブリックキーのアップロード

SSH キー ID	アップロード済み	ステータス
結果がありません		

AWS CodeCommit の HTTPS Git 認証情報

AWS CodeCommit リポジトリへの HTTPS 接続の認証に使用できるユーザー名とパスワードを生成します。最大 2 セットの認証情報を生成して保存できます。 詳細はこちら

認証情報を生成

認証情報が生成されていません。

CodeCommitのリポジトリには、SSHまたはHTTPSを使って安全に接続できます。SSH、HTTPSで使用する認証情報はIAMユーザーごとに生成します。SSHではローカルでキーペアを作成して、公開鍵をアップロードする必要があります。HTTPS接続はIAMユーザーにGit認証情報を作成して、端末にgit-remote-codecommitをインストールして使用します。

▼CodeCommit IAMポリシー

ポリシーの作成　ポリシーアクション ▼

ポリシーのフィルタ ∨　codecommit

		ポリシー名 ▼	タイプ	次として使用
○	▶	AWSCodeCommitFullAccess	AWS による管理	なし
●	▶	AWSCodeCommitPowerUser	AWS による管理	Permissions policy (1)
○	▶	AWSCodeCommitReadOnly	AWS による管理	なし

CodeCommitはIAMと統合されています。IAMポリシーによって、リポジトリのアクセス権限を設定できます。IAMには管理ポリシーとして、「AWSCodeCommitPowerUser」が用意されています。

CodeCommitを使ってソースコードのバージョン管理、開発するユーザーのグループに、AWSCodeCommitPowerUserをアタッチすることで、素早くCodeCommitを使用開始できます。権限を対象リポジトリだけに絞ることも可能です。

■AWS CLI認証情報ヘルパー

AWS CLIに含まれる認証情報ヘルパー（Credential Helper）を使用して、git-remote-codecommitのインストールやキーペアの作成やアップロードをしなくてもCodeCommitへのGitコマンドが実行できます。

AWS CLIをインストールしている端末でaws configureコマンドを実行して、CodeCommit用のIAMユーザーの名前付きプロファイルを作成します。デフォルトユーザーでも可能ですが最小権限の原則の実装を考慮して、ここではCodeCommitリポジトリ用のIAMユーザーを作成する例で解説します。

```
$ aws configure --profile CodeCommitProfile
```

これにより.aws/credentialsにデフォルトとは別で名前付きプロファイルの認証情報が作成されます。

▼CodeCommitProfile

```
aws_access_key_id = AKIXXXXXXXXXXXXXX
aws_secret_access_key = nFxxxxxxxxxxxxxxxxxxxxxxxxxxx
```

次に、git configコマンドで認証情報ヘルパーの使用を指定します。

```
$ git config --global credential.helper '!aws --profile CodeCommitProfile codecommit credential-helper $@'
$ git config --global credential.UseHttpPath true
```

これにより、.gitconfigの認証情報には次の値が書き込まれ、CodeCommitに対してGitコマンドが使用できます。

▼credential

```
    helper = !aws --profile CodeCommitProfile codecommit credential-helper $@
    UseHttpPath = true
```

CodeCommit 通知とイベント

▼CodeCommit 通知とトリガー

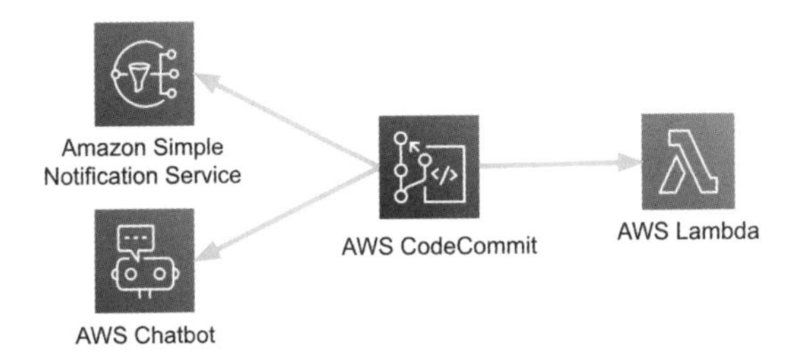

CodeCommitでは、ソースコードが更新されたなどのタイミングにより、通知やLambda関数を実行するイベントが設定できます。通知の対象は、Amazon SNS（Simple Notification Servce）とAWS Chatbotです。

▼CodeCommit 通知設定画面

Lambda関数のイベントトリガーとして設定でき、任意のコードを実行して自動化もできます。

▼Lambda CodeCommit トリガー設定画面

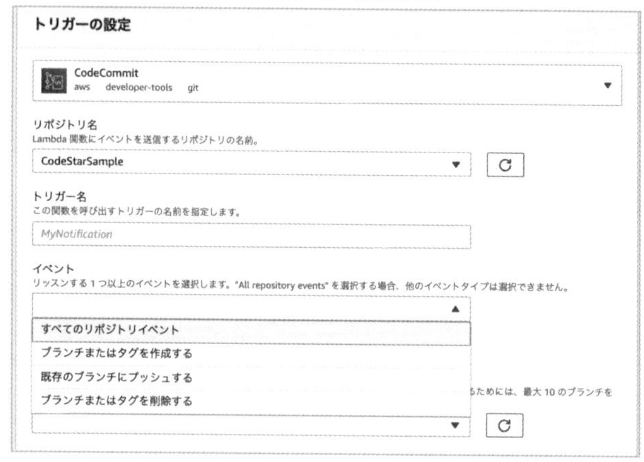

■承認

CodeCommitではプルリクエストを作成できます。プルリクエストを作成することにより、コードの開発者とは別の承認者によって、より安全にコードをリリースできます。

▼CodeCommit プルリクエスト

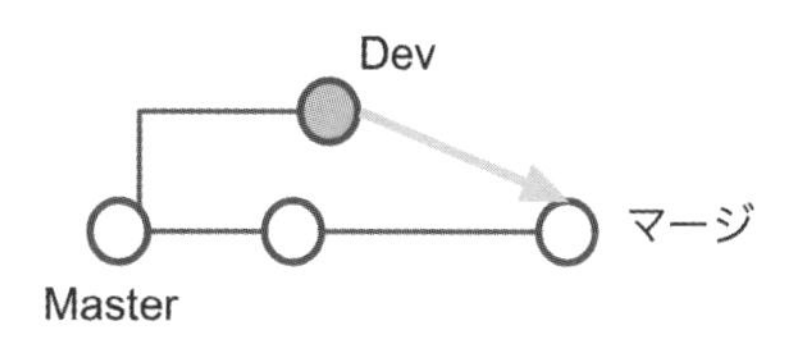

リポジトリを作成すると、Masterというブランチができます。ブランチというのは「枝」というような意味です。ブランチは追加して作成できるので、アプリケーションのコードを変更するために開発用のブランチを作成します。図の例では、追加のブランチに「Dev」という名前をつけています。

開発が終われば、その変更をMasterにマージという機能を使って反映します。このマージが勝手に行われてしまうと、問題が発生する場合もあるので、開発者は「Dev」の開発が完了すれば、プルリクエストを作成します。そして、そのプルリクエストを承認者が承認することによって、Masterブランチに反映されます。

●AWS CodeBuild

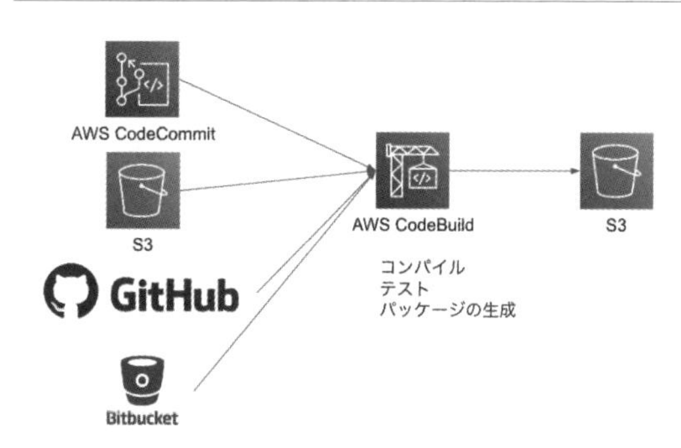

リリースプロセスにおける、ビルドプロセスを提供します。

ソースコードのコンパイル、テスト、ソフトウェアパッケージの作成をします。他のマネージドサービスと同様に、リクエスト量が多くなっても対応できるスケーラビリティと、ビルドした分にだけコストが発生する従量課金というところが、クラウドのメリットであり特徴でもあります。

■ソース

ビルド対象のソースは以下より選択できます。AWSのサービスだけではなく、GitHubやBitbucketも指定できます。

- S3バケット
- GitHub Enterprise
- CodeCommit
- Bitbucket
- GitHub

■buildspec

ソースのルートレベルにbuildspec.ymlというファイルを配置します。buildspecは、ビルドの仕様であり、ビルドプロセスのコマンドを記述します。

次の例は、ユーザーガイドのチュートリアルのbuildspec.ymlです。

▼buildspec.yml

```
version: 0.2
phases:
  install:
    runtime-versions:
      java: corretto11
  pre_build:
    commands:
      - echo Nothing to do in the pre_build phase...
  build:
    commands:
      - echo Build started on `date`
      - mvn install
```

```
  post_build:
    commands:
      - echo Build completed on `date`
artifacts:
  files:
    - target/messageUtil-1.0.jar
```

■CodeBuildローカルエージェント

CodeBuildはローカルでもセットアップして実行できます。ローカルで実行することのメリットは次のとおりです。

- buildspecの整合性と内容をローカルでテストできる
- コミットする前に、アプリケーションをローカルでテストしてビルドできる
- ローカル開発環境からエラーを素早く特定して修正できる

●AWS CodeDeploy

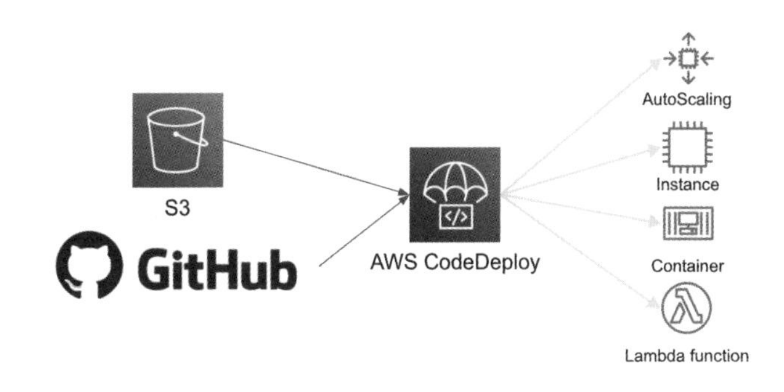

EC2インスタンスやオートスケーリング、オンプレミスサーバー、ECS、Lambdaなどへ S3 や GitHub からリビジョンをデプロイします。

▼AWS CodeDeploy設定画面

▼AWS CodeDeploy 設定項目と設定内容

設定項目	設定内容
アプリケーション	デプロイするアプリケーションの名前とコンピューティングプラットフォーム(EC2/オンプレミス、ECS、Lambda)を設定する。
デプロイ設定	Canary(増分段階リリース)、Linear(線形、等しい増分リリース)、All-at-once(一度のリリース)が設定できる。
デプロイグループ	EC2インスタンスのグループを設定する。タググループ、オートスケーリンググループが指定できる。
デプロイタイプ	デプロイグループへのリリース設定。In-Place(現環境の更新)、Blue/Green(新環境を作成して置き換え)を設定できる。
CodeBuildエージェント	対象のEC2 インスタンスにインストールする。
リビジョン	ソースコンテンツを保存している。AppSpecファイル(appspec.yml)を含む。

▼CodeDeployサービスロール

ロールの作成

▾ Attach アクセス権限ポリシー

新しいロールにアタッチするポリシーを 1 つ以上選択します。

ポリシーの作成

ポリシーのフィルタ ⌵　AWSCodeDeployRole

		ポリシー名 ▾
☑	▸	AWSCodeDeployRole
☐	▸	AWSCodeDeployRoleForCloudFormation
☐	▸	AWSCodeDeployRoleForECS
☐	▸	AWSCodeDeployRoleForECSLimited
☐	▸	AWSCodeDeployRoleForLambda
☐	▸	AWSCodeDeployRoleForLambdaLimited

CodeDeployに設定するIAMロールを用意します。コンピューティングプラットフォーム別にAWS管理ポリシーが用意されています。インストールするファイルや、インストール前後のイベント時に実行するスクリプトを指定します。

appspec.yml

リビジョンに含まれるアプリケーション仕様ファイルです。YAMLまたはJSON形式で記述します。以下は、EC2向けのAWSのサンプルチュートリアルのappspec.ymlです。

▼appspec.yml

```
version: 0.0
os: linux
files:
  - source: /index.html
    destination: /var/www/html/
hooks:
  BeforeInstall:
    - location: scripts/install_dependencies
```

```
  timeout: 300
  runas: root
   - location: scripts/start_server
  timeout: 300
  runas: root
 ApplicationStop:
   - location: scripts/stop_server
  timeout: 300
  runas: root
```

● AWS CodePipeline

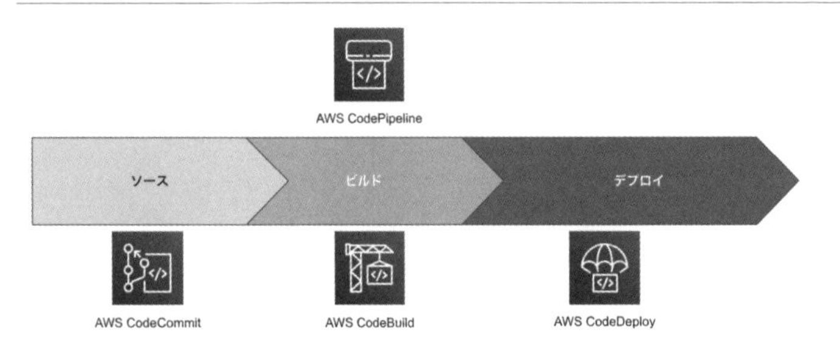

AWS CodePipelineは、迅速かつ信頼性の高いアプリケーション更新を実現します。コードが変更されるたびにコードをビルド、テスト、デプロイします。各AWS コードサービスを連携させることも、他のサービスやサードパーティサービスとの連携も可能です。リリース結果を可視化して確認できます。

▼CodePipelineソース

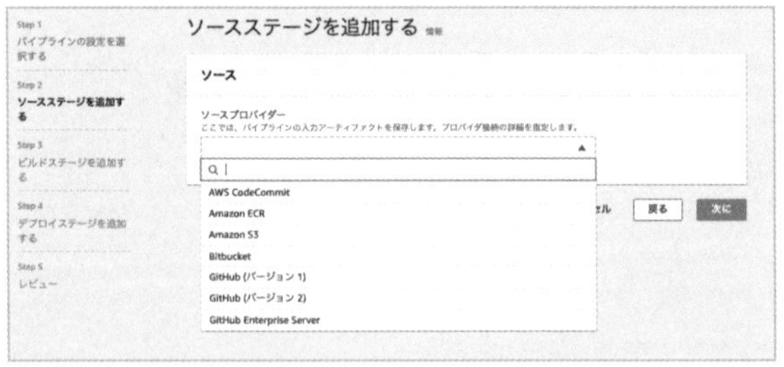

ソースプロバイダは次から選択できます。

- AWS CodeCommit
- Amazon ECR
- Amazon S3
- Bitbucket
- GitHub
- GitLab

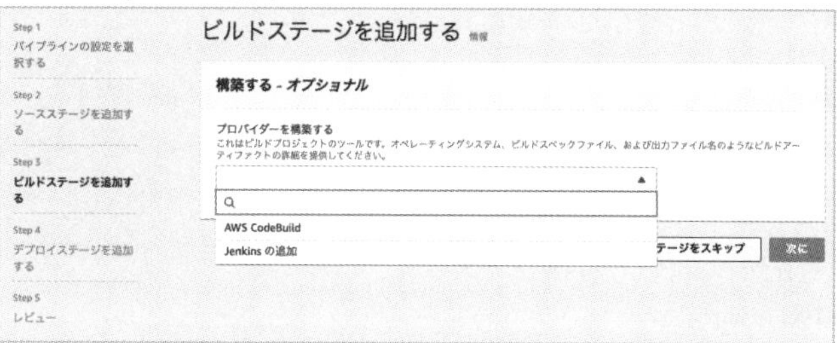

▼CodePipelineビルド

ビルドプロバイダは次から選択できます。スキップもできます。

- AWS CodeBuild
- Jenkins

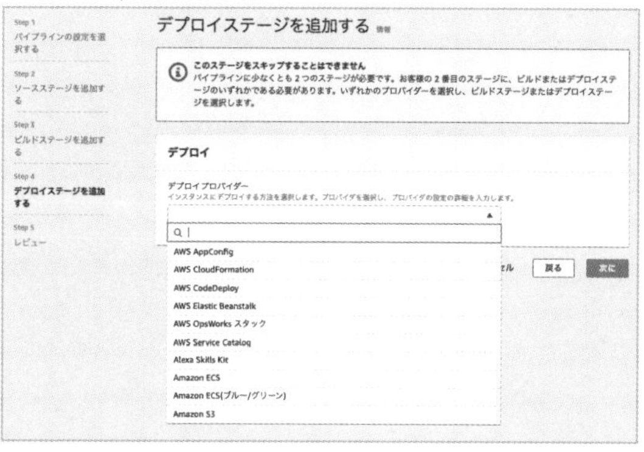

▼CodePipelineデプロイ

SECTION 4 デプロイ

デプロイプロバイダは次から選択できます。

- AWS CodeDeploy
- AWS AppConfig
- AWS CloudFormation
- AWS Elastic Beanstalk
- AWS Service Catalog
- Alexa Skills Kit
- Amazon ECS
- Amazon S3

■AWS AppConfig

AppConfigはSystems Managerの1機能です。アプリケーションが使用する設定ファイルを、中心で管理して自動で反映できます。

■結果レポート

▼CodePipeline結果レポート

リリース結果を確認できます。上図のリリース結果の例は本書のパイプラインです。

余談ですが、本書の原稿はCodeCommitによりマークダウン形式でバージョン管理して、更新時にはCodeBuildで原稿の形式に変換して、CodePipelineのデプロイステージでS3バケットにZIPで格納しています。

●AWS CodeStar

▼AWS CodeStarプロジェクト

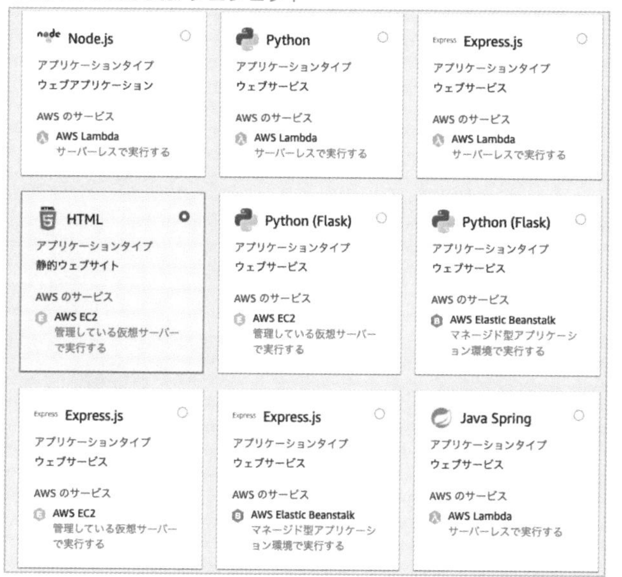

AWS CodeStarでは、プロジェクトテンプレートを選択して、プロジェクト名を決めるだけで、AWS Codeの各サービスを構成したCI/CDパイプラインを自動的に作成できます。迅速にプロジェクトを開始できるサービスです。

AWS CodeArtifact

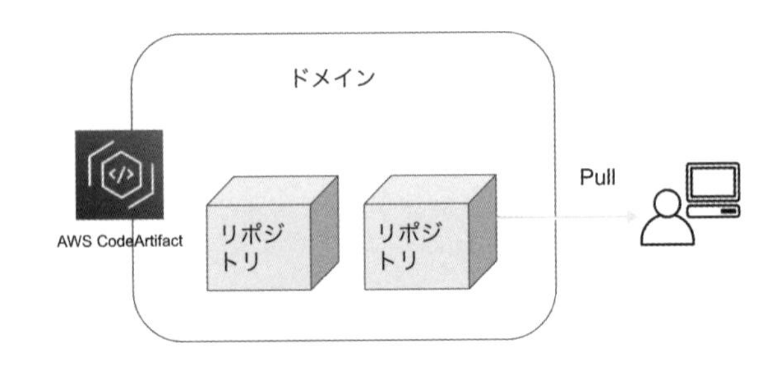

AWS CodeArtifactはアーティファクトリポジトリサービスです。ソフトウェアパッケージを保存して配信できるサービスです。また、一般的に使用されるパッケージマネージャおよびビルドツールと連携して動作します。

▼AWS CodeArtifact連携パッケージマネージャ

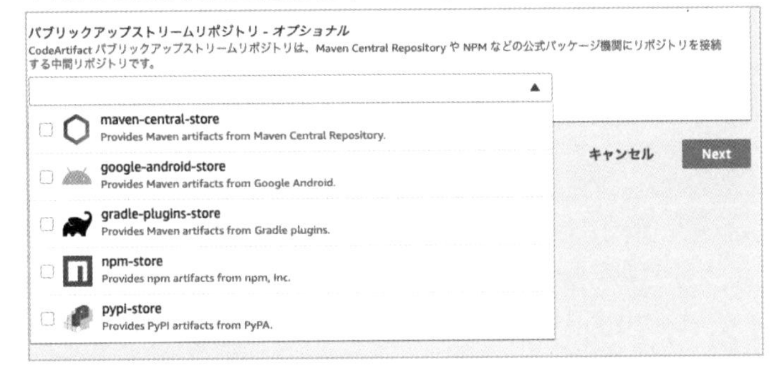

●Amazon CodeGuru

▼Amazon CodeGuru

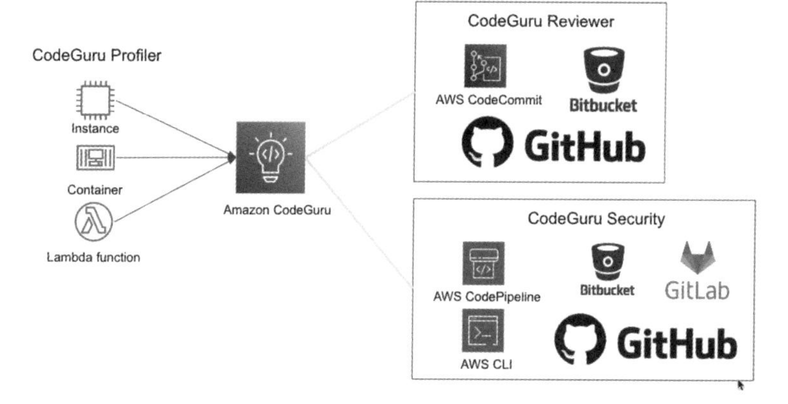

Amazon CodeGuruには、CodeGuru ProfilerとCodeGuru ReviewerとCodeGuru Securityがあります。どれもソースコードの開発、改善を自動的にサポートする機能です。

■CodeGuru Profiler

CodeGuru Profilerは、EC2やEKS、ECS、Fargate、Lambda、またはオンプレミスのJavaやJVM言語で開発されたアプリケーションのパフォーマンスを可視化します。アプリケーションのパフォーマンスの問題の原因を診断できます。Lambda関数からは統合されているので、Lambda関数の設定で有効化するだけで必要なレイヤーや環境変数、IAMロールの許可ポリシーが設定され、パフォーマンス診断のためのデータが送信されます。

▼プロファイルデータ

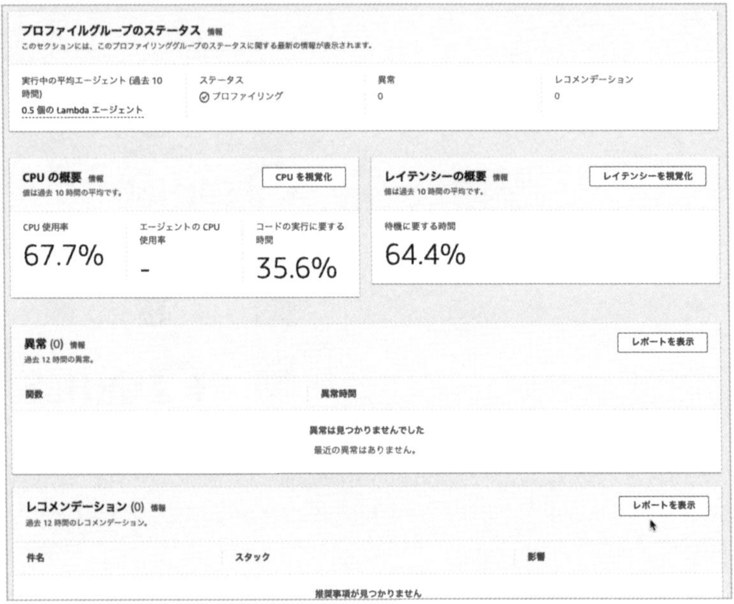

Lambda関数以外はプロファイリングエージェントをセットアップしてアプリケーションから実行します。

■CodeGuru Reviewer

CodeGuru Reviewerは、GitHubやGitHub Enterprise、CodeCommit、Bitbucketなどと連携し、PythonやJavaのコードの自動レビューをします。ソースコードの品質向上に役立ちます。

```
data = {
        'output': 'Hello World',
        'timestamp': datetime.datetime.utcnow().isoformat()
}
```

例として上記のコードを含むリポジトリをスキャンします。

▼レビュー推奨事項

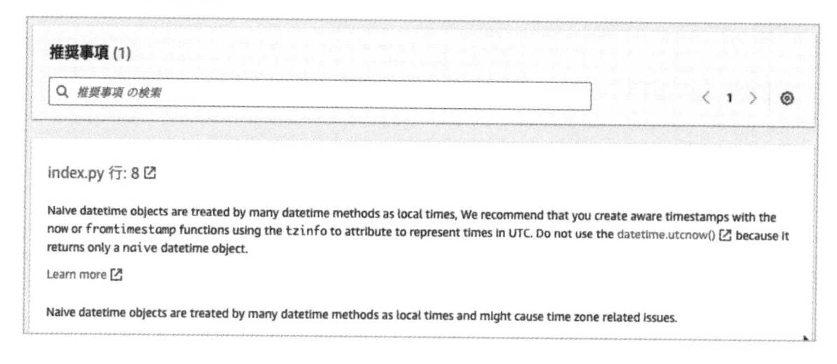

datetimeはtzinfo属性を使用し、utcnowを使用しないことが推奨事項として表示されています。

■CodeGuru Security

CodeGuru Securityはソースコードに含まれる脆弱性を特定して、修正する推奨事項を提示します。執筆時点ではプレビューで、Java、Python、JavaScriptに対応しています。CodePipelineとも連携するので、DevSecOpsが実装できます。

▼CodeGuru Security検出結果

推奨される是正

コード修正の是正

This code uses an outdated API. ListObjectsV2 is the revised List Objects API, and we recommend you use this revised API for new application developments.

役立つリンク

準拠コードの例を表示

コードスニペット

ファイルパス: CodeGuru-Security-Demo/src/main/java/com/shipmentEvents/handlers/EventHandler.java

```
116
117     private List<KeyVersion> processEventsInBucket(String bucketName, LambdaLogger logger, Map<String, P
118         final AmazonS3 s3Client = EventHandler.getS3Client();
119         logger.log("Processing Bucket: " + bucketName);
120
121         ObjectListing files = s3Client.listObjects(bucketName);
122         List<KeyVersion> filesProcessed = new ArrayList<DeleteObjectsRequest.KeyVersion>();
123
124         for (Iterator<?> iterator = files.getObjectSummaries().iterator(); iterator.hasNext(); ){
125             S3ObjectSummary summary = (S3ObjectSummary) iterator.next();
126             logger.log("Reading Object: " + summary.getKey());
```

Javaのコードの検出結果です。古いAPIのListObjectsを使用しているので、ListObjectsV2が推奨されています。

● AWS CloudFormation

▼CloudFormation概要

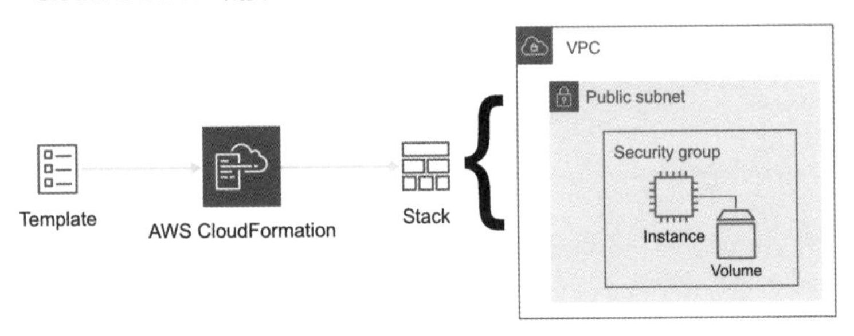

AWS CloudFormationは、JSON形式またはYAML形式で記述されたテンプレートをもとに、スタックというAWSリソースの集合体を自動構築します。

上図を実現するテンプレートはYAML形式で次のように書くことができます。テキストエディタで記述して、ローカルに保存します。拡張子は何でもいいですが、わかりやすいように.yamlなどにします。この例ではデフォルトVPCとそのサブネットを使うことを前提にしています。

▼sampletemplate.yaml

```
AWSTemplateFormatVersion: "2010-09-09"
Parameters:
  AmazonLinuxAMIID:
    Type: AWS::SSM::Parameter::Value<AWS::EC2::Image::Id>
    Default: /aws/service/ami-amazon-linux-latest/amzn-ami-hvmx86_
64-gp2
Resources:
  EC2Instance:
    Type: "AWS::EC2::Instance"
    Properties:
      InstanceType: t2.micro
```

```
      ImageId: !Ref AmazonLinuxAMIID
      Tags:
        - Key: Name
     Value: Demo Server
```

テンプレートを解説します。

Parametersは、スタック作成画面上で入力や選択を行えるパラメータを設定できます。このテンプレートでは、AWS::SSM::Parameter::Valueを使うことで、AWS Systems Managerパラメータストアのパラメータを使って、最新のAmazon Linux 2 AMIが使用できます。

Resourcesには、スタックに含めるリソースと設定するプロパティを書いています。インスタンスタイプはt2.microにしています。AMI IDは、Parametersで設定しているAmazon Linux 2を、!Refという組み込み関数で参照しています。

■ CloudFormationスタックの作成

テンプレートからスタックを作成する手順を紹介します。AWSアカウントをお持ちで試すことができる方は、ぜひお試しください。

❶マネジメントコンソールにログインして、CloudFormationコンソールにアクセスします。[スタックの作成] ボタンを押下します。

❷［テンプレートの準備完了］を選択します。［テンプレートファイルのアップロード］を選択して、用意したYAMLファイルを選択します。［次へ］ボタンを押下します。

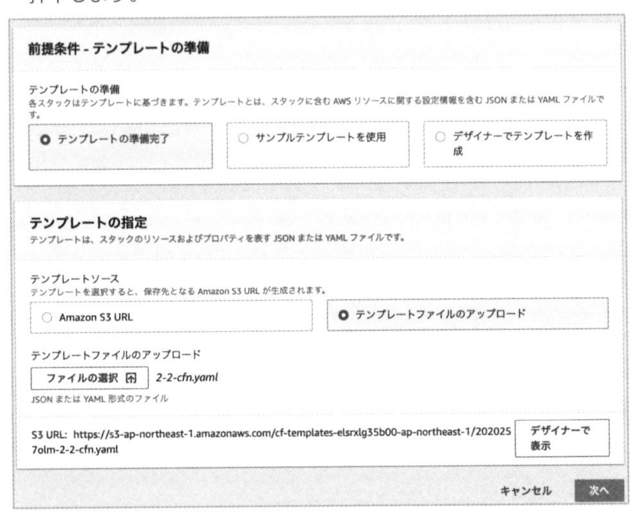

❸任意のスタックの名前を入力します。パラメータはそのまま［次へ］ボタンを押下します。

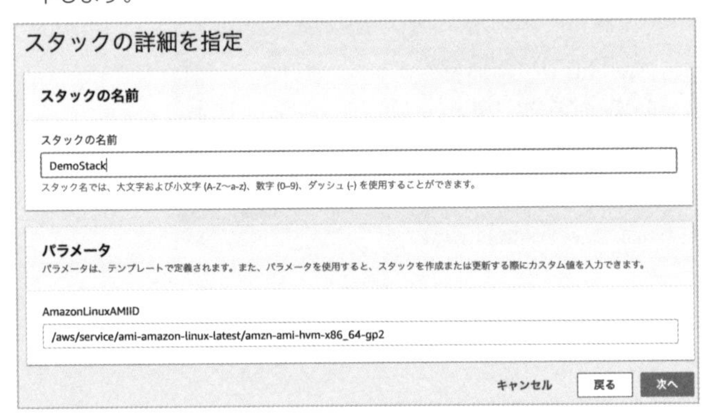

❹次の画面では何も変更せずに一番下までスクロールして［次へ］ボタンを押下します。

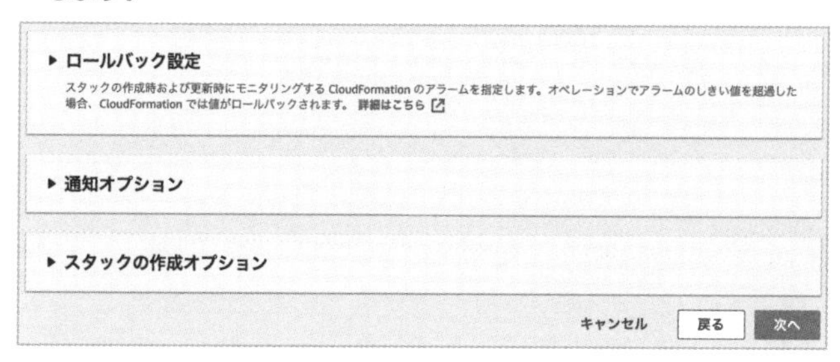

❺確認画面も一番下までスクロールして［スタックの作成］ボタンを押下します。

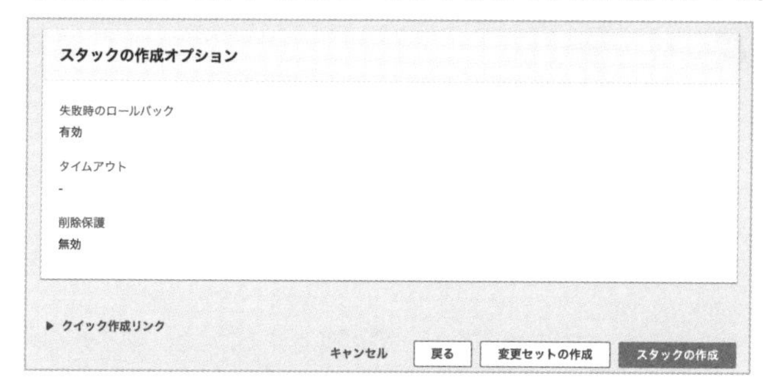

❻「CREATE_IN_PROGRESS」となり、スタックの作成が開始されました。

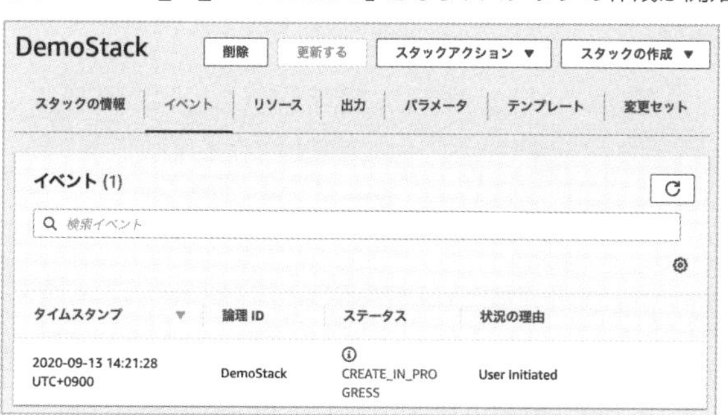

❼「CREATE_COMPLETE」となり、スタック作成が完了しました。

❽EC2コンソールを確認すると、EC2インスタンスが「running（起動中）」となっていることが確認できます。

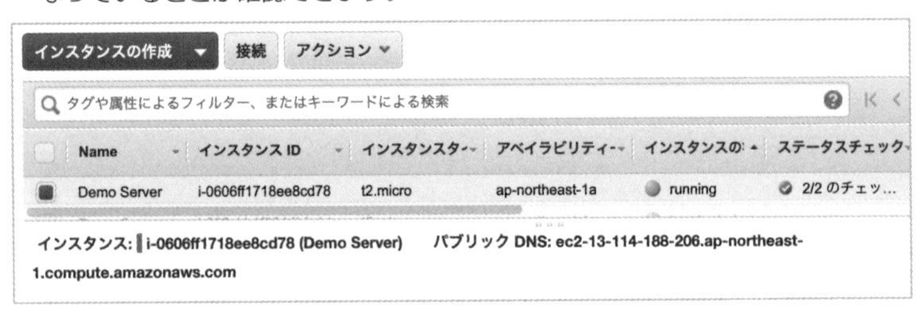

❾スタックで作成されたリソースは、スタックの削除をすることで、まとめて削除ができます。CloudFormationコンソールに戻って、スタックを選択して、［削除］ボタンを押下します。

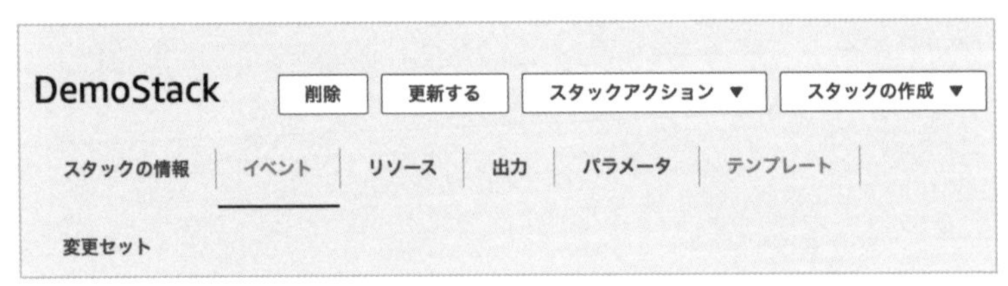

⑩確認メッセージが表示されるので、［スタックの削除］ボタンを押下します。スタックのステータスが"DELETE_IN_PROGRESS"から"DELETE_COMPLETE"となってEC2も削除されます。

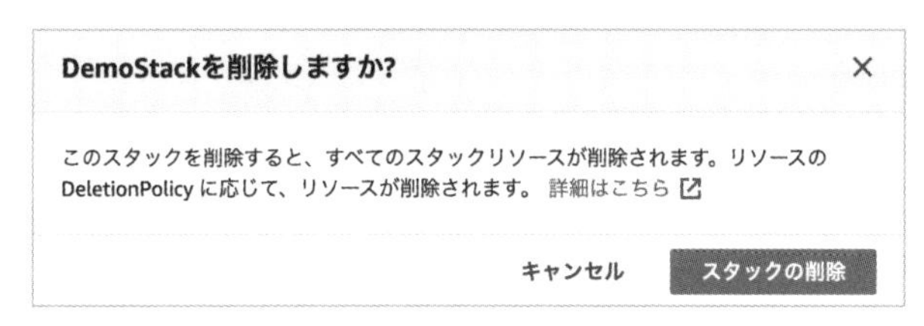

■CloudFormationテンプレートのセクション

スタック作成のサンプルに、ParametersとResourcesというセクションがありました。その他のMappingsやConditions、Outputsなどのセクションも知っておきましょう。

●Mappings

例えば、独自に作成したAMIから起動するEC2を構築するテンプレートがあるとします。AMIの範囲はリージョンです。東京リージョンのAMIをシンガポールで使うことはできません。AMIをクロスリージョンコピーして、EC2を起動する必要があります。

しかしながら、複数のリージョンで使用する場合はリージョンごとにテンプレートを作っていては管理が煩雑になり、整合性が失われてしまう可能性もあります。そのようなケースを解決するセクションがMappingsです。

▼Mappingsの例

```
AWSTemplateFormatVersion: "2010-09-09"
Mappings:
  RegionMap:
    ap-southeast-1:
      "AMI": "ami-08569b978cc4dfa10"
    ap-northeast-1:
      "AMI": "ami-06cd52961ce9f0d85"
Resources:
EC2Instance:
  Type: "AWS::EC2::Instance"
```

SECTION 4 デプロイ

```
  Properties:
    InstanceType: t2.micro
    ImageId: !FindInMap [RegionMap, !Ref "AWS::Region", AMI]
    Tags:
      - Key: Name
     Value: Demo Server
```

上記のテンプレートでは、東京(ap-northeast-1)のAMIとシンガポール(ap-southeast-1)のAMIをMappingsで定義しています。EC2のPropertiesのImageIdでは、FindInMap関数を使うことで、スタックを作成しているリージョン("AWS::Region")をキーとしてAMIのIDを参照しています。

■Conditions

本番環境では、追加のEBSボリュームをアタッチするEC2があるとします。

テスト環境では多くのデータを扱わないので、コストをおさえるために追加のボリュームはアタッチしたくありません。

このようなケースで本番環境用とテスト環境用にそれぞれテンプレートを作るとなれば、これも管理が煩雑になります。テンプレートの整合性が失われることにより、テスト環境で起こらなかったクリティカルな問題が、本番環境では発生するかもしれません。このようなケースを解決するセクションがConditionsです。

▼Conditionsの例

```
AWSTemplateFormatVersion: "2010-09-09"
Parameters:
  EnvType:
    Description: Environment type.
    Default: test
    Type: String
    AllowedValues:
      - prod
      - test
  AmazonLinuxAMIID:
    Type: AWS::SSM::Parameter::Value<AWS::EC2::Image::Id>
    Default: /aws/service/ami-amazon-linux-latest/amzn-ami-hvm-x86_64-
gp2
```

```
Conditions:
  CreateProdResources: !Equals [ !Ref EnvType, prod ]
Resources:
  EC2Instance:
    Type: "AWS::EC2::Instance"
    Properties:
      InstanceType: t2.micro
      ImageId: !Ref AmazonLinuxAMIID
      Tags:
        - Key: Name
Value: Demo Server
MountPoint:
  Type: "AWS::EC2::VolumeAttachment"
  Condition: CreateProdResources
  Properties:
    InstanceId:
      !Ref EC2Instance
    VolumeId:
      !Ref NewVolume
    Device: /dev/sdh
NewVolume:
  Type: "AWS::EC2::Volume"
  Condition: CreateProdResources
  Properties:
    Size: 100
    AvailabilityZone:
      !GetAtt EC2Instance.AvailabilityZone
```

追加のEBSボリュームNewVolumeと、EBSをEC2にアタッチするためのMountPointに、Condition: CreateProdResourcesという定義があります。CreateProdResourcesになる条件は、!Equals[!Ref EnvType, prod]です。

Parametersで定義しているEnvTypeでスタックを作成しているユーザーがprodを選択したときに、CreateProdResourcesになり、追加のEBSボリュームが作成されて、EC2にアタッチされます。

EnvTypeのデフォルトはtestなので、デフォルトのままスタックを作成すると、追加のEBSは作成されません。

Outputs

Outputsセクションでは、出力を定義しておくことができます。2つのユースケースを解説します。

1つ目は、EC2でWebサーバーを起動後、自動で割り当てられたURLを知りたい場合です。

▼Outputsの例

```
Outputs:
  URL:
    Description: URL of the sample website
    Value: !Sub 'http://${EC2Instance.PublicDnsName}'
```

上記のようにOutputsセクションで http://${EC2Instance.PublicDnsName}と定義しておくと、コマンドからの実行の場合、実行後の出力としてURLが表示されます。マネジメントコンソールからは、出力タブで確認できます。

もう1つのケースは、ネットワークスタックとアプリケーションスタックが別の例です。ネットワークスタックでは、次のようなOutputsセクションで、サブネットのIDを定義しておきます。

▼Exportの例

```
Outputs:
  PublicSubnet:
    Description: The subnet ID to use for public web servers
    Value: !Ref PublicSubnet
    Export:
      Name: !Sub '${AWS::StackName}-SubnetID'
```

Valueに定義したPublicSubnetのIDを、'${AWS::StackName}-SubnetID'として、Export値に定義します。アプリケーションスタックからは次のように、ImportValue関数を使って、ネットワークスタックのサブネットIDを参照することができます。

▼ImportValueの例

```
Resources:
  EC2Instance:
    Type: "AWS::EC2::Instance"
    Properties:
      InstanceType: t2.micro
      ImageId: !Ref AmazonLinuxAMIID
      NetworkInterfaces:
        SubnetId:
          Fn::ImportValue:
            !Sub ${NetworkStackName}-SubnetID
```

●CDK

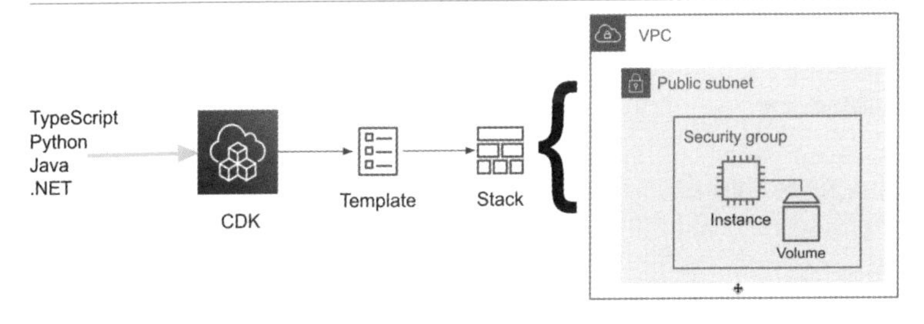

使い慣れたプログラミング言語（TypeScript、Python、Java、.NET）を使用してCloudFormationテンプレートを作成できるのが、AWS CDK（Cloud Development Kit）です。

CDKにはベストプラクティスをもとにしたデフォルト設定が組み込まれているので、例えば次のようなPythonコードのみでVPC、複数AZのサブネット、インターネットゲートウェイ、ルートテーブルなど、必要なリソースが一気に作成されます。

```
import aws_cdk.aws_ec2 as ec2
vpc = ec2.Vpc(self, "TheVPC",
   cidr="10.0.0.0/16"
)
```

■CDKツールキットコマンド

CDKにはデプロイなどのためのコマンドがあります。主要なものは以下のとおりです。

- cdk init　　　　：テンプレートからCDKプロジェクトを作成
- cdk list(ls)　　：スタック一覧表示
- cdk synthesize(synth)：スタックのCloudFormationテンプレートを作成
- cdk deploy　　　：スタックをデプロイ
- cdk destroy　　：スタックを削除

●AWS Elastic Beanstalk

AWS Elastic Beanstalkは、開発者がアプリケーションの構築へ集中するために、アプリケーションコード以外の環境をAWSが構築するサービスです。ウェブサーバー環境のサンプルアプリケーションを使って設定内容を解説します。

■環境の設定

●プラットフォーム

▼Elastic Beanstalkプラットフォーム選択

アプリケーションの実行プラットフォームは次から選択できます。

- .NET Core on Linux
- .NET on Windows Server
- Docker
- Go
- Java
- Node.js
- PHP
- Python
- Ruby
- Tomcat

例として、PythonやAmazon Linux、サンプルアプリケーションを選択して[アプリケーションの作成] ボタンを押下します。環境作成が開始されます。Elastic Beanstalkのアプリケーション作成により次のリソースができます。

- CloudFormationスタック
- 起動設定
- オートスケーリンググループ
- スケーリングポリシーと紐付くCloudWatchアラーム
- セキュリティグループ
- Application Load Balancer(ALB)

プラットフォームだけ選択してアプリケーションをデフォルトで作成すると、このようにALBからオートスケーリンググループをターゲットグループにした高可用性のアプリケーションが構築できます。詳細な設定もできるので、以下で設定可能項目を解説します。

プリセット
- 単一インスタンス
- 単一インスタンス(スポットインスタンス)
- 高可用性
- 高可用性(スポットインスタンスとオンデマンドインスタンス)
- カスタム設定

高可用性とは、ALBとオートスケーリングの構成のことです。

ソフトウェア
- Web サーバー(Apache、Nginx、IIS)
- X-Rayの有効化
- ログストレージ(S3)
- CloudWatch Logs へのストリーミング
- 環境プロパティ(PYTHONPATHなど)

インスタンス
- EBSルートボリュームタイプ(汎用SSD or プロビジョンドIOPS SSD)
- メタデータバージョン(IMDSv1 or IMDSv2)
- セキュリティグループ

容量(オートスケーリンググループ)
- インスタンスの最小値、最大値
- スポットインスタンスの利用、オンデマンドインスタンスとの割合
- AMI
- アベイラビリティーゾーンの数
- スケーリングトリガー

ロードバランサー
- タイプ(ALB or NLB or CLB)
- リスナー
- プロセス(ヘルスチェック、スティッキーセッションなどターゲットグループの設定)
- ルーティングルール
- ログ出力設定

デプロイメントポリシー

- All at once
- Rolling
- トラフィック分割

セキュリティ

- サービスロール（Elastic Beanstalkが使用するロール）
- インスタンスプロファイル（EC2が引き受けるロール）
- EC2 キーペア

モニタリング

- ヘルシーレポートのメトリクス
- CloudWatch Logs へのストリーミング

通知

- Amazon SNS（Simple Notification Service）のサブスクリプションEメール

ネットワーク

- VPC、サブネット
- ロードバランサー

Elastic Beanstalkの権限モデル

▼Elastic Beanstalkサービスロール

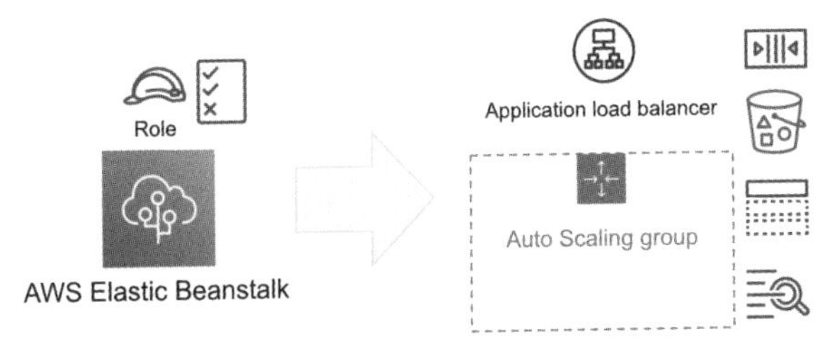

Elastic BeanstalkがAWSの各リソースを管理するために、サービスロールと呼ばれるIAMロールが必要です。aws-elasticbeanstalk-service-roleというデフォルトのサービスロールを使うこともできます。デフォルトのサービスロールには、以下のAWS管理ポリシーがアタッチされています。

- AWSElasticBeanstalkEnhancedHealth：インスタンスや環境の正常性確認のためのポリシー
- AWSElasticBeanstalkService：環境を作成、更新するためのポリシー

▼EC2インスタンスのIAMロール

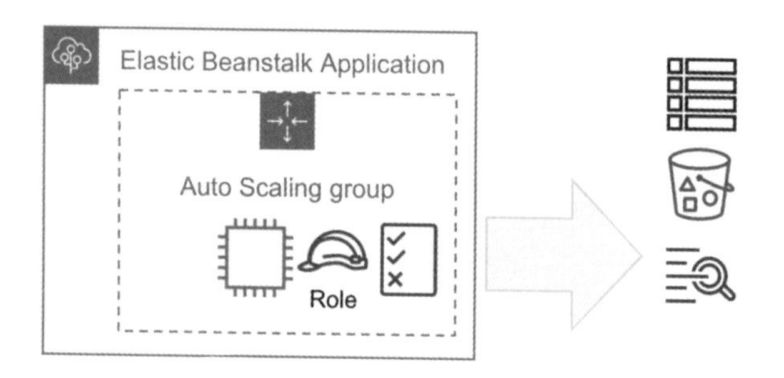

環境のEC2インスタンスに引き受けさせるIAMロール（インスタンスプロファイルを使用）とは役割が違う点をおさえておきましょう。EC2インスタンスに設定するIAMロールは、開発したアプリケーションがAWSの他のサービスへアクセスするために使用されます。

■EB CLI

EB CLIコマンドからもElastic Beanstalk アプリケーション、環境の構築ができます。継続的なデプロイも可能です。

■代表的なコマンド

- eb init
- eb create
- eb deploy

■eb init

アプリケーションを作成します。パラメータの指定もできます。

▼eb initコマンド

```
$ eb init -p python-3.6 flask-tutorial --region us-east-1
```

プラットフォームにPython 3.6、リージョンにus-east-1（バージニア北部）を指定した例です。実行すると、実行パスに.elasticbeanstalk/config.ymlファイルが作成されます。

▼.elasticbeanstalk/config.yml

```
branch-defaults:
  default:
    environment: null
    group_suffix: null
global:
  application_name: flask-tutorial
  branch: null
  default_ec2_keyname: null
  default_platform: Python 3.6
  default_region: us-east-1
  include_git_submodules: true
  instance_profile: null
  platform_name: null
  platform_version: null
  profile: null
  repository: null
  sc: null
  workspace_type: Application
```

■eb create

環境名を指定して、アプリケーションの環境を作成します。

▼eb createコマンド

```
$ eb create flask-env
～中略～
2023-08-25 09:22:04 INFO Application available at flask-env.ebagzzzcdk7.
us-east-1.elasticbeanstalk.com.
2023-08-25 09:22:04 INFO Successfully launched environment: flaskenv
```

▼Beanstalkの環境

環境が作成されました。

■eb deploy

環境のアプリケーションに再デプロイしてバージョンを更新します。

▼eb deployコマンド

```
$ eb deploy -l v2
Creating application version archive "app-201125_092811".
Uploading flask-tutorial/app-201125_092811.zip to S3.This may take a while.
Upload Complete.
2023-08-25 09:28:11 INFO Environment update is starting.
2023-08-25 09:28:16 INFO Deploying new version to instance(s).
2023-08-25 09:28:34 INFO New application version was deployed to
running EC2 instances.
2023-08-25 09:28:34 INFO Environment update completed successfully.
```

-l パラメータで任意のバージョンを設定できます。

▼Beanstalkのバージョン

アプリケーションバージョン

アクション ▼ | 設定 | アップロード | 更新

	バージョンラベル	説明	作成日	ソース	デプロイ先
☐	v2	EB-CLI deploy	2020-11-25T18:51:21+09:00	flask-tutorial/v2.zip	flask-env
☐	v1	EB-CLI deploy	2020-11-25T18:43:39+09:00	flask-tutorial/v1.zip	-

新しい環境のバージョンが作成されました。

▼ソースコードのバージョン

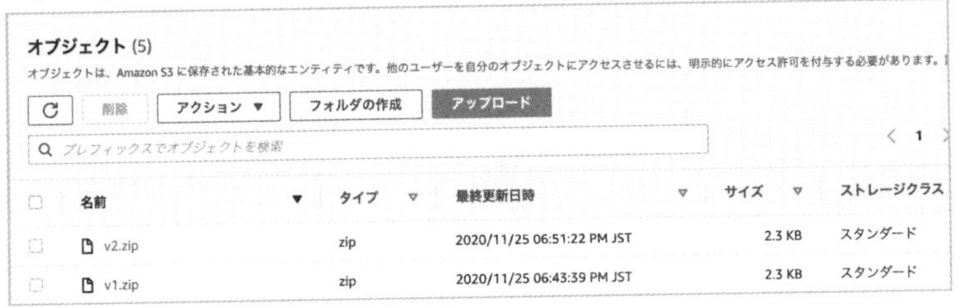

オブジェクト (5)

オブジェクトは、Amazon S3 に保存された基本的なエンティティです。他のユーザーを自分のオブジェクトにアクセスさせるには、明示的にアクセス許可を付与する必要があります。

削除 | アクション ▼ | フォルダの作成 | アップロード

プレフィックスでオブジェクトを検索

	名前	タイプ	最終更新日時	サイズ	ストレージクラス
☐	v2.zip	zip	2020/11/25 06:51:22 PM JST	2.3 KB	スタンダード
☐	v1.zip	zip	2020/11/25 06:43:39 PM JST	2.3 KB	スタンダード

デプロイが完了して、ソースコードが保存されるS3バケットにも新しいバージョンが作成されました。

▼バージョンのライフサイクル設定

アプリケーションバージョンライフサイクルの設定

ライフサイクルポリシーを設定して、今後のデプロイ用に保持するアプリケーションバージョンの数を制限します。このポリシーにより、現在デプロイ中または削除中のアプリケーションバージョンは削除されません。詳しくはこちら

ライフサイクルポリシー

☑ 有効化

ライフサイクルルール

◉ アプリケーションバージョンの制限を合計数で設定

200 アプリケーションバージョン

○ アプリケーションバージョンの制限を期間で設定

180 日

保持期間

S3 でのソースバンドルの保持 ▼

サービスロール

aws-elasticbeanstalk-service-role ▼

キャンセル | 保存

アプリケーションバージョンライフサイクルを設定できます。バージョン数、または期間で設定可能です。バージョンの自動削除ができます。S3バケットのソースファイルを保持するかどうかも決めることができます。

■.ebextensions

AWS Elastic Beanstalk設定ファイル(.ebextensions)を追加すると、環境のカスタマイズができます。コマンドを実行するディレクトリに「.ebextensions」ディレクトリを作成し、その配下に拡張子を.configとするJSONもしくはYAMLフォーマットのファイル(例 .ebextensions/)を作成します。

次の例は、EC2インスタンスにCloudWatchカスタムメトリクスのモニタリングスクリプトを設定するものです。

▼例 .ebextensions/options.config

```
packages:
  yum:
    perl-DateTime: []
    perl-Sys-Syslog: []
    perl-LWP-Protocol-https: []
    perl-Switch: []
    perl-URI: []
    perl-Bundle-LWP: []
～中略～
option_settings:
  "aws:autoscaling:launchconfiguration" :
    IamInstanceProfile : "aws-elasticbeanstalk-ec2-role"
  "aws:elasticbeanstalk:customoption" :
    CloudWatchMetrics : "--mem-util --mem-used --mem-avail --diskspace-
util --disk-space-used --disk-space-avail --disk-path=/ --autoscaling"
```

■Elastic Beanstalkを使用したBlue/Greenデプロイ

Elastic Beanstalkを使用した、Blue/Greenデプロイの一例を解説します。

▼Elastic Beanstalkを使用したBlue/Greenデプロイ

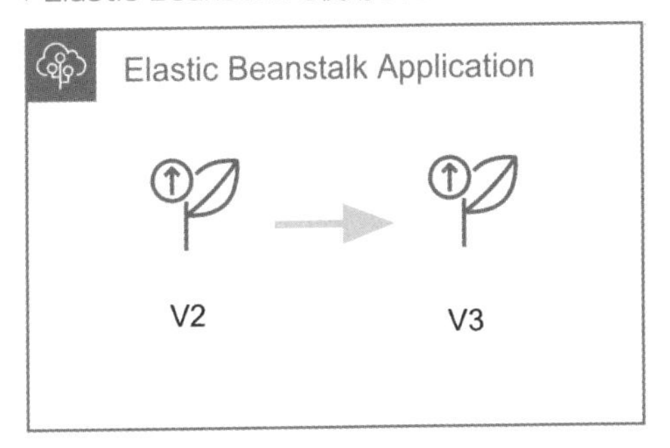

Elastic Beanstalk で構築したWebアプリケーションで、クローンとスワップ機能を使用してBlue/Greenデプロイを実行します。

❶環境を選択して、[アクション] ➡ [環境のクローンを作成] を選択します。作成するクローンの環境名、URLを設定します。

▼Elastic Beanstalkでクローンを作成

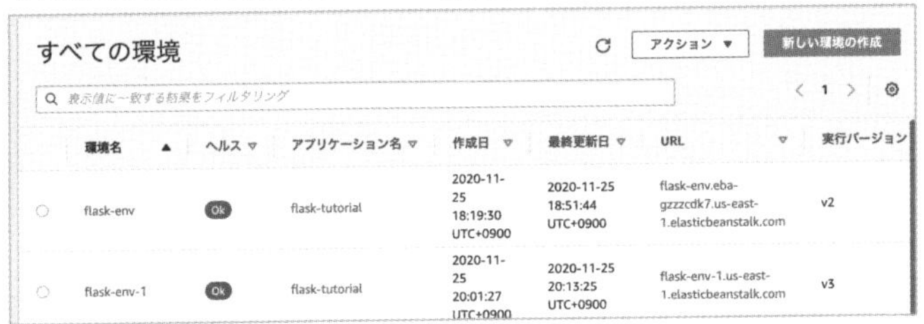

❷環境のクローンが作成できました。クローンはいわばコピーです。作成したクローンに新しいバージョンのソースコードファイルをデプロイします。これで、旧環境 (v2) と新環境 (v3) ができました。

❸新環境を選択して、[アクション] ➡ [環境URLのスワップ] を選択します。

▼Elastic Beanstalk：環境URLのスワップ

❹スワップする環境に、旧環境を選択します。

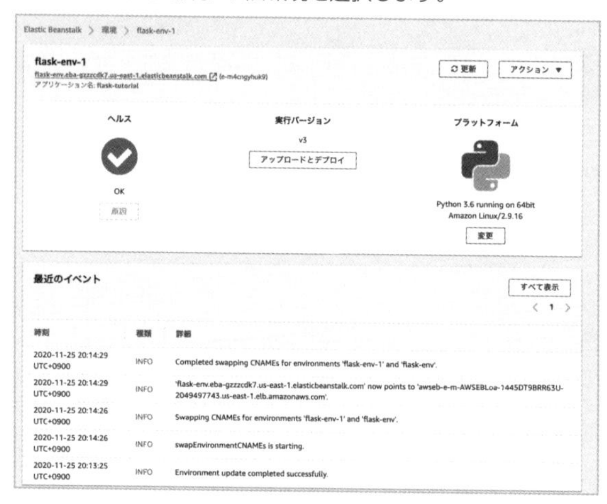

❺環境に設定されているURLが入れ替わります。無停止で新環境へのリリースが反映されました。旧環境が必要なくなれば、[アクション] ➡ [環境の終了] を選択します。

■ワーカー環境

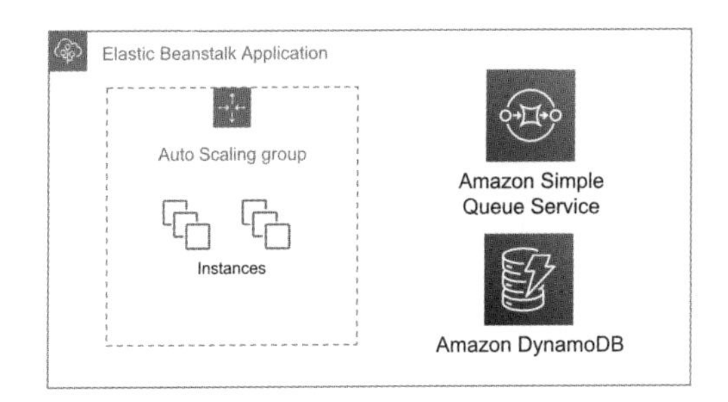

Elastic Beanstalkでは、Webアプリケーションの他にもう1種類、ワーカー環境も構築できます。ワーカー環境では、SQS（Simple Queue Service）に送信されたタスクメッセージを受信して、タスク処理をするEC2 Auto Scalingを構築できます。

● AWS Amplify

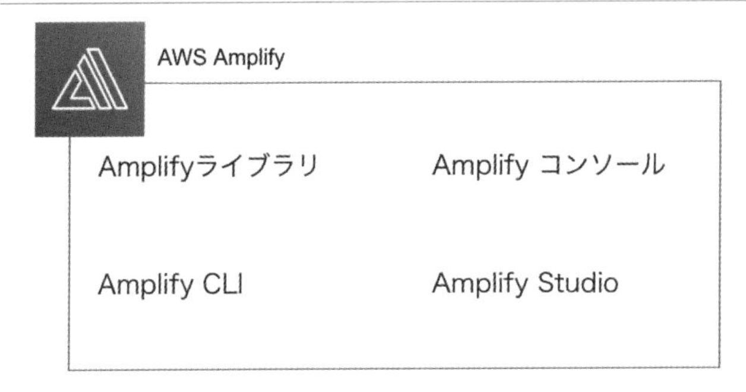

AWS Amplifyはウェブアプリケーション、モバイルアプリケーションの開発をより簡単にサポートするツール、ライブラリ、コマンドなどの一連の機能群です。AWS上に素早く簡単にアプリケーションを構築できることをコンセプトの1つとしています。

▼Amplifyコンソール

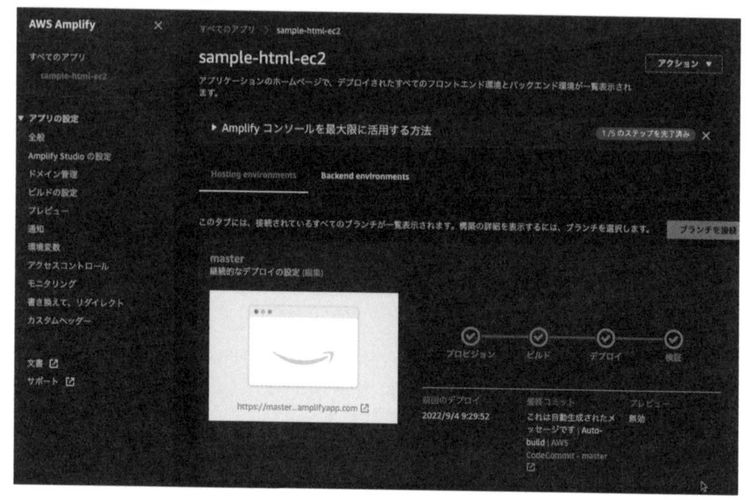

アプリケーションはAmplifyコマンドで開発環境からデプロイすることも、Amplifyコンソールを使ってデプロイすることもできます。

●AWS Copilot CLI

Amazon ECSのコンテナ実行環境をコマンドからデプロイできます。copilot initコマンドと少数のパラメータで開発環境のDockerfileからコンテナイメージの作成やECRリポジトリへのプッシュ、クラスターやサービス、タスクの作成、VPC、ロードバランサーの作成など、必要なリソースが作成されてデプロイが完了します。

3 サーバーレスアーキテクチャ

サーバーレスアーキテクチャは、サーバーがないというわけではなく、サーバーを意識しなくてもよいアーキテクチャ（設計）です。例えば、EC2を利用する場合、次のようなタスクがあります。

- インスタンスタイプの決定
- OSやモジュールの更新
- アプリケーション実行環境のインストール
- オートスケーリングの設定
- ALBの設定、ヘルスチェック
- VPCネットワークの設定
- サーバーのハードウェアレベル、ソフトウェアレベルのステータスチェック

サーバーレスアーキテクチャを採用することにより、これらのタスクは不要となります。ユーザーはアプリケーションの構築や繰り返し行うデプロイ、アプリケーションのパフォーマンス、セキュリティ、コスト最適化のためのモニタリングなどに注力できます。そして、迅速にアプリケーションを構築して、顧客へのサービス提供を素早く開始できます。

▼代表的なサーバーレスサービス

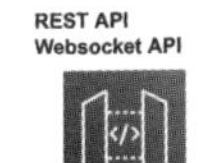

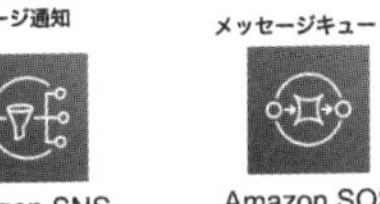

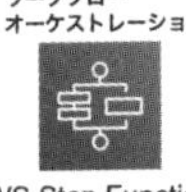

サーバーレスアーキテクチャを構成する代表的なAWSサービスは、前ページの図のとおりです。

●代表的なサーバーレスサービス

各サービスの使い方、ベストプラクティス、ユースケースについての詳細は、SECTION 2で解説します。このようなサービスを組み合わせることで、次のようなシステムを構築できます。

■一般的なサーバーレスアーキテクチャ

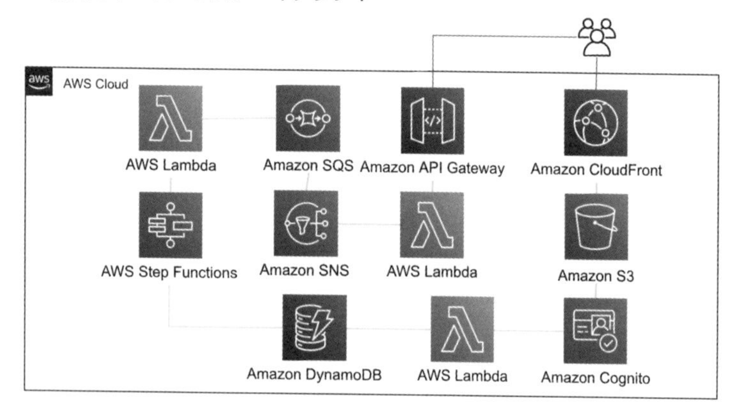

EC2を使わなくても、上の図のようなユーザーアクセスを可能とするWebシステムができます。以下はその流れになります。

❶HTML、CSS、JavaScript、画像でできた静的なWebサイトを、S3とCloudFrontを使ってユーザーに配信します。ユーザーのサインアップ、サインインはCognitoによって認証できます。サインインイベントによってLambda関数が実行されて、DynamoDBテーブルにログを記録します。
❷ユーザーがフォームに入力した情報を送信ボタンから送信します。そうするとAPI Gateway経由でLambda関数が実行されて送信内容の正当性を判定し、SNSトピックへ通知します。
❸SNSトピックのサブスクライバーとして設定されているSQSキューに、送信メッセージが格納されます。

❹メッセージが格納されたことをトリガーにして、次のLambda関数が実行され、そのメッセージをパラメータとしてStep Functionsステートマシンが実行されます。
❺Step Functionsステートマシンでは、並列や分岐などのワークフロー制御をしながら、さらに様々なAWSサービスと連携し、データのバックエンド処理を管理します。
❻最終的には、ユーザーの送信内容がDynamoDBテーブルに格納されます。

4 AWS SAM

AWS SAM(Serverless Application Model:サーバーレスアプリケーションモデル)はCloudFormationの拡張機能で、Lambda関数、API Gateway、DynamoDBテーブル、S3バケット、Step Functionsなどを組み合わせた、サーバーレスアプリケーションの構築を自動化できます。素早くデプロイし、開発スピードを向上させ、整合性を保つことに役立ちます。

SAMは専用のCLI(コマンドラインインタフェース)を使用します。MacやLinux、Windowsにインストールできます。

・AWS SAM公式ページ

https://aws.amazon.com/jp/serverless/sam/

使用する場合は、公式ページにダウンロードのリンクや手順の解説があるので、ご確認の上、セットアップしてください。Cloud9ではSAMがインストール済みなので、素早く始めることができます。

次項からはSAMを使い、デプロイ手順を最もシンプルな「Hello World チュートリアル」を使って解説します。筆者が本書解説のために使用した環境はCloud9です。

▼SAM Hello Worldサンプル

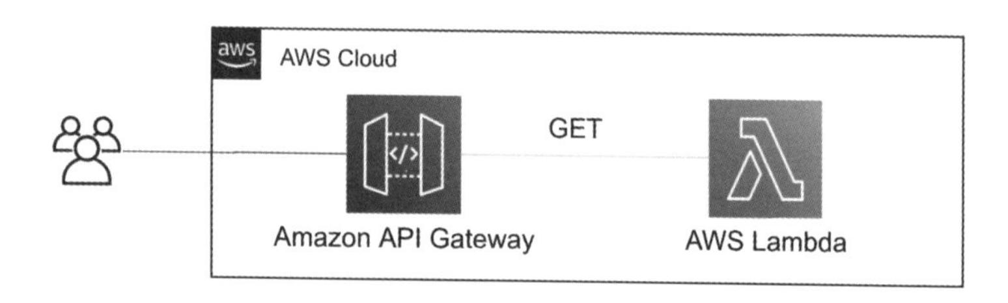

AWS SAMコマンド

最もシンプルなデプロイは、1.sam init ➡ 2.sam build ➡ 3.sam deployの3ステップで完了します。

❶ sam init

サーバーレスアプリケーションの初期処理をします。初期処理では、テンプレートが作成されます。サンプルアプリケーションも選択できます。今回は、Python 3.7のHello World Exampleを選択しました。

次のコマンドを実行すると、対話形式で選択ができます。

▼sam init コマンド

```
$ sam init
  Which template source would you like to use?
        1 - AWSQuick Start Templates
        2 - Custom Template Location
  Choice: 1
  Which runtime would you like to use?
        1 - nodejs12.x
        2 - python3.8
        3 - ruby2.7
        4 - go1.x
        5 - java11
        6 - dotnetcore3.1
        7 - nodejs10.x
        8 - python3.7
        9 - python3.6
        10 - python2.7
        11 - ruby2.5
        12 - java8.al2
        13 - java8
        14 - dotnetcore2.1
  Runtime: 8
  Project name [sam-app]:
  Cloning app templates from https://github.com/awslabs/aws-sam-cli-
apptemplates.
```

SECTION 4 デプロイ

```
git
   AWS quick start application templates:
           1 - Hello World Example
           2 - EventBridge Hello World
           3 - EventBridge App from scratch (100+ Event Schemas)
           4 - Step Functions Sample App (Stock Trader)
Template selection: 1
   -----------------------------
   Generating application:
   -----------------------------
   Name: sam-app
   Runtime: python3.7
   Dependency Manager: pip
   Application Template: hello-world
   Output Directory: .
   Next steps can be found in the README file at ./sam-app/README.
md
```

sam initにより、次のディレクトリとファイルが作成されます。

▼作成されるディレクトリとファイル

```
sam-app/
    ├── README.md
    ├── events/
    │   └── event.json
    ├── hello_world/
    │   ├── __init__.py
    │   ├── app.py
    │   └── requirements.txt
    ├── template.yaml
    └── tests/
            └── unit/
                    ├── __init__.py
                    └── test_handler.py
```

● template

▼ template.yaml

```
AWSTemplateFormatVersion: '2010-09-09'
Transform: 'AWS::Serverless-2016-10-31'
Description: |
  sam-app
  Sample SAM Template for sam-app
Globals:
  Function:
    Timeout: 3
Resources:
  HelloWorldFunction:
    Type: 'AWS::Serverless::Function'
    Properties:
      CodeUri: hello_world/
      Handler: app.lambda_handler
      Runtime: python3.7
      Events:
        HelloWorld:
          Type: Api
          Properties:
            Path: /hello
            Method: get
        Description: ''
        MemorySize: ''
Outputs:
  HelloWorldApi:
     Description: API Gateway endpoint URL for Prod stage for Hello
World function
     Value:
       'Fn::Sub': >-
         https://${ServerlessRestApi}.execute-api.${AWS::Region}.
amazonaws.com/Prod/hello/
  HelloWorldFunction:
```

```
      Description: Hello World Lambda Function ARN
      Value:
        'Fn::GetAtt':
          - HelloWorldFunction
          - Arn
    HelloWorldFunctionIamRole:
      Description: Implicit IAM Role created for Hello World function
      Value:
        'Fn::GetAtt':
          - HelloWorldFunctionRole
          - Arn
```

SAMはCloudFormationの拡張機能です。CloudFormationと同様に、YAMLまたはJSON形式でテンプレートファイルを記述します。このサンプルテンプレートでは、app.pyをLambda関数としてデプロイして、新規作成したAPI GatewayのGETメソッドで実行できるようにします。

● **app.py**

sam initで自動生成されたコメント行は割愛しています。

▼app.py

```
import json
def lambda_handler(event, context):
    return {
        "statusCode": 200,
        "body": json.dumps({
            "message": "hello world"
        }),
    }
```

GETリクエストを実行すると、{"message": "hello world"} が返ってくるLambda関数です。

❷sam build

sam buildは、APIとLambda関数をデプロイするための準備をします。ビルドが完了すると、後述するローカルでのテストも実行できるようになります。

▼sam buildコマンド

```
  $ sam build
    Building codeuri: hello_world/ runtime: python3.7 metadata: {}
functions:
['HelloWorldFunction']
  Running PythonPipBuilder:ResolveDependencies
  Running PythonPipBuilder:CopySource
  Build Succeeded
  Built Artifacts : .aws-sam/build
  Built Template : .aws-sam/build/template.yaml
  Commands you can use next
=========================
  [*] Invoke Function: sam local invoke
  [*] Deploy: sam deploy --guided
```

ビルドが成功して完了しました。

❸sam deploy

sam deployによりAWSアカウントにAWSリソースを構築します。CloudFormationが実行されます。実行されている内容をわかりやすくするため、--guidedオプションをつけて対話形式で実行します。

▼sam deployコマンド

```
  $ sam deploy --guided
  Configuring SAM deploy
  ======================
          Looking for config file [samconfig.toml] : Not found
          Setting default arguments for 'sam deploy'
          =========================================
          Stack Name [sam-app]:
          AWSRegion [us-east-1]:
```

```
#Shows you resources changes to be deployed and require a 'Y' to initiate deploy
Confirm changes before deploy [y/N]: y
#SAM needs permission to be able to create roles to connect to the resources in your template
Allow SAM CLI IAM role creation [Y/n]: Y
HelloWorldFunction may not have authorization defined, Is this okay? [y/N]: y
Save arguments to configuration file [Y/n]: Y
SAM configuration file [samconfig.toml]:
SAM configuration environment [default]:
Looking for resources needed for deployment: Not found.
Creating the required resources...
Successfully created!
Managed S3 bucket: aws-sam-cli-managed-defaultsamclisourcebucket-gjkxi7i8kqov
A different default S3 bucket can be set in samconfig.toml
Saved arguments to config file
Running 'sam deploy' for future deployments will use the parameters saved above.
The above parameters can be changed by modifying samconfig.toml
Learn more about samconfig.toml syntax at
https://docs.aws.amazon.com/serverless-application-model/latest/developerguide/serverless-sam-cli-config.html
Uploading to sam-app/1696cfa0a6a173b9b948ca162eb56c5a546199 / 546199.0 (100.00%)
Deploying with following values
===============================
Stack name : sam-app
Region : us-east-1
Confirm changese : True
Deployment s3 bucket : aws-sam-cli-managed-defaultsamclisourcebucket-gjkxi7i8kqov
Capabilities : ["CAPABILITY_IAM"]
```

```
        Parameter overrides {}
    Initiating deployment
    ======================
    HelloWorldFunction may not have authorization defined.
    Uploading to sam-app/6170f6a7ce3352726ffb8fd4d506823b.
template1089/ 1089.0 (100.00%)
    ~中略~
    Successfully created/updated stack - sam-app in us-east-1
```

リージョンやCloudFormationスタック名、IAMロールの作成などを設定します。デプロイが完了すると、サーバーレスアプリケーション、API Gateway、Lambda関数が作成されます。Outputsセクションに出力されている、APIエンドポイントにブラウザでアクセスします。

▼例　https://abcdefgh.execute-api.us-east-1.amazonaws.com/Prod/hello/出力例

```
{
message: "hello world"
}
```

正常に出力されたことが確認できました。

■sam local start-apiコマンド

```
$ sam local start-api
Mounting HelloWorldFunction at http://127.0.0.1:3000/hello [GET]
 You can now browse to the above endpoints to invoke your functions.
Youdo not need to restart/reload SAM CLI while working on your
functions,changes will be reflected instantly/automatically. You only need
to restart SAM CLI if you update your AWS SAM template
 2020-11-23 07:17:39 * Running on http://127.0.0.1:3000/ (Press
CTRL+Cto quit)
```

ローカルでAPIが実行可能になります。

▼ローカルAPI実行例

```
$ curl http://127.0.0.1:3000/hello
{"message": "hello world"}
```

curlコマンドで実行してみると、メッセージが返ってくることが確認できました。サンプルアプリケーションを削除する場合は、CloudFormationスタックを削除してください。

■CDK

SAM CLIを使用してCDKで定義されたサーバーレスアプリケーションもローカルでテストしたりビルドしたりできます。

ただしSAM CLIからのデプロイはできませんので、CDKコマンドによるcdk deployが必要です。

5 章末サンプル問題

■問題

Q 1. 稼働中の環境を新しいアプリケーションで更新するデプロイ方法は次のどれですか？　１つ選択してください。

A. In-Place
B. Linear
C. 線形
D. Canary

Q 2. 時間にあわせて新環境の割合を増やしていくデプロイ方法は次のどれですか？　１つ選択してください。

A. In-Place
B. Linear
C. Canary
D. Rolling

Q 3. 最初は数％のみのユーザーに提供して試験的にリリースし、そのうち全体を新環境に移行するデプロイ方法は次のどれですか？　１つ選択してください。

A. In-Place
B. All at once
C. Rolling
D. Canary

Q 4. 現バージョン環境とは別に新バージョン環境を構築して、リクエスト送信先を切り替えることによって無停止でリリースできるデプロイ方法は次のどれですか？　１つ選択してください。

A. In-Place
B. All at once
C. Rolling
D. Blue/Green

Q 5. システムを構成しているサーバーを同時にIn-Place更新するデプロイ方法はどれですか？

A. In-Place
B. All at once
C. Immutable
D. Blue/Green

Q 6. プライベートにソースコードのバージョンを管理できるリポジトリサービスが必要です。次のどのサービスが適していますか？　1つ選択してください。

A. CodeBuild
B. CodeCommit
C. CodeDeploy
D. CodeArtifact

Q 7. リリースプロセスにおいて、コンパイル、テスト、ソフトウェアのパッケージを実行するサービスは次のどれですか？　1つ選択してください。

A. CodeBuild
B. CodeCommit
C. CodeDeploy
D. CodeArtifact

Q 8. 用意されたテンプレートをもとに、数クリックでCI/CDパイプラインを構築したいです。この場合、どのサービスが最も適していますか？　1つ選択してください。

A. CodePipeline
B. CodeGuru
C. CodeStar
D. CodeDeploy

Q 9. 開発者は、使い慣れたGitコマンドを使ってソースコードのバージョン管理をしたいと考えています。最も適したサービスは次のどれですか？　1つ選択してください。

A. CodeBuild
B. CodeCommit
C. CodeDeploy
D. CodeArtifact

Q10. CodeCommitのリポジトリに安全に接続できるプロトコルは次のうちどれですか？　2つ選択してください。

A. RDP
B. SSH
C. FTP
D. DNS
E. HTTPS

Q11. CodeCommitへのアクセス権限の設定は次のどれで設定しますか？　1つ選択してください。

A. CodeCommitのリソースポリシー（リポジトリポリシー）
B. IAMユーザーにアタッチするIAMポリシー
C. Amazon LinuxのOSユーザーのパーミッション
D. Gitクライアントユーザーのパーミッション

Q12. CodeCommitでソースコードが更新されたとき、事前に設定している管理者にEメールを送信しなければなりません。この場合、どのサービスを利用しますか？　1つ選択してください。

A. SQS
B. SNS
C. Chatbot
D. SES

Q13. ソースコードが更新されたときにレビューをして承認したいです。メンバーは全員AWSアカウントでIAMユーザーの認証情報を持っているので、IAMポリシーで制限や許可をしたいです。この場合、どのサービスを利用するのが最も適していますか？　1つ選択してください。

A. GitHub
B. GitLab
C. CodeCommit
D. Bitbucket

Q14. CodeBuildで、ビルド対象のソースとして選択できるのは次のどれですか？　1つ選択してください。

A. CodeCommitのみ
B. S3とCodeCommitのみ
C. S3、CodeCommit、GitHub、Bitbucket
D. S3、CodeCommit、GitHub、GitLab、Bitbucket

Q15. CodeBuildのビルドの仕様はどうやって定義しますか？　1つ選択してください。

A. buildspec.ymlファイルに記述して、ソースのルートレベルに配置する。
B. ターミナルで、シェルスクリプトですべて記述する。
C. Pythonでコーディングする。
D. appspec.ymlに記述する。

Q16. buildspec.ymlへ記述した内容に問題がないか、アプリケーションをコミットする前に実行可能な状態にして確認したいです。この場合、どうやって確認するのが最適ですか？　1つ選択してください。

A. CodeBuildを実行して、アーティファクトから実行ファイルをダウンロードして実行確認する。
B. CodeBuildローカルエージェントを使用して、開発環境でテストする。
C. 本番環境にリリースしてテストする。
D. CodeBuildローカルエージェントにはCloud9が必要なので、Cloud9を起動する。

Q17. CodeDeployのデプロイ仕様はどうやって定義しますか？　1つ選択してください。

A. buildspec.ymlファイルに記述する。
B. ターミナルで、シェルスクリプトですべて記述する。
C. Pythonでコーディングする。
D. appspec.ymlファイルに記述してリビジョンに含める。

Q18. CodePipelineで選択できる対象のソースプロバイダは次のどれですか？　1つ選択してください。

A. CodeCommitのみ
B. CodeCommit、ECR、S3のみ
C. CodeCommit、ECR、S3、Bitbucket、GitHub
D. CodeCommit、ECR、S3、Bitbucket、GitHub、GitLab

Q19. CodePipelineで選択できるビルドプロバイダは次のどれですか？　1つ選択してください。

A. CodeBuildのみ
B. CodeBuild、Jenkins
C. CodeBuild、Jenkins、Bitbucket、GitHub
D. CodeBuild、Jenkins、Bitbucket、GitHub、GitLab

Q20. CloudFormationを使ってスタックを作成するユーザーが、開発環境、本番環境を選択できるようにしたいと考えています。この場合、どのセクションを使いますか？　2つ選択してください。

A. Outputs
B. DependsOn
C. Mappings
D. Parameters
E. Conditions

Q21. CloudFormationを使い、複数リージョンで独自のAMIを使用したEC2インスタンスを含むアーキテクチャを起動したいです。この場合、どのセクションを使いますか？ 1つ選択してください。

A. Outputs
B. DependsOn
C. Mappings
D. Parameters

Q22. CloudFormationを使ってアプリケーションレイヤーとネットワークレイヤーにそれぞれスタックを作成します。ネットワークレイヤーにはVPCとサブネット、アプリケーションレイヤーではEC2インスタンスを起動します。次のどの手順が最適ですか？ 2つ選択してください。

A. ネットワークレイヤーのテンプレートでOutputsセクションにExportを定義する。
B. ネットワークレイヤーのスタックを作成して、できたサブネットのIDをアプリケーションレイヤーのテンプレートに直接記述する。
C. アプリケーションレイヤーのテンプレートで、ImportValue関数を使用して、ネットワークレイヤースタックでExportされたサブネットIDを使用する。
D. Parametersに、ネットワークレイヤースタックで作成されたサブネットIDを入力できるパラメータを設定する。
E. SSM::Parameterで、同じアカウント内の適したサブネットIDを自動的に設定する。

Q23. 組織にはChefを使用して構成しているシステムと、Chefの運用に長けたエンジニアがいます。AWSの使用開始にあたり、どのサービスを使用するのが最短で使い始められる方法ですか？ 1つ選択してください。

A. CloudFormation
B. Elastic Beanstalk
C. CodeStar
D. OpsWorks

Q24. Elastic Beanstalkによって作成できるリソースは次のどれですか？　2つ選択してください。

A. IAMユーザー
B. EFSファイルシステム
C. CloudFormationスタック
D. Application Load Balancer
E. Step Functions

Q25. Elastic Beanstalk で設定できるデプロイメントポリシーを次から1つ選択してください。

A. All at onceのみ
B. Rollingのみ
C. All at onceとRolling
D. インスタンスにログインして手動更新

Q26. Elastic Beanstalkで環境作成のエラーやヘルスステータスの変更が発生したとき、管理者にメール通知したいです。どのサービスと連携しますか？　1つ選択してください。

A. Simple Email Service
B. Simple Queue Service
C. Simple Notification Service
D. Simple Storage Service

Q27. Elastic BeanstalkがAWSリソースのヘルスステータスを確認するために必要な権限設定は次のどれですか？　1つ選択してください。

A. 同じアカウントのリソースについては、設定しなくてもステータス確認が可能。
B. Elastic Beanstalk環境を作成したIAMユーザーにAWS管理ポリシーAWSElasticBeanstalkEnhancedHealthとAWSElasticBeanstalkServiceをアタッチする。
C. IAMロールにAWS管理ポリシーAWSElasticBeanstalkEnhancedHealth

とAWSElasticBeanstalkServiceをアタッチして、Elastic Beanstalkにサービスロールとして設定する。

D. Elastic Beanstalk環境を作成したIAMユーザーにAWS管理ポリシーAWSElasticBeanstalkEnhancedHealthとAWSElasticBeanstalkServiceをアタッチして、アクセスキーIDとシークレットアクセスキーを作成して、Elastic Beanstalkに設定する。

Q28. Elastic Beanstalkで構築したPHP SDKアプリケーションは、S3バケットへオブジェクトのアップロードやダウンロードを行います。次のうち最も最適な方法はどれでしょうか？　1つ選択してください。

A. IAMユーザーに該当S3バケットへのすべてのアクションを許可するIAMポリシーをアタッチする。IAMユーザーのアクセスキーIDとシークレットアクセスキーをEC2インスタンスにaws configureコマンドによってセットアップする。

B. S3バケットポリシーを作成して、EC2インスタンスが使用しているElasticIPからのリクエストしか受け付けないようConditionsを設定する。

C. IAMロールを作成して対象のS3バケットを指定し、アップロード、ダウンロードを可能とするIAMポリシーをアタッチする。そのIAMロールをEC2に引き受けさせる。

D. Elastic Beanstalkサービスロールに対象のS3バケットを指定して、アップロード、ダウンロードを可能とするIAMポリシーをアタッチする。

Q29. EB CLIを使用して環境を構築します。使用する最低限のコマンドはどれですか？

A. eb initとeb deploy

B. eb cloneとeb create

C. eb initとeb create

D. eb createとeb deploy

Q30. Elastic Beanstalkで作成したアプリケーションのソースファイルをS3で保存しています。過去バージョンのソースファイルをバージョン数によって削除したいです。次のうちどの方法が最適ですか？　1つ選択してください。

A. S3バケットのライフサイクルポリシーによって指定したバージョン数を保持する。
B. Elastic Beanstalkのバージョンライフサイクル機能でバージョン数を設定する。
C. Lambda関数を作成し、特定のバージョン数を保持するようにコードを記述する。
D. Elastic Beanstalkのバージョンライフサイクル機能でバージョン数を設定し、削除されたバージョンはS3バケットからも削除するよう設定する。

Q31. Elastic Beanstalkで作成する環境のEC2インスタンスに追加するモジュールの最新バージョンを、起動時にはインストールが完了した状態にしておきたいです。次のうち最適な方法を1つ選択してください。

A. 起動後、EC2インスタンスにターミナルからログインしてモジュールを追加する。
B. Systems Manager Run Commandを実行してモジュールを追加する。
C. EB CLIコマンドを実行するディレクトリに.ebextensionsディレクトリを作成し、config.ymlにモジュール追加指示を記述する。
D. 追加のモジュールをインストール済みのAMIを作成する。

Q32. Elastic Beanstalkを使用して、無停止でソフトウェアの新バージョンをリリースしたいです。次のどの方法を使用しますか？　1つ選択してください。

A. All at onceデプロイを実行する。
B. 起動中のサービスを停止し、ソフトウェアをインストールしてサービスを再開する。
C. 現環境のクローンを作成して、現環境に新バージョンのソフトウェアをデプロイする。環境URLのスワップを行う。これらの操作によるBlue/Greenデプロイを実行する。
D. 現環境のクローンを作成して、新しい環境に新バージョンのソフトウェアをデプロイする。環境URLのスワップを行う。これらの操作によるBlue/Greenデプロイを実行する。

Q33. Elastic Beanstalkで構築できる環境を次から2つ選択してください。

A. サーバーレスアーキテクチャ
B. 機械学習推論モデルの繰り返し構築
C. データレイク
D. Webサーバー環境
E. ワーカー環境

Q34. 組織はサーバーレスアプリケーションの開発とデプロイを素早く開始したいと考えています。次のうち最も適した方法はどれでしょうか？　1つ選択してください。

A. Elastic Beanstalk
B. AWS SAM
C. OpsWorks
D. AWS CDK

Q35. AWS SAMによるプロジェクト開始からデプロイまでのコマンド実行で正しい順番は次のどれでしょうか？　1つ選択してください。

A. sam init, sam create, sam deploy
B. sam init, sam deploy
C. sam init, sam build, sam deploy
D. sam init, sam build, sam execute

Q36. サーバーレスアプリケーションAPIのテストをローカル環境で行います。どの方法が適切でしょうか？　1つ選択してください。

A. CodeBuildのローカルエージェントでテストを行う。
B. 関数コードにローカルテストコーディングをする。
C. Jenkinsを使用する。
D. sam local start-apiを実行する。

■正解と解説

Q１　正解　A

Q２　正解　B

Q３　正解　D

Q４　正解　D

Q５　正解　B

Q６　正解　B

ソースコードのバージョン管理に適しているのは、CodeCommitです。

D：CodeArtifactもリポジトリサービスですが、ソフトウェア配信に適しています。

Q７　正解　A

Q８　正解　C

Q９　正解　B

Q10 正解　B,E

Q11 正解　B

CodeCommitへのアクセス権限はIAMポリシーで設定します。シンプルな方法ではAWS管理ポリシーAWSCodeCommitPowerUserを使用します。

A：CodeCommitにはリソースベースのポリシーはありません。

C, D：Amazon LinuxやGitクライアントのユーザーパーミッションでは制御しません。

Q12 正解　B

事前に設定している管理者にEメールを送信する最も最適なサービスはSNS（Simple Notification Service）です。SNSはCodeCommitの通知を設定できます。

A：SQSはキューサービスであり、Eメールへの連携はしません。

C：ChatbotもCodeCommitからの通知設定はできますが、Eメールを送信するのに最適ではありません。

D：SES（Simple Email Service）はEメールを送信するのに適したサービスですが、CodeCommitと連携しておらず、事前設定の管理者よりも多数の宛先や動的に変更される宛先へ送信することに向いています。

Q13 正解　C

IAMポリシーで制御したいので、CodeCommitが正解です。

A, B, D：これらのサービスでもレビューや承認は行えますが、IAMポリシーで制御するのはCodeCommitです。

Q14 正解 C

A, B：GitHub、BitbucketというAWS以外のサービスもソースとして指定可能です。

D：GitLabは、現時点ではサポートしていません。

Q15 正解 A

B, C：シェルスクリプトのみやPythonで記述はしません。

D：appspec.ymlはCodeDeployで使用します。

Q16 正解 B

A：確認できますが、CodeBuildローカルエージェントを使用するほうが開発環境で素早くビルドテスト、実行テストができます。

C：本番環境でテストをするのはアンチパターンです。

D：CodeBuildローカルエージェントはCloud9必須ではありません。

Q17 正解 D

A：buildspec.ymlはCodeBuildで使用します。

B, C：シェルスクリプトのみやPythonで記述はしません。

Q18 正解 D

A, B, C：AWSサービスのみではありません。

Q19 正解 B

A：Jenkinsもサポートしています。

C, D：BitbucketやGitHub、GitLabはソースリポジトリであり、ビルド環境ではありません。

Q20 正解 D,E

Conditionsで分岐条件を設定して、Parametersでユーザーが選択できるようにします。

B：DependsOnはResources内で定義し、リソース同士の依存性を設定します。

Q21 正解 C

Q22 正解 A,C

B：サブネットIDをテンプレートに直接書き込むので実現可能ですが、CloudFormationの「何回でもいくつでも同じ構成のスタックを作成できる」というメリットを活かせないので、最適ではありません。

D：Parametersを使用して入力もできますが、手作業での入力となるので整合性を保てない可能性があります。最適ではありません。

E：SSM::Parameterに該当の機能はありません。

Q23 正解　D

すでにChefやPuppetを使用している場合は、OpsWorksを使用するのが最も早くAWSを使い始める方法です。

Q24 正解　C,D

Elastic Beanstalkによって環境を作成すると、CloudFormationスタックが作成され、Application Load Balancerなどを含みます。他のサービスはElastic Beanstalkからは作成できません。

Q25 正解　C

All at once（すべてのインスタンスを一度に更新）と、Rolling（指定した一定数のインスタンスごとに更新）が選択できます。

D：Elastic Beanstalkを使用すれば、各インスタンスにログインして手動で更新する必要はありません。

Q26 正解　C

A：SESもメール送信は可能ですが、イベント通知で連携しているのはSNSです。

B：SQS はキューのサービスです。メール送信はしません。

D：S3はオブジェクトタイプのストレージサービスです。メール送信はしません。

Q27 正解　C

A：Elastic Beanstalkにサービスロール（IAMロール）が必要です。

B, D：IAMユーザーではなく、IAMロールが必要です。

Q28 正解　C

A：実現できますが、アクセスキーの管理が必要なので、セキュリティ面、管理面において最適ではありません。

B：実現できますが、オートスケーリングの際にバケットポリシーのメンテナンスが必要となります。最適ではありません。

D：PHP SDKアプリケーションに必要なのはサービスロールではなく、EC2インスタンスに引き受けさせたIAMロールです。

Q29 正解　C

eb initはアプリケーションを作成します。eb createは環境を作成します。

A, D：eb deployは、すでにある環境に、更新したアプリケーションをデプロイします。

B：eb cloneは、環境のクローンを作成します。

Q30 正解　D

A：S3バケットポリシーでは、アップロードした日からの日数指定よる削除ができます。Elastic Beanstalkのバージョン数での削除は指定できません。

B：Elastic Beanstalkのバージョンライフサイクル機能でバージョン数だけを指定しても、S3バケットにソースファイルは保持されます。

C：Lambda関数を作成しなくてもElastic Beanstalkのバージョンライフサイクル機能によって実現できるため、最適ではありません。

Q31 正解　C

A, B：両方とも起動後にインストールする手順なので、「起動時にはインストールが完了」を満たせません。

D：「常に最新バージョン」をインストールするために、毎回AMIを作り直すのは非効率です。

Q32 正解　D

A, B：両方とも新バージョンのソフトウェアのデプロイ時にサービス停止が発生します。

C：新バージョンのソフトウェアをデプロイする先が現環境になっているので違います。

Q33 正解　D, E

Q34 正解　B

A：Elastic BeanstalkはWebアプリケーション、ワーカーアプリケーションの開発に特化してます。サーバーレスアプリケーション向きではありません。

C：OpsWorksは、オンプレミスでChefやPuppetに慣れているエンジニアがAWSに移行するスピードを高めます。

D：AWS CDKは、Pythonなどの使い慣れた言語でAWSインフラストラクチャをデプロイするために使用します。

Q35 正解　C

Q36 正解　D

A：APIのテストではなく、CodeBuildを使ったソフトウェアライフサイクルのローカルテストで使用します。

B：関数単体のテスト向けです。

C：オンプレミス、または移行したアプリケーションのテスト向けです。

SECTION 5

トラブルシューティングと最適化

SECTION 5では「トラブルシューティングと最適化」を解説します。
開発したアプリケーションのパフォーマンスの最適化状況を測定したり、バグを検知したりするためには、モニタリングが重要です。
想定しない動作を発見したとき、その原因を調査して対応するためにはトラブルシューティングの知識も必要です。
開発における代表的なモニタリングサービスと、トラブルシューティング、最適化の方法について解説します。

1 モニタリングサービス

開発中および開発後の運用において、デバッグやパフォーマンス測定に役立つAWSの代表的なモニタリングサービスや機能を解説します。

- Amazon CloudWatch
- VPCフローログ
- AWS CloudTrail
- AWS X-Ray

Amazon CloudWatch

AWSでモニタリングといえば、CloudWatchです。

非常に多機能なモニタリングサービスですが、認定DVA試験対策としては、メトリクス、Logs、アラーム、ダッシュボードについて解説します。特にアプリケーションのモニタリングとして、Logsが重要です。

■メトリクス

AWSの各サービスの数値情報をモニタリングできます。標準メトリクスとして、各サービスを使っていれば自動で取得されているものに加え、カスタムメトリクスとして独自の数値情報を送信も可能です。カスタムメトリクスの送信にはPutMetricData APIアクションを実行します。代表的な標準メトリクスとその概要を以下に示します。

EC2

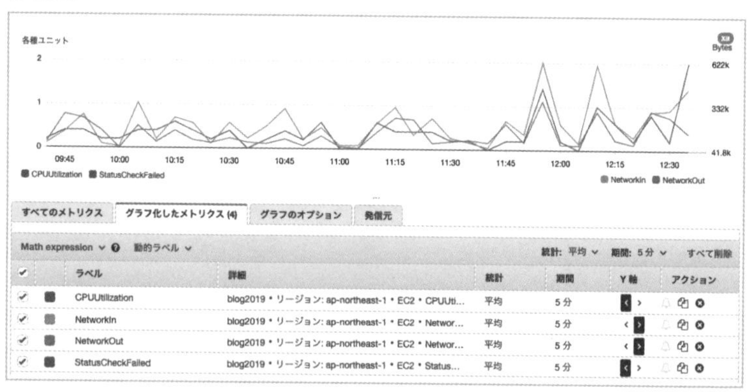

EC2では、ハイパーバイザーレベルで取得可能な数値情報を、標準メトリクスとして自動取得しています。メモリの空き情報などOSレベル以上の情報については取得していません。必要に応じてカスタムメトリクスでの取得を検討します。

- CPUUtilization　　　：EC2で使用されているCPUの比率。
- NetworkIn　　　　　：インスタンスが受信したバイト数。
- NetworkOut　　　　：インスタンスから送信したバイト数。
- StatusCheckFailed：インスタンスのステータスチェックとシステムステータスチェックのいずれかに失敗した場合は1、それ以外は0。

EBS

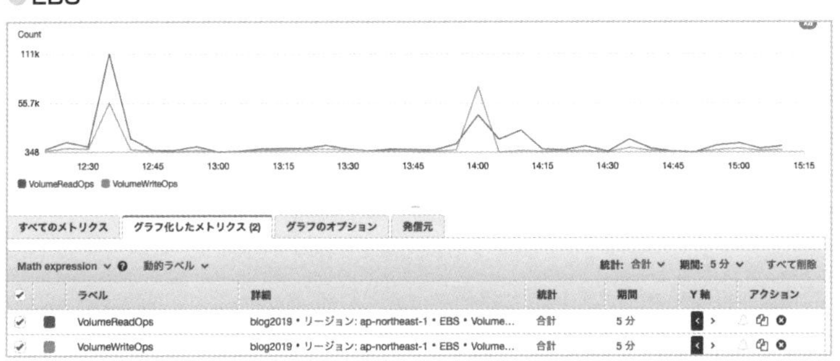

EBSではEC2にアタッチされて発生する読み込み数や書き込み数がモニタリングされます。IOPSの調整に役立ちます。

- VolumeReadOps：ディスク読み取り回数。
- VolumeWriteOps：ディスク書き込み回数。

RDS

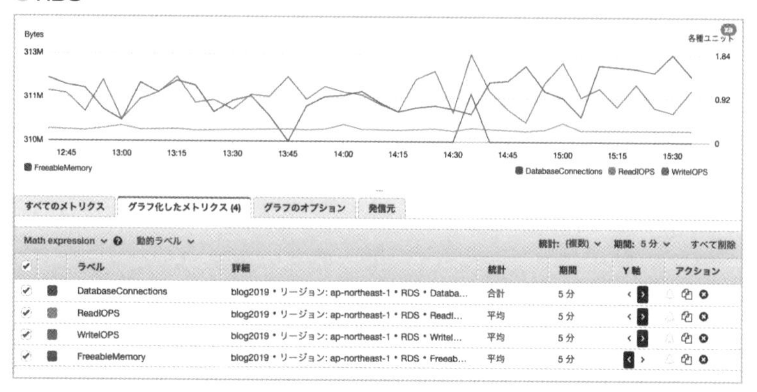

RDSでは、OSもAWSが管理しているので、メモリの空き情報なども標準メトリクスで取得されています。

- DatabaseConnections：データベース接続数。
- ReadIOPS：ディスク読み取り回数。
- WriteIOPS：ディスク書き込み回数。
- FreeableMemory：使用可能なメモリ容量。

DynamoDB

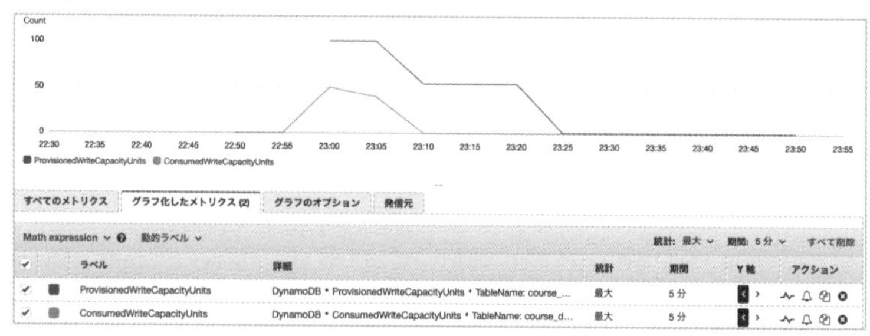

DyanamoDBでは書き込み、読み取り回数により料金が決定します。最適なパフォーマンスとコストの調整に役立ちます。

- ProvisionedWriteCapacityUnits：設定している、またはオートスケーリングによって設定された書き込みキャパシティユニット数。
- ProvisionedReadCapacityUnits：設定している、またはオートスケーリングによって設定された読み込みキャパシティユニット数。
- ConsumedWriteCapacityUnits：消費された書き込みキャパシティユニット数。
- ConsumedReadCapacityUnits：消費された読み込みキャパシティユニット数。
- ThrottledRequests：キャパシティユニットによって設定されたスループットの上限を超えて発生したリクエスト数。
- ReadThrottleEvents：スロットルのうちの読み込みリクエスト。
- WriteThrottleEvents：スロットルのうちの書き込みリクエスト。

S3

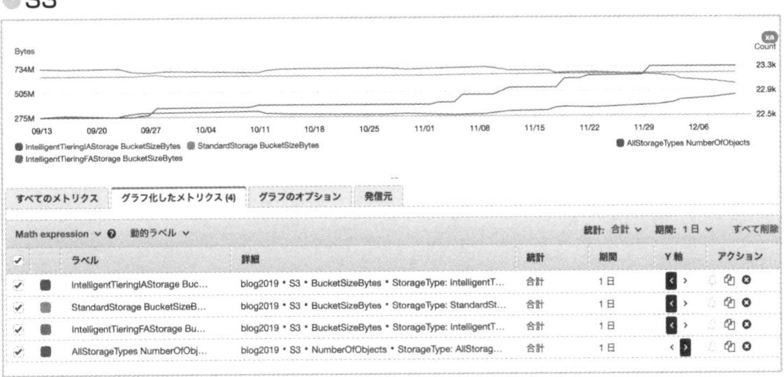

S3ではストレージメトリクスは標準メトリクスですが、リクエスト数などリクエストメトリクスはカスタムメトリクスです。

- BucketSizeBytes：保存されているオブジェクトデータの量。
- NumberOfObjects：オブジェクトの合計数。

Lambda

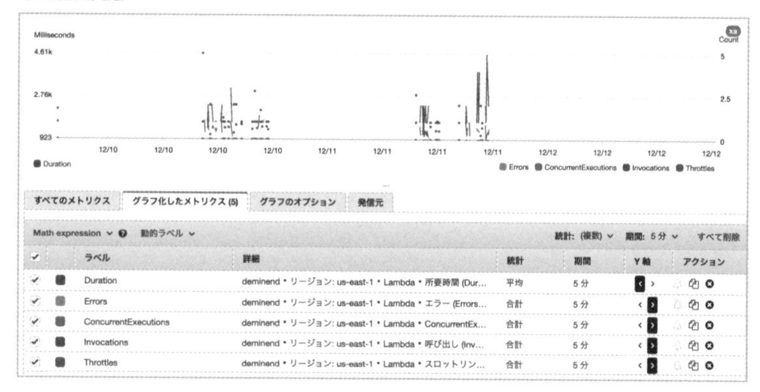

Lambdaでは、同時実行数や実行時間などをモニタリングして、最適なパフォーマンスを調整します。

- Invocations：呼び出し実行数（請求対象リクエスト数）。
- ConcurrentExecutions：実行された関数インスタンスの数。
- Errors：タイムアウトなどのランタイムエラー、コードによって例外処理したエラーの総数。
- Throttles：ConcurrentExecutionsが同時実行数に達した場合、リクエストが実行されずにスロットリングされる。スロットリングされた数が記録される。
- Duration：関数が実行された時間。

API Gateway

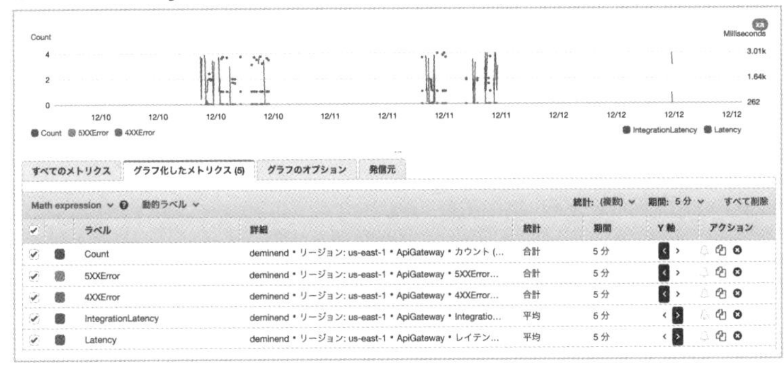

- Count：APIリクエスト数。
- 4XXError：クライアント側のエラー数。
- 5XXError：サーバー側のエラー数。
- IntegrationLatency：API Gatewayがバックエンドにリクエストを送信してからレスポンスを受け取るまでの時間。
- Latency：API Gatewayがクライアントからリクエストを受け取ってからクライアントにレスポンスを返すまでの時間。

SQS

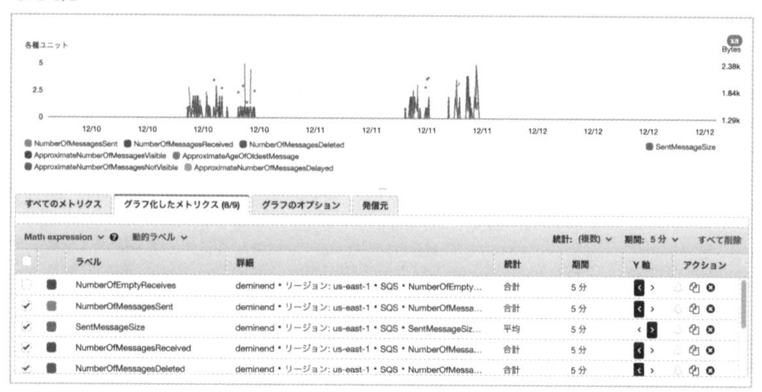

- SentMessageSize：キューに送信されたメッセージのサイズ。
- NumberOfMessagesSent：キューに送信されたメッセージの数。
- NumberOfMessagesReceived：キューへのReceiveMessage APIアクションによって返されたメッセージの数。
- NumberOfMessagesDeleted：キューから削除されたメッセージの数。
- NumberOfEmptyReceives：メッセージを返さなかったキューへのReceiveMessage APIアクションの数。この数が多くて減らしたい場合は、ロングポーリングを検討する。
- ApproximateNumberOfMessagesVisible
  ：取得可能なメッセージの数。Visibleとあるように可視性タイムアウトになっていないメッセージ。
- ApproximateNumberOfMessagesNotVisible
  ：処理中のメッセージの数。NotVisibleなので可視性タイムアウトによって見えなくなっているメッセージ。

SNS

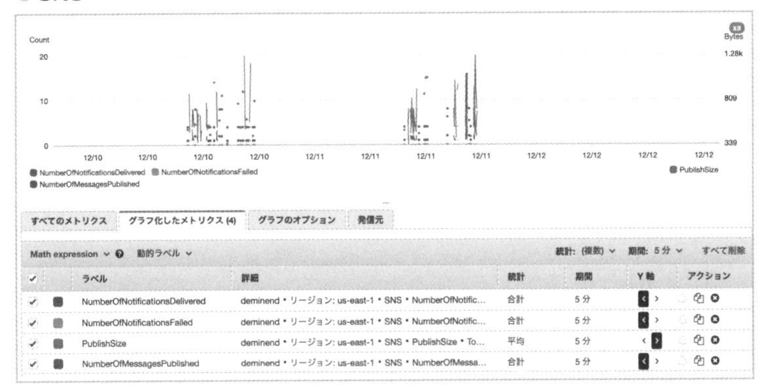

- NumberOfMessagesPublished：トピックにパブリッシュされたメッセージ数。
- NumberOfNotificationsDelivered：サブスクライブに正常配信されたメッセージ数。
- NumberOfNotificationsFailed：サブスクライブへの配信に失敗したメッセージ数。
- PublishSize：トピックにパブリッシュされたメッセージサイズ。

Step Functions

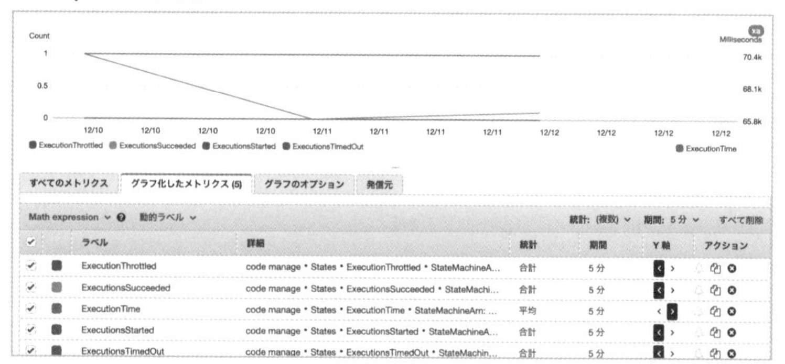

- ExecutionTime　　　　：開始から終了までの時間。
- ExecutionThrottled　　：制限に達した実行回数（この問題を解消するためには、クォータ引き上げのリクエスト（上限緩和申請）をする）。
- ExecutionsFailed　　　：失敗した実行数。
- ExecutionsStarted　　：開始された実行数。
- ExecutionsSucceeded　：正常完了した実行数。
- ExecutionsTimedOut　 ：タイムアウトした実行数。

■CloudWatch Logs

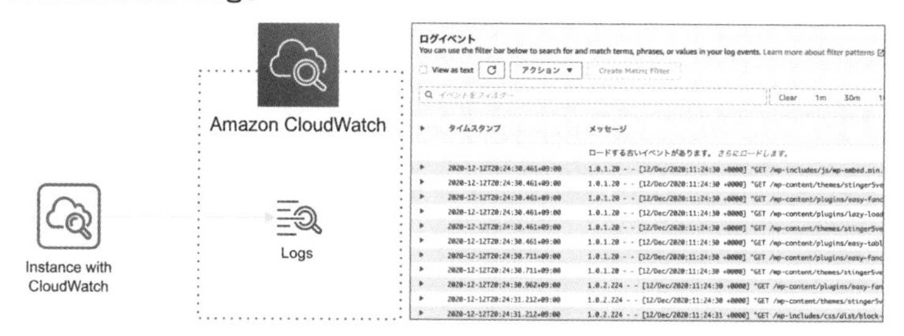

EC2にデプロイしたアプリケーションのログをCloudWatchに書き出すことができます。これにより、EC2インスタンスをより使い捨てしやすくなります。アプリケーションイベントによるAWSサービスとの連携も可能になります。

CloudWatch Logsは、CloudWatchエージェントをインストールしてセットアップすることが、最も素早くシンプルに始める方法です。

EC2だけではなく、オンプレミスのサーバー上のアプリケーションのログも収集可能です。

以下では、EC2インスタンスにCloudWatch Logsをセットアップする手順を確認しながら、各APIや仕組みについて解説します。

CloudWatch Logsのセットアップ

次の手順でセットアップします。

❶ IAMロールの作成
❷ Systems Managerを使用してCloudWatchエージェントをインストール
❸ CloudWatchエージェント設定ファイルの作成
❹ CloudWatchエージェントの開始

Amazon Linux 2を使用しますので、Systems Managerエージェントはインストールされている前提で解説します。

❶IAMロールの作成

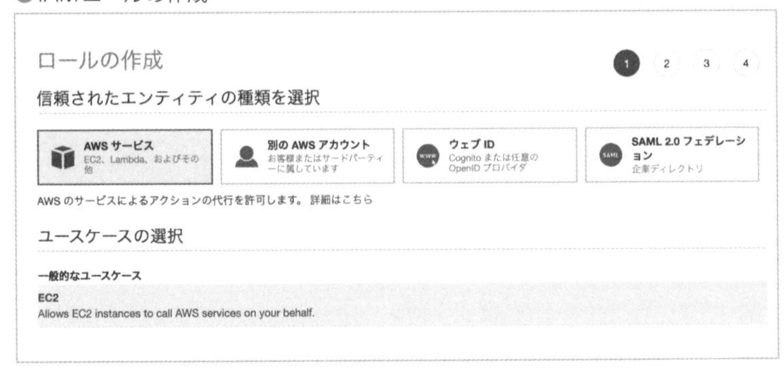

IAMロールはEC2用として作成します。IAMロールには次の2つのAWS管理ポリシーをアタッチします。

- CloudWatchAgentAdminPolicy
- AmazonSSMManagedInstanceCore

セットアップが終わり、運用に入れば、CloudWatchAgentAdminPolicyはデタッチして、CloudWatchAgentServerPolicyに変更します。違いは、ssm:PutParameterアクションがあるかないかです。セットアップ時に設定ファイルの内容をパラメータストアへ書き込むために、ssm:PutParameterアクションが必要です。

運用を開始すれば、ssm:GetParameterだけで必要な権限を満たせるので、CloudWatchAgentServerPolicyに変更します。

改めてCloudWatchAgentAdminPolicyの主要アクションを解説します。

▼CloudWatchAgentAdminPolicy

```
{
    "Version": "2012-10-17",
    "Statement": [
        {
            "Effect": "Allow",
            "Action": [
                "cloudwatch:PutMetricData",
                "ec2:DescribeTags",
```

```
                "logs:PutLogEvents",
                "logs:DescribeLogStreams",
                "logs:DescribeLogGroups",
                "logs:CreateLogStream",
                "logs:CreateLogGroup"
            ],
            "Resource": "*"
        },
        {
            "Effect": "Allow",
            "Action": [
                "ssm:GetParameter",
                "ssm:PutParameter"
            ],
            "Resource": "arn:aws:ssm:*:*:parameter/AmazonCloudWatch-*"
        }
    ]
}
```


● cloudwatch:PutMetricData

CloudWatchエージェントでは、メモリ情報などカスタムメトリクスの収集も行います。そのために、PutMetricDataアクションも許可する必要があります。

● logs:PutLogEvents

ログ情報をCloudWatch Logsへ書き込むために必要です。CreateLogGroup、CreateLogStreamは、新規でロググループ、ログストリームを作成する場合もあるので必要です。

IAMロールはEC2用として作成したので、IAMロールの信頼ポリシーは次のようになっています。

```
{
    "Version": "2012-10-17",
    "Statement": [
        {
            "Effect": "Allow",
            "Principal": {
                "Service": "ec2.amazonaws.com"
            },
            "Action": "sts:AssumeRole"
        }
    ]
}
```

❷Systems Managerを使用してCloudWatchエージェントをインストール

Systems ManagerコンソールのディストリビューターにAmazonCloudWatchAgentがあるので選択します。

[1回限りのインストール]を押下すると、Run CommandでCloudWatchエージェントをインストールするための設定が反映されます。

コマンドのパラメータ

Action
(Required) Specify whether or not to install or uninstall the package.
Install

Installation Type
(Optional) Specify the type of installation. Uninstall and reinstall: The application is taken offline until the reinstallation process completes. In-place update: The application is available while new or updated files are added to the installation.
Uninstall and reinstall

Name
(Required) The package to install/uninstall.
AmazonCloudWatchAgent

Version
(Optional) The version of the package to install or uninstall. If you don't specify a version, the system installs the latest published version by default. The system will only attempt to uninstall the version that is currently installed. If no version of the package is installed, the system returns an error.
latest

Additional Arguments
(Optional) The additional parameters to provide to your install, uninstall, or update scripts.
{}

対象のEC2インスタンスは、タグでまとめて指定することも、直接指定もできます。インストールが成功すれば、設定ファイルを作成します。

❸CloudWatchエージェント設定ファイルの作成

設定ファイルの作成はターミナルからコマンドで実行します。Systems Managerセッションマネージャーが使用できます。

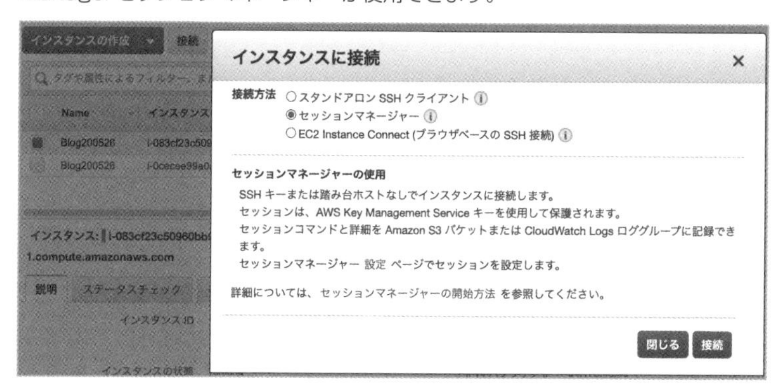

EC2インスタンスを選択して、[接続]ボタンを押下すると、ターミナルを使用できます。amazon-cloudwatch-agent-config-wizardを実行します。

```
$ sudo /opt/aws/amazon-cloudwatch-agent/bin/amazon-cloudwatchagent-config-wizard
```

対話形式で設定を進めます。後半で対象のログファイルを次のように指定します。この例では、/var/log/nginx/access.logを指定しています。

```
Do you want to monitor any log files?
1. yes
2. no
default choice: [1]:
Log file path:
/var/log/nginx/access.log
Log group name:
default choice: [access.log]
Log stream name:
default choice: [{instance_id}]
```

その他はデフォルトのまま設定を進めると、設定情報がJsonフォーマットでパラメータストアにAmazonCloudWatch-linuxという名称で保存されます。

collectdがインストールされていないインスタンスでは、インストールしておきます。

```
$ sudo amazon-linux-extras install -y epel
$ sudo yum -y install collectd
```

❹CloudWatchエージェントの開始

CloudWatchエージェントをSystems Manager Run Commandから実行します。

Run Commandで、AmazonCloudWatch-ManageAgentを実行します。[Optional Configuration Location]に、パラメータストアに設定された名前AmazonCloudWatch-linuxを入力し、インスタンスを指定して実行します。

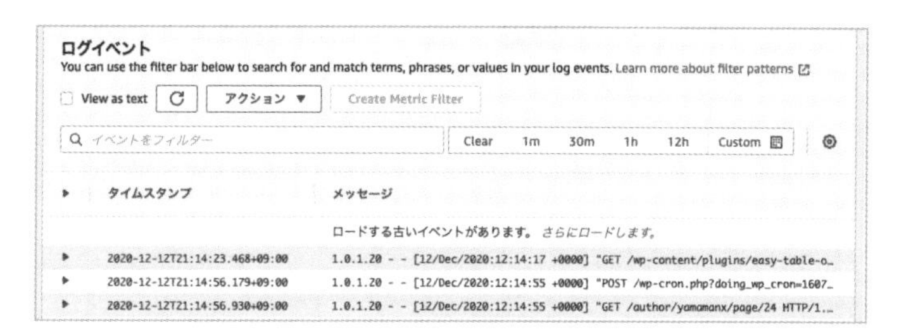

ログが出力されていることが確認できます。

●メトリクスフィルター

CloudWatch Logsに出力したログは、文字列などでフィルタリングしてメトリクスとして扱うことができます。

例えば、「execution timed out」という文字列が1回ログに出力されると、1メトリクスとして扱います。そして、特定期間でのしきい値を決め、CloudWatchアラームを設定して通知させる、といったことができます。

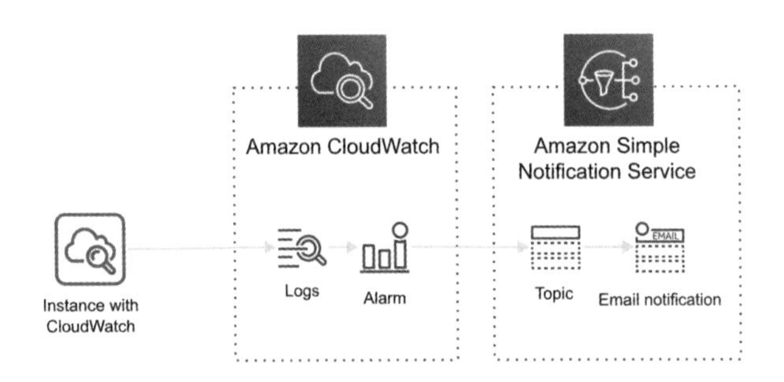

メトリクスフィルターでは、フィルターパターンに文字列を使うだけでなく、パターンを指定してログ内の数値情報をメトリクスとして扱うこともできます。

例えば、Nginx Webサーバーのアクセスログは次のような形式です。

```
1.0.2.224 - - [12/Dec/2020:14:47:53 +0000] "GET /readme.html
HTTP/1.1" 200 95227 "-" "Amazon CloudFront" "11.22.33.44,55.66.77.88"
```

ここから転送バイト数（95227）をメトリクスとして抽出したいとします。その場合は、フィルターパターンを次のようにします。

```
[ip, id, user, timestamp, request, status_code, size, tmp]
```

フィルターパターンを作成
メトリクスフィルターを使用し、ロググループ内のイベントが CloudWatch Logs に送信されるときに、それらのイベントを自動的にモニタリングできます。特定の用語のモニタリングやカウントを行ったり、ログイベントから値を抽出したりでき、その結果をメトリクスに関連付けることができます。パターン構文の詳細については、こちらをご参照ください。

フィルターパターン
メトリクスを作成するためのログイベントに対して一致する用語やパターンを指定します。
[ip, id, user, timestamp, request, status_code, size, tmp]

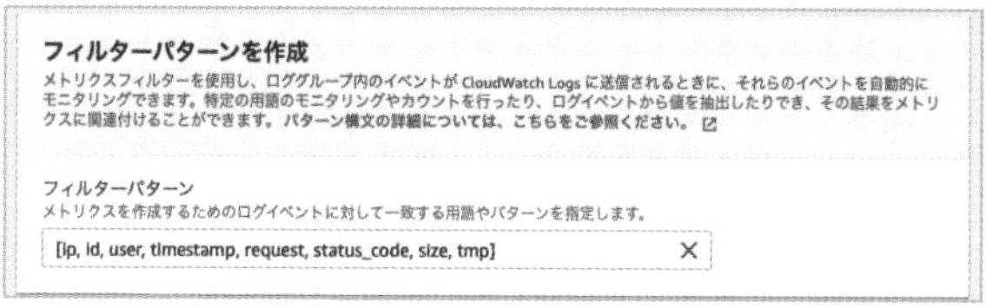

そしてメトリクス値を$sizeとします。

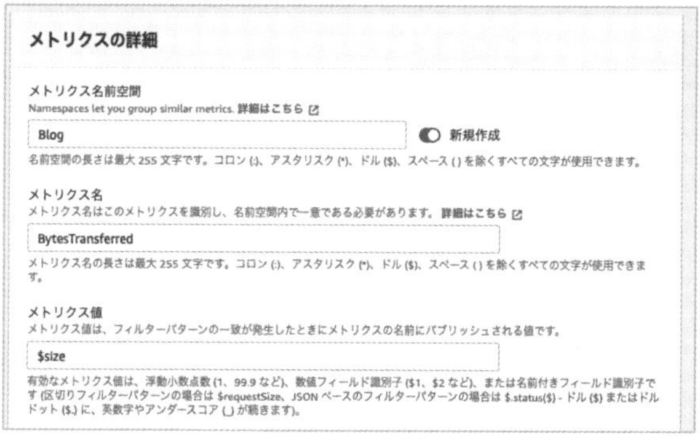

メトリクスの詳細

メトリクス名前空間
Namespaces let you group similar metrics. 詳細はこちら
Blog
新規作成
名前空間の長さは最大 255 文字です。コロン (:)、アスタリスク (*)、ドル ($)、スペース ( ) を除くすべての文字が使用できます。

メトリクス名
メトリクス名はこのメトリクスを識別し、名前空間内で一意である必要があります。詳細はこちら
BytesTransferred
メトリクス名の長さは最大 255 文字です。コロン (:)、アスタリスク (*)、ドル ($)、スペース ( ) を除くすべての文字が使用できます。

メトリクス値
メトリクス値は、フィルターパターンの一致が発生したときにメトリクスの名前にパブリッシュされる値です。
$size
有効なメトリクス値は、浮動小数点数 (1、99.9 など)、数値フィールド識別子 ($1、$2 など)、または名前付きフィールド識別子です (区切りフィルターパターンの場合は $requestSize、JSON ベースのフィルターパターンの場合は $.status($) - ドル ($) またはドルドット ($.) に、英数字やアンダースコア (_) が続きます)。

以上の設定により、メトリクスとして抽出できます。

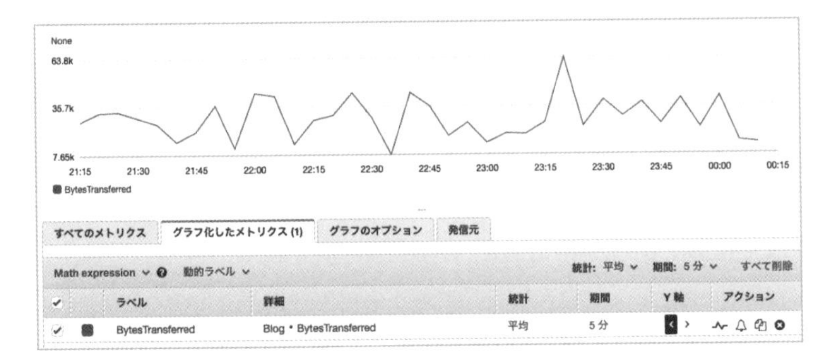

しきい値を設定することにより、CloudWatchアラームの設定も可能です。

CloudWatch Logsデータ保護

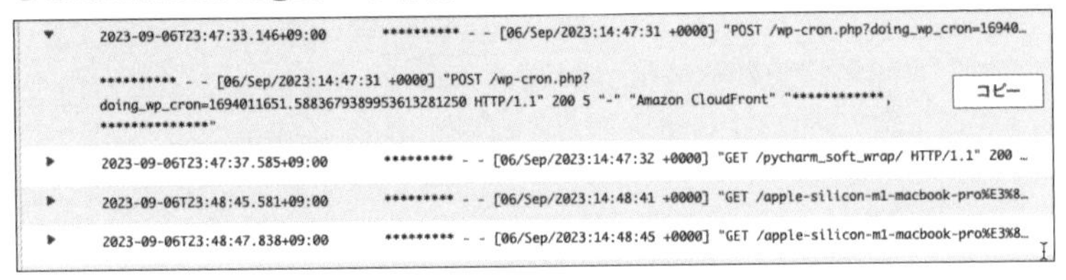

CloudWatch Logsのデータ保護機能を使用して、データ識別子を指定して、Address（住所）、AwsSecretKey（シークレットキー）、CreditCardNumber（クレジットカード番号）、IpAddress（IPアドレス）、EmailAddress（Eメールアドレス）など個人情報や認証情報を自動で保護できます。保護した情報はマスクされアスタリスクで表示されます。権限のあるIAMユーザーは［保護された情報の一時的マスク解除］により、表示もできます。

■CloudWatchダッシュボード

選択したメトリクスをダッシュボードで固定化して可視化できます。ダッシュボードは複数のアカウント、リージョンをまたいで作成できます。

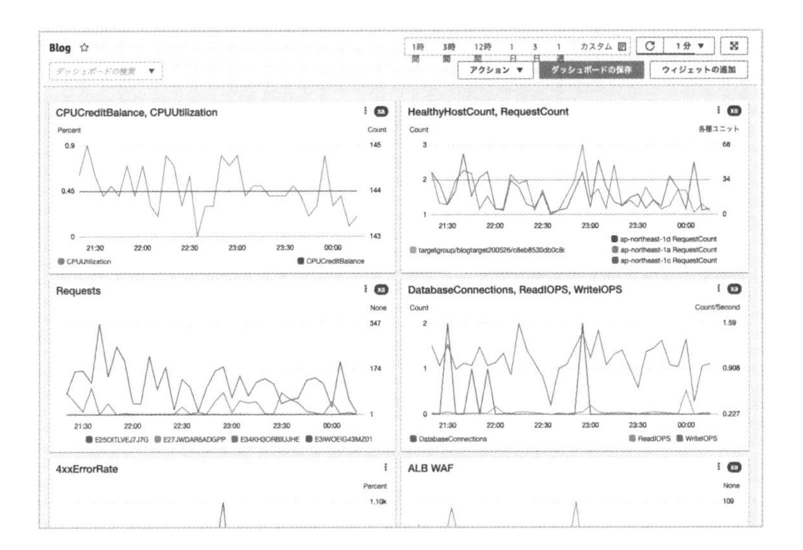

●VPCフローログ

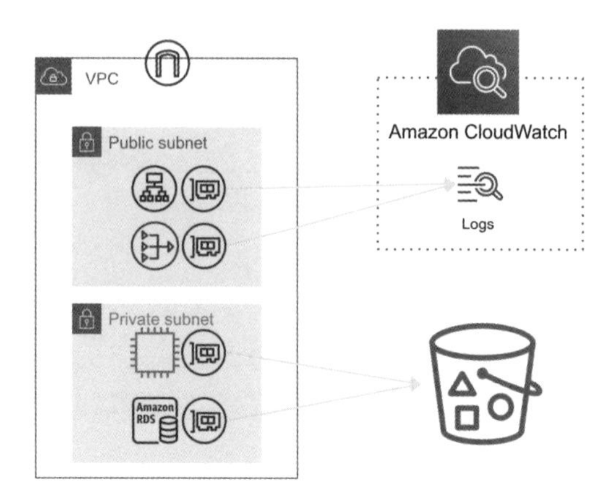

VPCフローログ（VPC Flow Logs）は、VPC内のENI（Elastic Network Interface）を通過するIPトラフィックに関する情報をキャプチャできる機能です。

具体的には、送信元IPアドレスとポートおよび送信先IPアドレスとポート、プロトコル、転送パケット数、バイト数、許可されたか（ACCEPT）、拒否されたか（REJECT）などを、S3バケットまたはCloudWatch Logsに出力できます。

有効にする場合は、VPC単位、サブネット単位、ENI単位で設定できます。

ログの単位はENIです。

VPCフローログによって、セキュリティグループやネットワークアクセスコントロールリスト（NACL）の設定が正しいかテストしたり、想定どおりの通信が許可されていないときの調査をしたりすることも可能です。

■CloudWatch Logsへ発行

CloudWatch Logsへ発行する場合は、IAMロールが必要です。IAMロールの信頼ポリシーは次のようにする必要があります。

```
{
  "Version": "2012-10-17",
  "Statement": [
    {
```

```
            "Effect": "Allow",
            "Principal": {
                "Service": "vpc-flow-logs.amazonaws.com"
            },
            "Action": "sts:AssumeRole"
        }
    ]
}
```

マネジメントコンソールの[ロールを作成]メニューでは、ロールの作成対象としてvpc-flow-logs.amazonaws.comを選択はできませんので、EC2などを選択してあとで信頼関係を編集します。実行ポリシーは次のようにします。

```
{
    "Version": "2012-10-17",
    "Statement": [
        {
            "Action": [
                "logs:CreateLogGroup",
                "logs:CreateLogStream",
                "logs:PutLogEvents",
                "logs:DescribeLogGroups",
                "logs:DescribeLogStreams"
            ],
            "Effect": "Allow",
            "Resource": "*"
        }
    ]
}
```

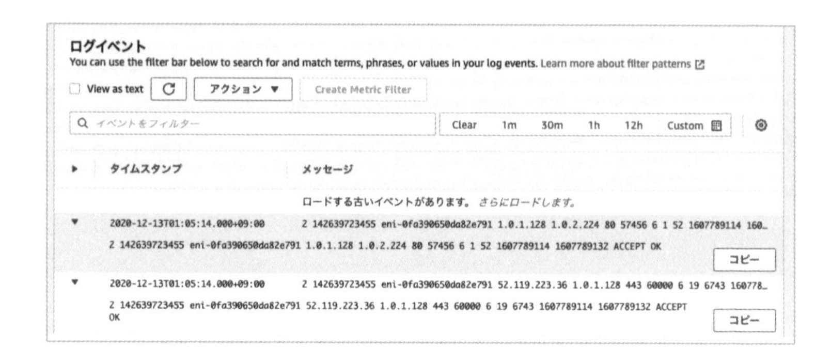

CloudWatch Logsには、ENIごとにフローログが出力されます。

■S3バケットへ発行

S3バケットへ発行する場合は、バケットポリシーで許可を設定します。フローログの設定をするIAMユーザーに権限があれば、次のようなバケットポリシーが自動で作成されます。

```
{
  "Version": "2012-10-17",
  "Id": "AWSLogDeliveryWrite20150319",
  "Statement": [
    {
      "Sid": "AWSLogDeliveryWrite",
      "Effect": "Allow",
      "Principal": {
        "Service": "delivery.logs.amazonaws.com"
      },
      "Action": "s3:PutObject",
      "Resource": "arn:aws:s3:::bucketname/AWSLogs/123456789012/*",
      "Condition": {
        "StringEquals": {
          "s3:x-amz-acl": "bucket-owner-full-control"
        }
      }
```

```
    },
    {
      "Sid": "AWSLogDeliveryAclCheck",
      "Effect": "Allow",
      "Principal": {
        "Service": "delivery.logs.amazonaws.com"
      },
      "Action": "s3:GetBucketAcl",
      "Resource": "arn:aws:s3:::bucketname"
    }
  ]
}
```


次のような形式のファイルが圧縮されてS3バケットに格納されます。

```
version account-id interface-id srcaddr dstaddr srcport dstport
protocolpackets bytes start end action log-status
2 123456789012 eni-0cb1ee6133c706ad9 1.0.1.128 1.0.2.224 80 57674 64
761 1607789233 1607789234 ACCEPT OK
2 123456789012 eni-0cb1ee6133c706ad9 1.0.2.224 1.0.1.128 57674 80 65
402 1607789233 1607789234 ACCEPT OK
```

●AWS CloudTrail

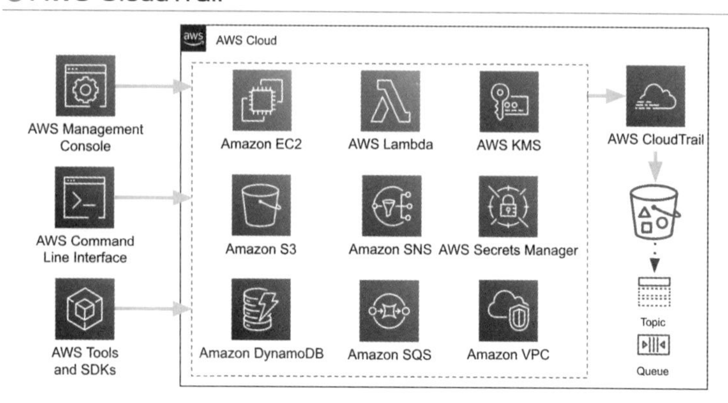

AWS CloudTrailは、AWSアカウント上で行われたAPIアクションのほとんどを記録します。

マネジメントコンソールやCLI（コマンドラインインターフェイス）、SDK（ソフトウェア開発キット）などからの操作は、すべてAPIを通じてリクエストが実行されるので、これらの操作も記録されます。

CloudTrailはログをS3バケットに保存します。S3バケットのイベントを設定することで、SNSトピックやSQSキューとの連携もできます。

CloudTrailを有効にすることで、追跡可能性を有効にできます。それによって問題の解析をして、セキュリティ脅威が発生した際に何が行われたかを明確に調査することができます。

- EC2インスタンスを終了したユーザーを特定する。
- 情報漏洩の原因となったセキュリティグループの変更をしたユーザーを特定する。
- 不正アクセスをしたユーザーが何を実行したかを証明する。
- ブロックしたリクエストによって攻撃が発生していることを知る。

記録は指定したS3バケットに保存されていますが、過去90日の記録はマネジメントコンソールからの検索もできます。

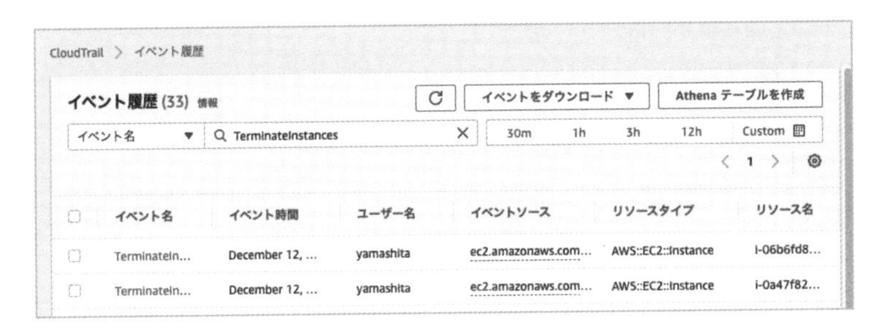

例えば、イベント名TerminateInstancesで検索すると、IAMユーザーyamashitaがEC2インスタンスを終了した記録が検索できました。

このイベントの詳細は次のとおりです。

```
{
  "eventVersion": "1.05",
  "userIdentity": {
    "type": "IAMUser",
    "principalId": "XXXXXXXXXXXXXXXXXXXXX",
    "arn": "arn:aws:iam::123456789012:user/yamashita",
    "accountId": "123456789012",
    "accessKeyId": "XXXXXXXXXXXXXXXXXXXX",
    "userName": "yamashita",
    "sessionContext": {
      "sessionIssuer": {},
      "webIdFederationData": {},
      "attributes": {
        "mfaAuthenticated": "true",
        "creationDate": "2020-12-12T02:27:42Z"
      }
    }
  },
  "eventTime": "2020-12-12T02:40:37Z",
  "eventSource": "ec2.amazonaws.com",
  "eventName": "TerminateInstances",
  "awsRegion": "us-east-1",
```

```
    "sourceIPAddress": "11.22.33.44.55",
    "userAgent": "console.ec2.amazonaws.com",
    "requestParameters": {
      "instancesSet": {
        "items": [
          {
            "instanceId": "i-000000000000"
          }
        ]
      }
    },
    "responseElements": {
      "instancesSet": {
        "items": [
          {
            "instanceId": "i-000000000000",
            "currentState": {
              "code": 32,
              "name": "shutting-down"
            },
            "previousState": {
              "code": 16,
              "name": "running"
            }
          }
        ]
      }
    },
    "requestID": "xxxxxxxxxxxxxxxxxxxxxxxxx",
    "eventID": "xxxxxxxxxxxxxxxxxxxxxxxxx",
    "eventType": "AwsApiCall",
    "recipientAccountId": "123456789012"
}
```

誰がどこからどのようなリクエストを実行し、結果はどうなったか、といったことが記録されています。

例えば、アカウントID：123456789012のIAMユーザーyamashitaが、送信元IPアドレス11.22.33.44.55からMFAによってマネジメントコンソールにログインし、起動中（running）のEC2インスタンスを終了中（shuttingdown）にした、という記録です。

●AWS X-Ray

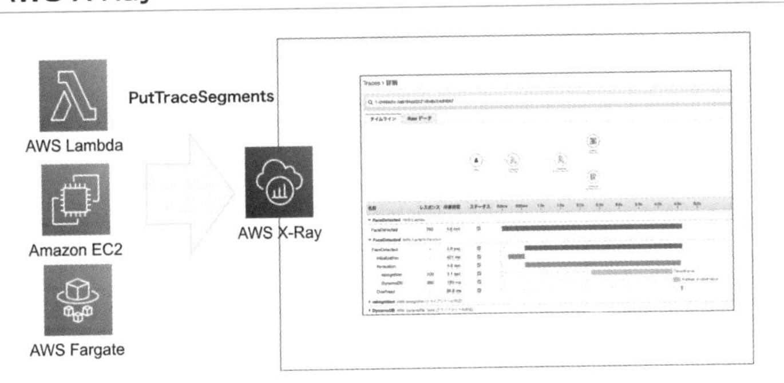

AWS X-Rayによって、アプリケーションの潜在的なバグを特定したり、パフォーマンスのボトルネックを特定したりすることができます。

モニタリングが複雑になるマイクロサービスにおいても、マップで可視化してトレースで分析を可能とします。

X-Rayは「X線」という意味ですが、まさにアプリケーションにX線をあてたように可視化と分析が行えます。

■AWS LambdaでX-Rayトレースを有効化する

最もシンプルな方法は次の3ステップです。

❶アクティブトレースを有効にする
❷AWS X-Ray SDKをコードに含める（任意）
❸コードを追加する（任意）

以下、3ステップを説明します。

❶アクティブトレースを有効にする

AWS X-Ray 情報

有効にして [保存] を選択すると、Lambda コンソールは実行ロールのアクセス許可を確認します。実行ロールに必要なアクセス許可がない場合、Lambda コンソールはロールへの追加を試みます。

アクティブトレース

Lambda関数の設定で、[AWS X-Ray]-[アクティブトレース]を有効にして保存します。X-Rayにトレースデータを送信するためのアクション許可がIAMロールに不足している場合は、自動的に追加されます。

次の2つのAPIアクションが必要です。

- xray：PutTraceSegments
- xray：PutTelemetryRecords

この最小限の設定で、次のサービスマップがX-Rayコンソールで確認できるようになります。

以下が、このサービスマップのトレース結果です。

名前	レスポンス	所要時間	ステータス	0.0ms 200ms 400ms 600ms 800ms 1.0s 1.2s 1.4s 1.6s 1.8s 2.0s 2.2s 2.4s 2.6s 2.8s
▼ **bl_sqs_to_teams** AWS::Lambda				
bl_sqs_to_teams	200	2.7 sec	☑	
▼ **bl_sqs_to_teams** AWS::Lambda::Function				
bl_sqs_to_teams	-	2.1 sec	☑	
Initialization	-	309 ms	☑	
Invocation	-	2.1 sec	☑	
Overhead	-	19.0 ms	☑	

サービスマップの右から1つ目の丸いセグメントのアイコンは、呼び出しリクエストを処理したLambdaサービスのセグメントをトレースしています。

右から2つ目のセグメントは、Lambda関数のインスタンスの起動、関数の実行、その他のオーバーヘッドを含んだ全体の処理をトレースしています。

❷AWS X-Ray SDKをコードに含める（任意）

Lambda関数内の様々なリクエストを分析したい場合は、X-Ray SDKをコードに含めます。

Pythonの場合、X-Ray SDKはBoto3とは別に用意する必要があります。複数のLambda関数で使用するケースが多いので、Lambdaレイヤーでデプロイして Lambda関数に追加します。

❸コードを追加する（任意）

シンプルなコードは次のようなものです。

```
from aws_xray_sdk.core import xray_recorder
from aws_xray_sdk.core import patch_all
patch_all()
```

patch_allによって、関数内の各リクエストが自動トレースされます。

このLambda関数では、Rekognitionに画像ファイルの分析をリクエストして、レスポンスをDynamoDBにPutItemしています。

それぞれのリクエストの時間と結果がトレースされています。

■X-Rayサービスマップ

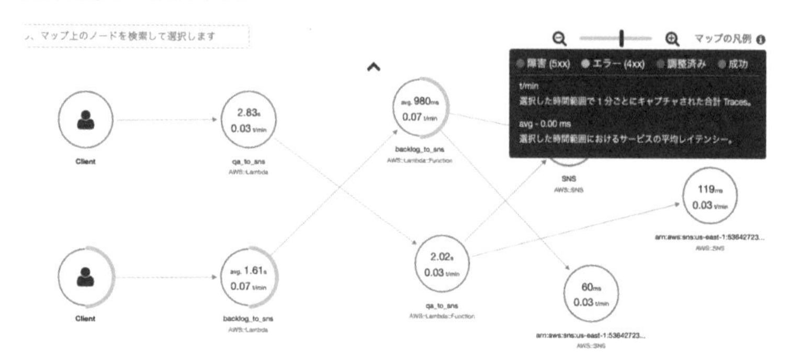

実際の画面では、5xxサーバー側エラーは赤色で表示され、4xxクライアント側エラーは黄色で表示されます。スロットリングの発生は紫色で表示されます。処理の平均時間も表示されますので、パフォーマンスボトルネックの抽出にも役立ちます。

■X-Rayトレース

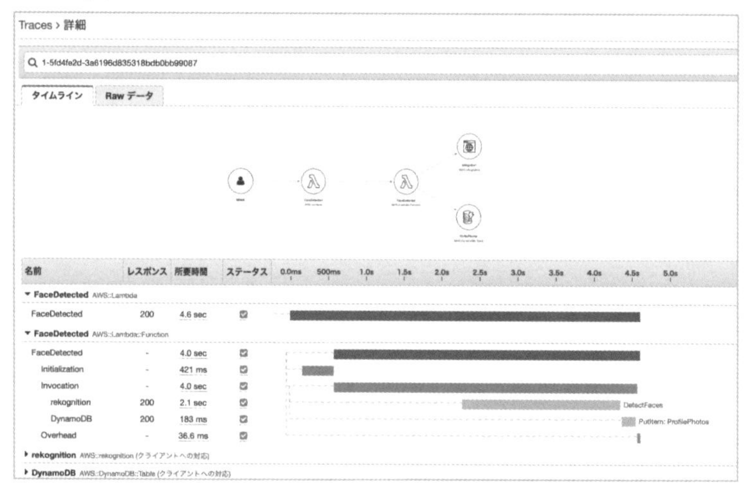

それぞれのトレース結果をさらに詳しく確認できます。

■X-Ray SDK

PythonやNode.js、Go、Java、Ruby、.NET用のSDKがあります。

AWSの各サービスの呼び出し、HTTP/HTTPSリクエスト、データベースへのリクエストなどがトレースされます。

■X-Ray APIアクション

- PutTraceSegments

X-Rayにトレースデータを送信します。アプリケーションからX-Rayにトレースデータを送信するためには、このアクションをIAMポリシーで許可することが必要です。

- GetServiceGraph

サービスマップのようなJSONサービスグラフの情報を取得できます。例として、直近10分間のサービスグラフをAWS CLIで取得するコマンドを次に示します。

```
$ EPOCH=$(date +%s)
$ aws xray get-service-graph --start-time $(($EPOCH-600)) --end-time
$EPOCH
```

- GetTraceSummaries

トレースのサマリ情報を取得します。

- BatchGetTraces

トレースをIDのリストでまとめて取得できます。

2 分析

アプリケーションなどのエラーの調査にはログ分析が必要です。
主要なログ分析サービスの概要を解説します。

● Amazon Athena

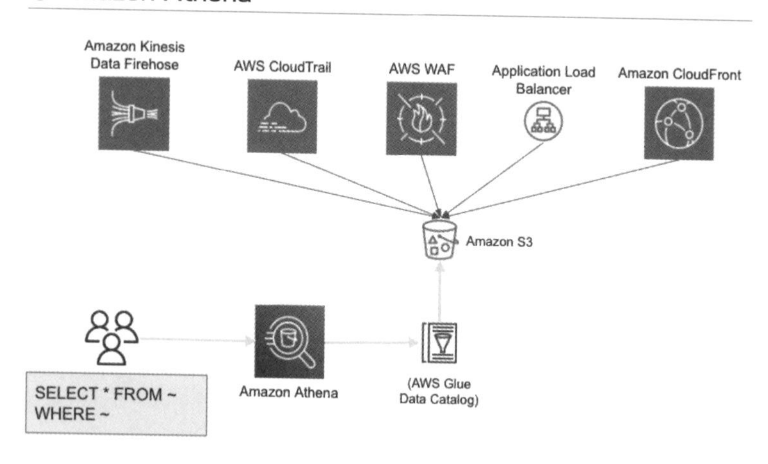

Amazon AthenaはS3バケット内のCSV、JSON、Parquetなどの複数オブジェクトにわたるデータに対して、SQLクエリを実行できます。Cloudtrailのログや WAFのフルログ、Application Load Balancer、CloudFrontのアクセスログ、Kinesis Data Firehoseから送信される増え続けるデータに対して、S3バケットに保存したままどこかに移動することなくクエリで分析できます。

Athenaで使用するデータベースとテーブルは、Glueデータカタログで事前に登録しているものを使用します。Glueクローラーによって自動作成できます。AthenaのクエリエディタからCREATE TABLE AS構文での作成もできます。

Amazon OpenSearch Service

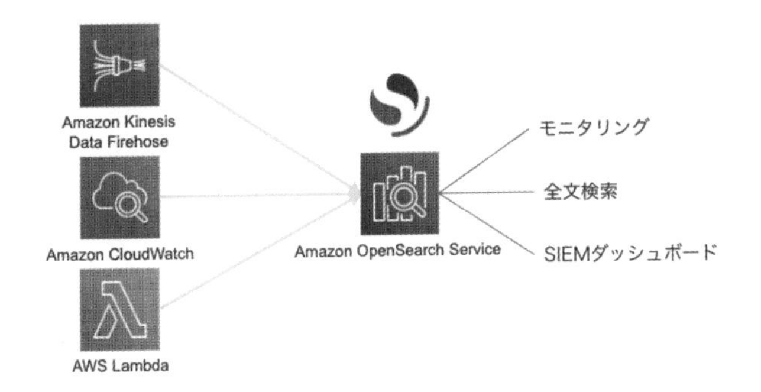

Amazon OpenSearch Serviceは、モニタリング/ログ分析/全文検索ができるサービスです。OpenSearch Serviceには、OpenSearch Dashboardsが統合されていますので、保存した大量なデータの可視化、分析のためのダッシュボードを素早くセットアップできます。

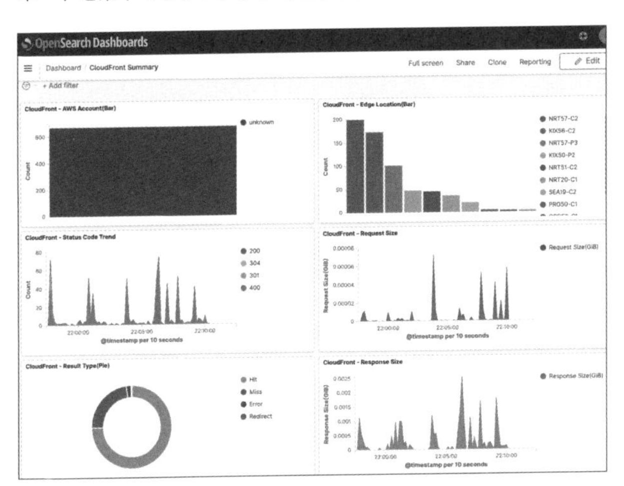

データの収集では、Kinesis Data Firehoseから配信先として設定したり、CloudWatch Logsのサブスクリプションフィルターで送信したりするなど、AWSサービスと統合して設定できるものもあります。ログを判定や変換をして保存する場合は、Lambda関数を使用するケースもあります。

3 トラブルシューティング

アプリケーションが想定どおりに動作しなかったり、潜在的なバグを検知したりする際には、原因を調査し対応するためにトラブルシューティングが必要です。

ここでは、考えられる主な原因と対応について解説します。大まかな対応方法として、5xxサーバー側エラーに対しては再試行、4xxクライアント側エラーに対してはソースコードの修正だと認識しておいてください(もちろん対応方法はそれだけではありませんが、大抵の場合はまず考えられる対応です。主要サービスごとのトラブルシューティングについては、SECTION 2を確認してください)。

●スロットリングエラー

リクエスト拒否や遅延が発生する原因にスロットリングエラーがあります。これはサービスAPIの制限リクエスト回数に達したために発生します。制限リクエスト回数は、ユーザーが設定しているものや、サービスのデフォルトで決まっているもの、サービスの上限として決まっているものなどがあります。ユーザーが設定しているものは、回数を増やすことで対応できます。

サービスのデフォルトは、クォータを引き上げる申請をすることで対応できます。例として、Lambdaの同時実行数、KMSのキーへのリクエストクォータについて解説します。

■Lambdaの同時実行数

Edit concurrency

Concurrency

予約されていないアカウントの同時実行 999

予約されていないアカウントの同時実行の使用

同時実行の予約

1

キャンセル 保存

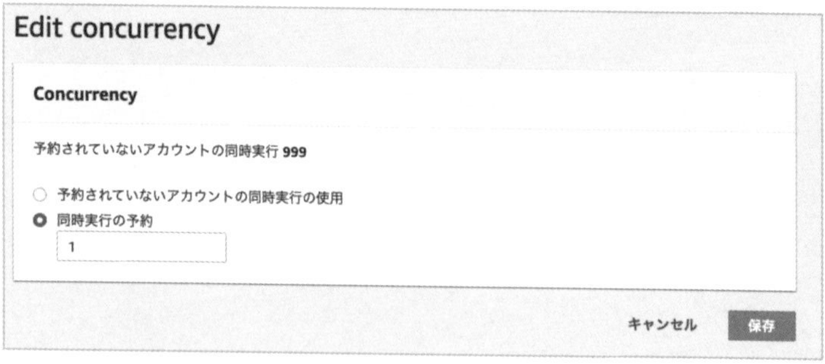

Lambda関数はイベントトリガーやリクエストによって実行されます。同じ関数に対して同時にイベントやリクエストが発生した際には、関数の実行インスタンスが複数同時に起動します。この同時実行数はAWSアカウントごと、リージョ

ンごとのデフォルトの設定が1,000です。後述するクォータの引き上げ申請により、制限を増やすことはできます。関数ごとに同時実行数をユーザーが制限しておくこともできます。

このユーザーによる制限値が原因でスロットリングエラーが発生しているときは、制限値を変更することを検討してください。

同時実行数の制限に達してさらにリクエストが発生した場合には、RateExceededエラーを受け取ります。

CloudWatchでは、全体、または関数ごとのThrottlesメトリクスでモニタリングできます。

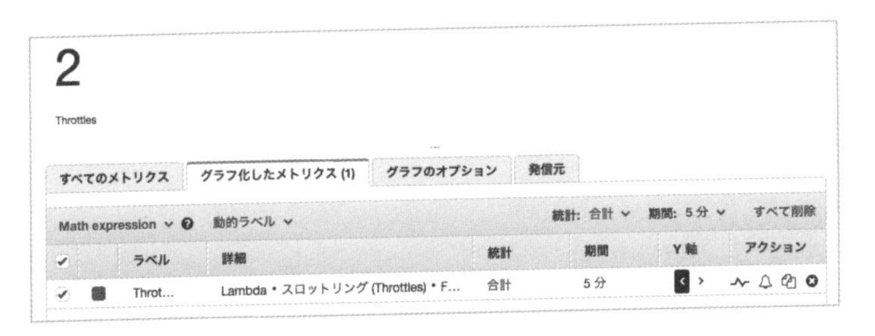

■KMSのキーへのリクエストクォータ

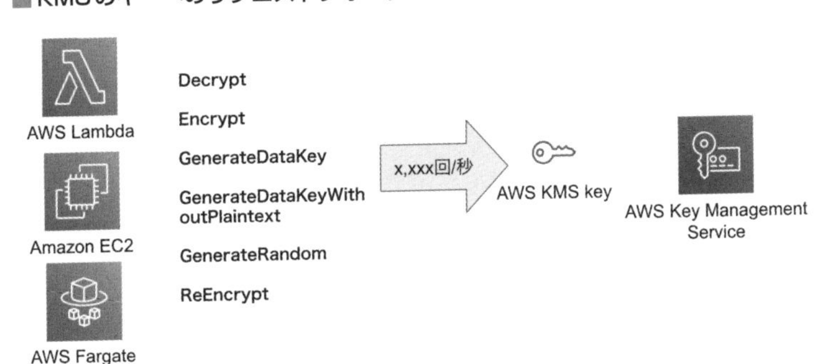

AWS KMS(Key Management Service)はAWSの様々なサービスと統合され、オブジェクトやデータやストレージの暗号化を行います。

暗号化APIアクションの回数やキーの種類によってデフォルトのクォータ(制

限）が決められています。

現在のリージョン別のクォータはAWS Service Quotasで確認できます。

▼KMSクォータ

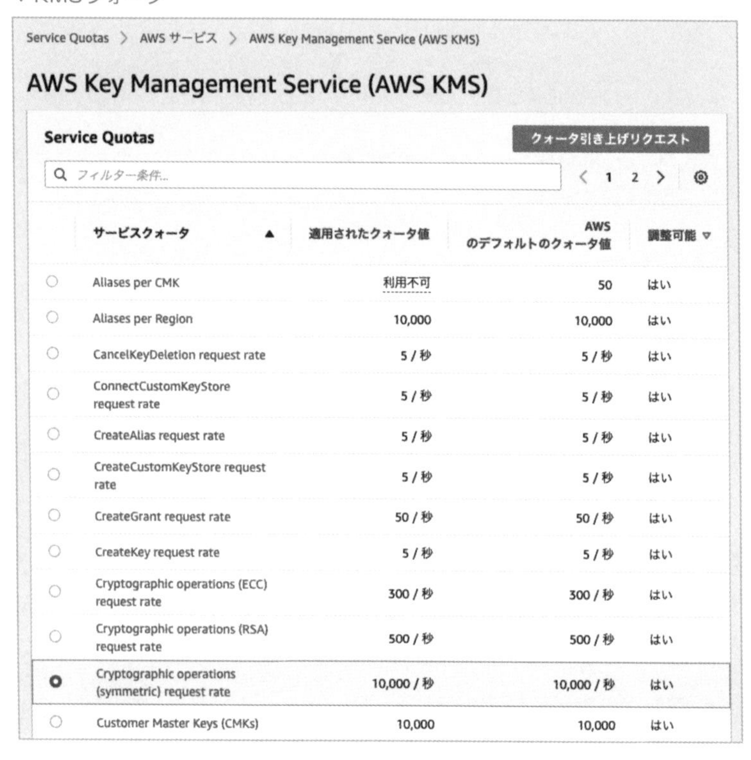

サービスクォータ	適用されたクォータ値	AWS のデフォルトのクォータ値	調整可能
Aliases per CMK	利用不可	50	はい
Aliases per Region	10,000	10,000	はい
CancelKeyDeletion request rate	5 / 秒	5 / 秒	はい
ConnectCustomKeyStore request rate	5 / 秒	5 / 秒	はい
CreateAlias request rate	5 / 秒	5 / 秒	はい
CreateCustomKeyStore request rate	5 / 秒	5 / 秒	はい
CreateGrant request rate	50 / 秒	50 / 秒	はい
CreateKey request rate	5 / 秒	5 / 秒	はい
Cryptographic operations (ECC) request rate	300 / 秒	300 / 秒	はい
Cryptographic operations (RSA) request rate	500 / 秒	500 / 秒	はい
Cryptographic operations (symmetric) request rate	10,000 / 秒	10,000 / 秒	はい
Customer Master Keys (CMKs)	10,000	10,000	はい

［クォータ引き上げリクエスト］から引き上げ申請ができます。

▼KMS引き上げ申請

クォータの引き上げをリクエストする: Cryptographic operations (symmetric) request rate ×

クォータの名称
Cryptographic operations (symmetric) request rate

説明
Maximum requests for cryptographic operations with a symmetric CMK per second. This shared quota applies to Decrypt, Encrypt, GenerateDataKey, GenerateDataKeyWithoutPlaintext, GenerateRandom, and ReEncrypt requests. When you reach this quota, KMS rejects this type of request for the remainder of the interval.

使用率
0 / 分

適用されたクォータ値
10,000 / 秒

AWS のデフォルトのクォータ値
10,000 / 秒

クォータ値を変更:
変更したいクォータの合計を入力します。 詳細はこちら

15000

現在のクォータの値よりも大きい数でなければなりません

キャンセル　クォータの詳細の表示　リクエスト

●エクスポネンシャルバックオフ

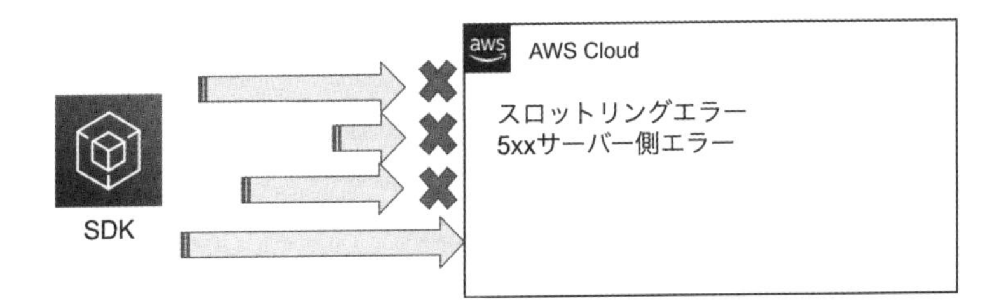

スロットリングエラーや5xxサーバー側のエラーが発生した際には、アプリケーションからの再試行が必要です。SDKを使用していると自動再試行ロジックが実装されているので、開発者が再試行ロジックを実装する必要はありません。

SDKでは、再試行のロジックとしてエクスポネンシャルバックオフアルゴリズムを実装しています。エクスポネンシャルバックオフ（「指数バックオフ」「指数関

数的再試行」ともいう)の目的は、無駄な再試行リクエストを減らすことです。そのため、再試行前の待機時間を徐々に長くしたり、ランダムな遅延時間を使用したりします。

例えば、開発者がSDKをサポートしていない言語で開発する必要があり、AWS APIに対するリクエストを直接実行しているときに再試行が必要になった場合は、エクスポネンシャルバックオフアルゴリズムを使用して再試行ロジックを実装する、と認識しておいてください。

●セキュリティのトラブルシューティング

■リクエスト拒否のトラブルシューティング

AWSサービスに対するリクエストが拒否される原因は、IAMポリシーで許可されていないか、拒否されているかのいずれかです。

IAMポリシーはIAMユーザーやIAMロールに設定されているもの以外に、リソースベースのポリシーもありますので、確認する対象が複数あることを認識しておいてください。また、CloudTrailのログを確認することも検討してください。IAMポリシーの種類やフォーマットについての詳細はSECTION 3を確認してください。

▼IAMポリシーシミュレーター

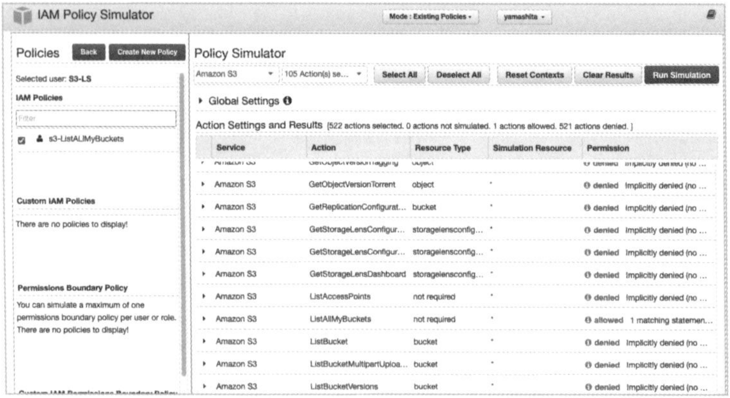

ユーザーやグループ、ロールを選択して、特定のAPIアクションが実行できるかどうかのシミュレーションができます。

前ページの図の例では、s3:ListAllMyBucketsのみを許可しているユーザーで、シミュレーションしてみました。該当のAPIアクションのみがallowedになって、他のアクションがdeniedになることがわかりました。

シンプルな設定であれば不要ですが、複数のポリシーや複数のグループが設定されているユーザーの場合には役立ちます。

また、ポリシーによりAPIアクションの実行を制御している場合は、その操作が本当に拒否されるのかをテストしておきたい場合もあります。

次の図の例は、EC2に関する操作のほとんどは許可されていますが、リザーブドインスタンスについてはOrganizations SCPによって拒否されているケースです。

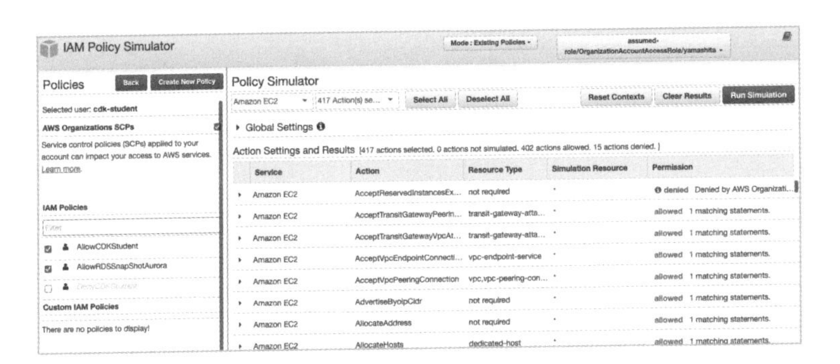

■WAFログ

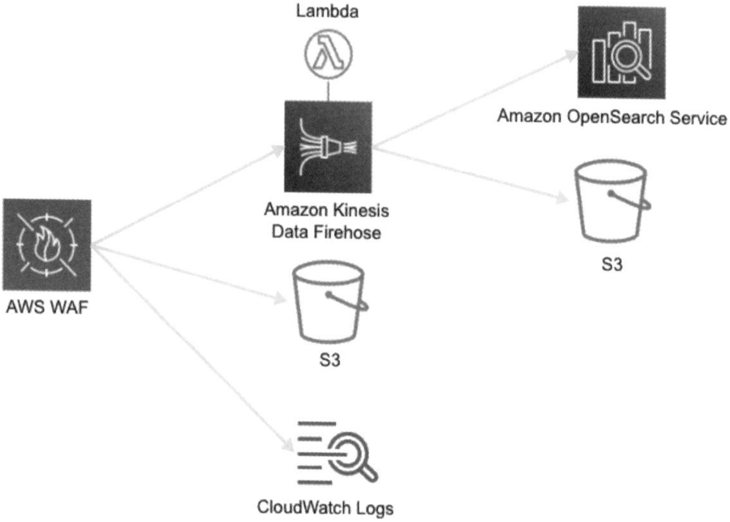

Lambda
Amazon OpenSearch Service
Amazon Kinesis Data Firehose
S3
AWS WAF
S3
CloudWatch Logs

AWS WAFによりCloudFrontやApplication Load Balancerへの悪意のあるリクエストからアプリケーションを保護できます。リクエスト内容をフィルタリングして、指定したルールにマッチした場合にブロックなどができます。そのフルログをKinesis Data Firehose、S3バケット、CloudWatch Logsから選択して送信できます。そのままの形式でS3に保存してAthenaなどで検索したり、CloudWatch LogsでメトリクスフィルタやCloudWatch Logs Insightを使用したりできます。

Kinesis Data FirehoseではLambda関数をアタッチして、ログの加工をしながら配信先のOpenSearch ServiceやS3に必要な情報だけを保存もできます。

4 最適化

認定DVA試験では、AWSの各サービスを活用してアプリケーションアーキテクチャを最適化するために、設計原則やベストプラクティスを理解しているかどうかも問われます。

ベストプラクティスそのものが問われるのではなく、ベストプラクティスに沿った機能の選択ができるかを問われます。

以下では、該当するベストプラクティスとデザイン（設計）パターンについて解説します。

●スケーラビリティ

スケーラビリティとは、ユーザーが10人でも100万人でも、設計や設定を変更せずに対応できることを指します。最初から大きな容量を持っておく方法でも実現できますが、ユーザーが少ないときには余計なコストが発生します。効率的なスケーラビリティを実現するには、設計に伸縮性を持たせることが有効です。

伸縮性とはリソースを増減し、言葉どおりシステムが伸び縮みできる性質です。

■EC2

EC2 Auto Scalingで実現します。CloudWatchアラーム・時間・予測型を使用して、リクエストの状態に応じてEC2インスタンスを増やしたり（スケールアウト）、減らしたり（スケールイン）します。

▼WebアプリケーションのEC2 Auto Scaling

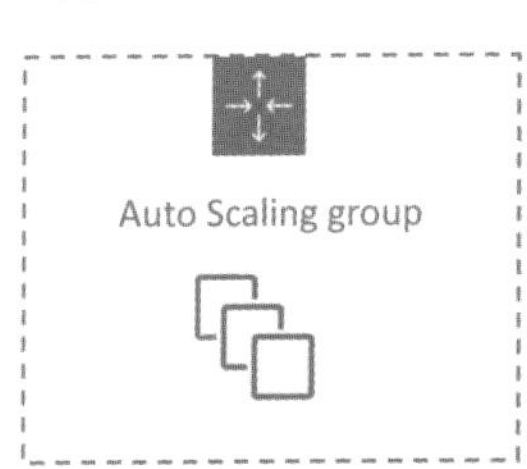

Webアプリケーションをデプロイした EC2インスタンスをオートスケーリングさせる場合、複数の EC2インスタンスへは Application Load Balancer でリクエストを分散させられます。
Application Load Balancer リスナーのターゲットグループに Auto Scaling グループを設定します。

▼SQS による EC2 Auto Scaling

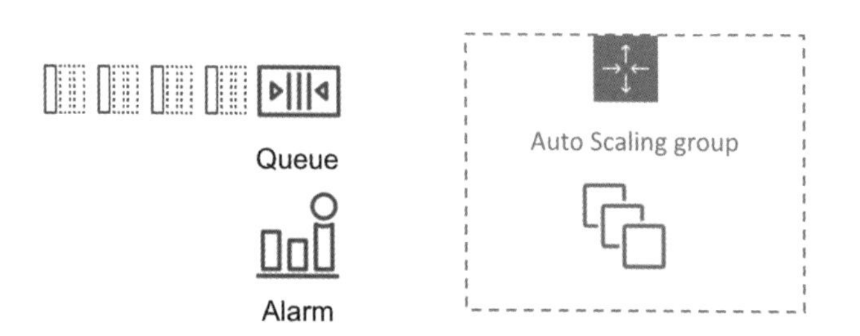

Webアプリケーションだけではなく、SQSと組み合わせたワーカーアプリケーションでも、メッセージ数により CloudWatch アラームをトリガーとしてオートスケールを設定できます。

■Lambda

Lambda関数はリクエストやイベントの発生数だけコードが実行されます。もともとスケーラビリティが備わったサービスです。同時実行数は関数ごとに制限できます。同時実行数に達することがないように設定しておきます。初期の制限値（クォータ）で不足している場合はクォータ引き上げのリクエストをしておきます。

■RDS

RDSのスケーラビリティは基本的に垂直スケーリングですが、リードレプリカを使用することにより、読み込み専用で数も限定的（15インスタンスまで）とはいえ、水平スケーリングが可能です。ストレージ容量は自動スケーリングにより増やせます。

■Aurora

AuroraもRDSと同様にリードレプリカを作成でき、ストレージ容量を自動的に増加させられます。そして、Aurora Serverlessというタイプを使用することで、ACU（1ACUで2GBのメモリ）の最小数と最大数を決めることができ、リクエストの状況に応じて自動で増減します。

■DynamoDB

DynamoDBのストレージは無制限です。

WCU（1KBの項目を1秒に1回書き込み）、RCU（4KBの項目を1秒に2回結果整合性で読み込み、または1回強い整合性で読み込み）を設定するプロビジョンドキャパシティモードと、発生したリクエストをすべて処理するオンデマンドモードがあります。

●プロビジョンドキャパシティモード

プロビジョンドキャパシティモードでは、WCU、RCUを最小値と最大値の範囲内で、CloudWatchアラームによってオートスケーリングさせることができます。

●オンデマンドモード

オンデマンドモードでは、リクエストをすべて処理するため、リクエスト量に変動があっても大丈夫です。

■S3

S3のストレージは無制限です。

パフォーマンス面では、プレフィックスごとに1秒あたり3,500回以上のPUT、COPY、POST、DELETEリクエストか、あるいは5,500回以上のGET、HEADリクエストに対応できます。それ以上のリクエストが発生しうるシステムでは、プレフィックスを分けてスケーラビリティを確保します。

●自動化

1つ目のベストプラクティス「スケーラビリティ」で解説したEC2やDynamoDBのオートスケーリングは、イベントに対して人の手を介した操作ではなく、自動化された動作です。このように、人の手を介さないことによって、より早く、より正確に必要なリソースを用意できます。

AWSではすべてのサービスがAPIによって操作できるので、自動化の対象です。ここでは1つのデザインパターンの例として、ブートストラップパターンを解説します。

▼ブートストラップ

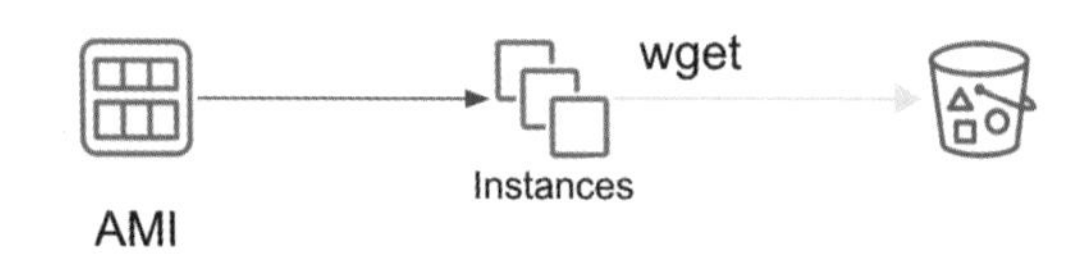

AMIからEC2インスタンスが起動するタイミングで、ユーザーデータにより、S3バケットなどのアーティファクトリポジトリなどから最新の実行可能プログラムを取得して、起動します。こうすることで、プログラムのバージョンアップのたびに何度もAMIを作り直さなくても済みますし、EC2インスタンスを起動してから手動でデプロイをする必要がないので、正確なデプロイを繰り返し行えます。

■AWS Systems Managerオートメーション

EC2、RDS、Redshift、S3などにAPIアクションやPython、PowerShellで任意の関数を実行できます。最初からAWSにより作成されたオートメーションドキュメントが用意されているので、ルーティン作業などを選択するだけで実行できます。これらのアクションをステップごとに設定して、一連の処理を、判定を含めるワークフローをオートメーションドキュメントとして作成できます。

EC2インスタンスの停止と開始、定期的なAMIの取得、インスタンスタイプの変更などEC2インスタンスに対してのメンテナンスタスクも自動化ができます。

使い捨て

オートスケーリングによってスケールアウト（追加）やスケールイン（削除）をするインスタンスが、情報や状態を持ち続けていると、簡単には追加・削除できなくなります。場合によってはオートスケーリングも使えなくなります。

Application Load Balancerを使って複数のEC2インスタンスにリクエストを分散している構成で、EC2インスタンスのローカルにセッション情報を持っている場合は、スティッキーセッションを使用して、同じインスタンスにリクエストを送信し続けるようにします。

スティッキーセッションのデメリットは、リクエストが偏る可能性があることと、そのEC2インスタンスに障害が発生すると、結局、セッション情報が失われてしまう点にあります。こういった問題を解決するデザインパターンとして、**セッションステートレス**があります。

▼セッションステートレス ElastiCache

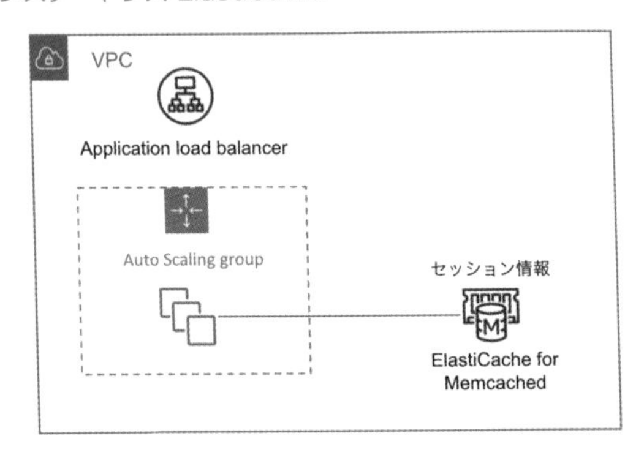

MemcachedやRedisに対応しているアプリケーション、あるいは同じVPCネットワーク内からセッション情報を取得するケースでは、ElastiCacheを使用します。

▼セッションステートレス DynamoDB

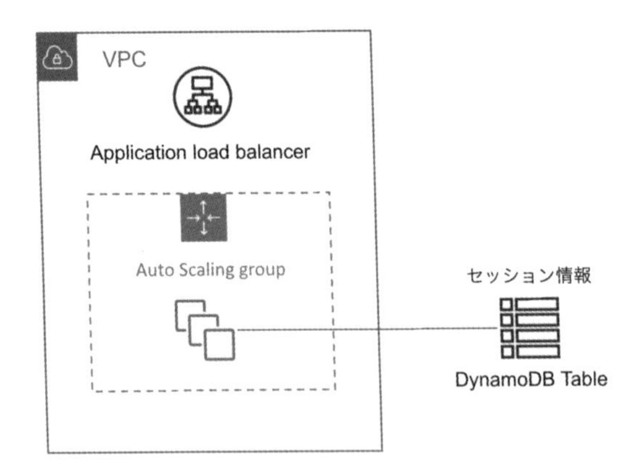

アプリケーションのカスタマイズができて、より頻繁にリクエストが発生する、永続的にセッション情報を保存したい、よりマネージドなサービスを利用したい、といったケースでは、DynamoDBを使用します。

●疎結合

マイクロサービスやサーバーレスアーキテクチャのアプローチで開発した各サービス間の通信を直接的に行っていると、ちょっとした障害がシステム全体に影響してしまうこともあります。

例えば、RDSのフェイルオーバー中にリクエスト拒否が発生するといったことです。それぞれのサービスの処理を非同期化することによって、この問題は解決できる可能性があります。サービス間の依存性を減らして、お互いの障害や変更の影響を減らす設計が**疎結合化**です。

次の例は、SQSを使用した疎結合化です。

▼Web層とアプリケーション層の疎結合化

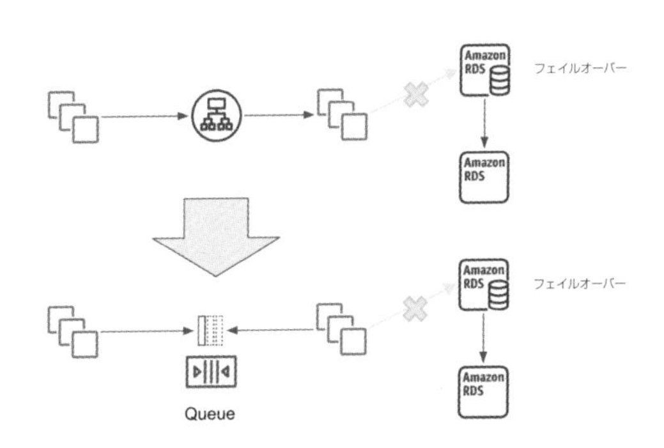

RDSでフェイルオーバーが発生している間はリクエスト拒否が発生しますが、上図の下のように非同期化をすれば、正常に完了しなかったメッセージはキューに残るのでリトライが可能です。RDSのフェイルオーバー完了後、メッセージの処理は正常完了します。そして、疎結合化することで、並列化も容易になります。ファンアウトというデザインパターンです。

▼ファンアウト

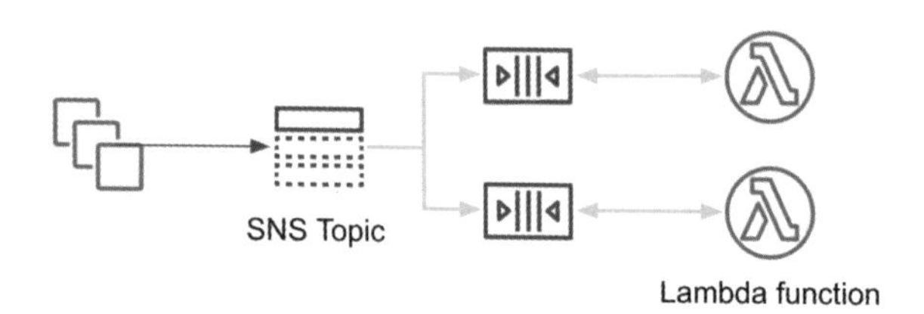

このようにして依存性を減らすことができれば、例えば、新しい機能を追加する際などのリリースリスクも減るので、システム全体の拡張性も高まります。

●サーバーではなくサービスで設計する

EC2を前提に設計しなければ、様々な機能ニーズを、サーバーを管理することなく柔軟に満たすことがやりやすくなります。

次の図は、Webアプリケーションのインターフェイスにも、APIリクエストによるバックエンドの処理もEC2を使用しているケースです。これをS3やAPI Gateway、Lambdaに置き換えます。

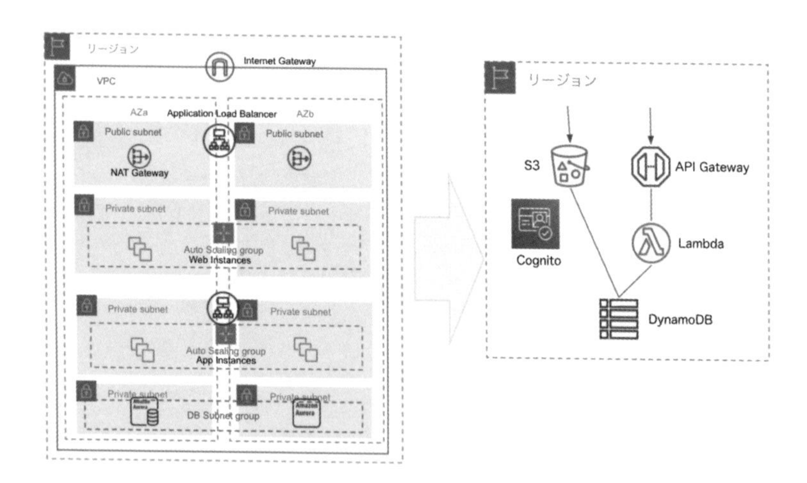

Webページへのリクエストについては S3による高可用性処理を実現でき、APIへのリクエストはAPI Gatewayで守ることができ、リクエストの数だけLambda関数が並列実行されることでスケーラビリティも確保されます。OSの運用管理も実行環境のバージョンアップも必要ありません。

●適切なデータベースを選択する

データベースはそれぞれの目的のために作られています。汎用的にどんな要件にも使用できるデータベースは存在しないと考えてください。一部のデータベースに限定して考えることで、満たせない要件が発生するなど、データベースが制約になってしまうこともあります。最適な設計にするためには、最適なデータベースを選択する必要があります。

以下、代表的なマネージドデータベースサービスと概要、ユースケースを解説します。

■Amazon RDS

OracleやMicrosoft SQL Server、MySQL、PostgreSQL、MariaDBが必要なときに選択します。オンプレミスでこれらのデータベースを使用していて、アプリケーションの設計変更をしない場合などです。例えば、業務アプリケーションなど、強い一貫性が必要で、ユーザー数、リクエスト量が変動しないアプリケーションに向いています。

■Amazon Aurora

MySQLやPostgreSQLが必要なときは、Auroraが使えないかを検証してみましょう。MySQL、PostgreSQLと互換性のある、それぞれの各バージョンをサポートしたタイプが用意されています。MySQLの5倍、PostgreSQLの3倍のスループット性能があり、データは3つのAZで6つのレプリカがあり、可用性にも優れています。リージョンをまたいだグローバルデータベースというオプションもあります。

Aurora Serverlessを使用すれば、状況に応じて必要なリソース（ACU）が変化し、使用されたACUに対してだけ課金されます。

■Amazon DynamoDB

非リレーショナルデータベースです。NoSQLと呼ばれることもあります。水平的にスケーリングし、ユーザーやリクエスト量が変動するアプリケーションでも対応できます。ゲームアプリケーションやモバイルアプリケーション、ECサイトといった、不特定多数のユーザー向けのアプリケーションでよく使用されています。

■ Amazon Redshift

DWH(データウェアハウス) サービスです。BIツールなどのデータソースとして指定して、分析や集計で利用します。非常に高速なクエリを実行できます。また、Redshift Spectrumというサービスを使用すると、S3バケットに保存されたCSVやJSON、Parquetなどの大量なデータの高速分析も行えます。

■ Amazon ElastiCache

オープンソースソフトウェアのMemcached、Redisをマネージドで提供する、インメモリ対応データストアサービスです。

タイプはMemcached、Redisが用意されています。両方とも、主にデータベースやリクエストに対してのキャッシュを持ち、アプリケーションのデータ取得をより高速にし、ゲームやアドテック、ウェブ、モバイルアプリケーションなど様々なユースケースで利用されます。

Redisはより高機能で、Pub/Subをサポートしたメッセージブローカーとして使用されたり、データベースそのものとして使用されたりするケースもあります。

■ Amazon MemoryDB for Redis

リレーショナルデータベースのキャッシュとしてではなく、RedisのPub/Subなどの機能そのものを必要とされるケースで、高パフォーマンスで対応できるマネージドデータベースです。単体で使用できます。

Purpose-built という言葉があります。目的のために作られた、という意味です。すべての機能やサービスは目的があって提供されています。その目的 (要件) に応じて、機能やサービスを選択するのが最もよい方法です。機能やサービス、データベースにあわせて、要件に制約を持たせるのは、不自由な設計だということです。

データベースの制約に縛られることによって、不自由な設計になることが一般的によくありました。AWSは、様々なマネージドデータベースサービスを提供することによりシステム設計は自由になるという意味で、Database Freedomというメッセージを発しています。

●単一障害点をなくす

一番小さな単位の単一障害点は、EC2インスタンスや開発検証用のRDSシングルインスタンスが起動している、1つのハードウェアホストです。ハードウェアが壊れない保障はどこにもありません。これはクラウドに特化した話ではなく、オンプレミスでも発生してきたことです。

オンプレミスでは、常時使用しないハードウェアを大量に調達しておくことは、コスト面から検討されにくく、コールドスタンバイやホットスタンバイとしてのハードウェアをもう1つ用意しておくぐらいが多かったのではないでしょうか。また、データセンターについてもいつ使えなくなるかはわかりません。だからといって複数のデータセンターを利用することは、これもコストと運用の複雑性から、すべてのシステムで実装するというわけにはいきませんでした。

AWSでは、大量のリソース、データセンターが用意されています。データセンターのグループ、AZ（アベイラビリティーゾーン）も各リージョンに必ず2つ以上存在します。2つ以上のAZを使用して設計するのが高可用性のシステムを開発する上では必要です。ほとんどのマネージドサービスでは、自動的に複数のAZが使用されますが、そうでないサービス（EC2）もあるので設計時に意識してください。

■マルチリージョン

リージョンレベルの障害対策をしなければならない要件もあります。その際にRoute 53を使用した複数リージョンを使用したDNSフェイルオーバーも検討できます。

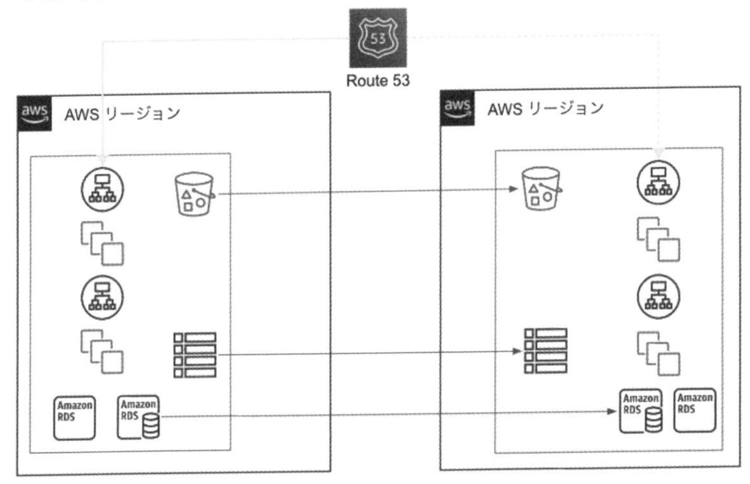

Route 53パブリックホストゾーンで1つのドメインに対して、複数のレコードを設定します。

プライマリには平常時にアクセスするリージョンのApplication Load Balancerを設定して、Route 53のヘルスチェックを設定します。

セカンダリにはプライマリリージョンのヘルスチェックに失敗した際に使用するリージョンの、Application Load Balancerを設定します。

プライマリリージョンに障害が発生し、ヘルスチェックに失敗した際には自動的にDNSクエリに対してセカンダリリージョンにルーティングするように名前解決します。

●コストを最適化する

AWSの各サービスは従量課金です。従量課金の要素は各サービスによって様々ですが、主に容量とリクエストに対しての課金です。

容量とは、保存容量、転送容量、使用しているコンピューティング容量と利用時間などです。リクエストは、その回数などです。

開発設計でコストの最適化を考えるケースでは、利用時間とリクエスト回数をいかに減らすかが課題となります。

次の3つのケースで解説します。

- APIの開発
- CI/CD環境の構築
- DynamoDBの開発

■APIの開発

▼API開発のコスト最適化

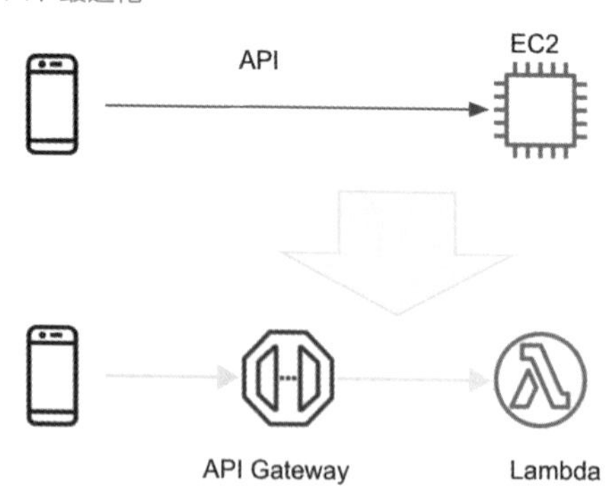

EC2で構築したAPIを運用して、リクエストがないときに待ち受けている時間にコストを発生させるよりも、API GatewayとLambdaを使って開発することで、リクエストが発生したときだけの効率的なコスト利用ができます。

■CI/CD環境の構築

▼AWSコードサービス

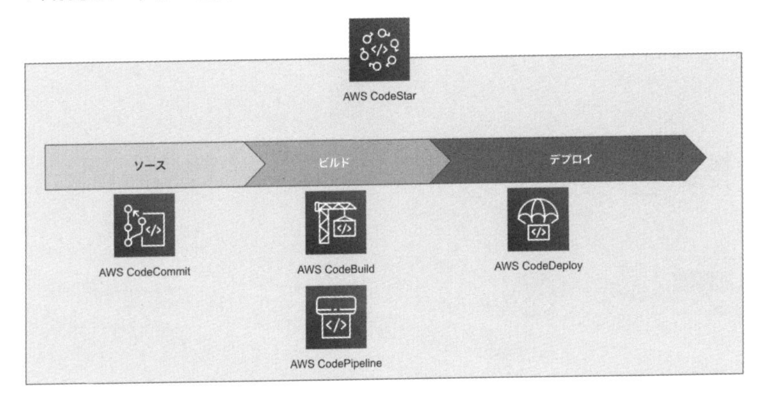

ソースバージョン管理、ビルド環境、デプロイ自動化を自前サーバーで構築するよりも、AWSのコードサービスを使ったほうが、マネージドでCI/CD 環境を構築できて、開発コストを下げることができます。

■DynamoDBの開発

項目を取得する際に、強い整合性を選ぶことはできますが、コストは結果整合性の2倍になります。結果整合性でかまわないところは結果整合性で項目を取得します。他のサービスやAPIアクションもそうですが、コスト効率のいいアクションを実行する、そして、SQSのロングポーリングなどリクエスト回数を減らせるところは減らすことが、コストの最適化につながります。

●キャッシュを使用する

CloudFront、ElastiCacheを利用することでキャッシュが利用できます。キャッシュを使うことで、同じ結果を求めるリクエストを何度も実行する必要がなくなるため、負荷が減り、パフォーマンスとコストの最適化につながります。

■CloudFrontを使用したキャッシュ

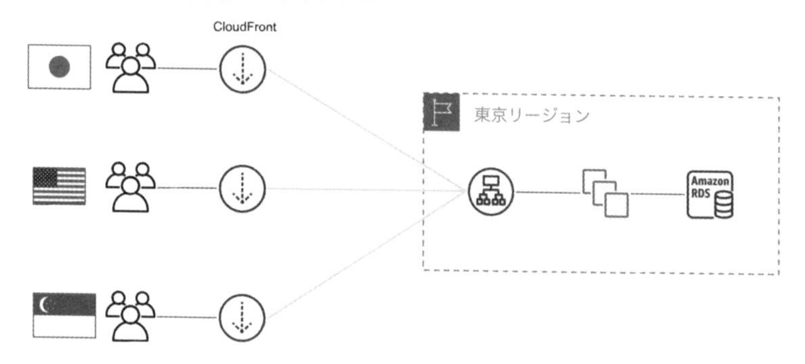

CloudFrontは全世界に550ヶ所以上あるエッジロケーションでキャッシュを利用しますので、グローバルに展開するアプリケーションでも非常に有効です。

CloudFrontと組み合わせて、エッジでLambda関数を実行できる機能がLambda@Edgeです。

エッジで認証をしたり、リクエストを変換したりする際に使用できます。

さらに、軽量（最大メモリ2MB）で短時間（サブミリ秒）のJavaScriptプログラムのみを実行する場合はCloudFront Functionも使用できます。

■ElastiCacheを使用したキャッシュ

遅延読み込みと書き込みスルー（ライトスルー）の2つのキャッシュ戦略を解説します。

処理の順番などをおさえておきましょう。

●遅延読み込み

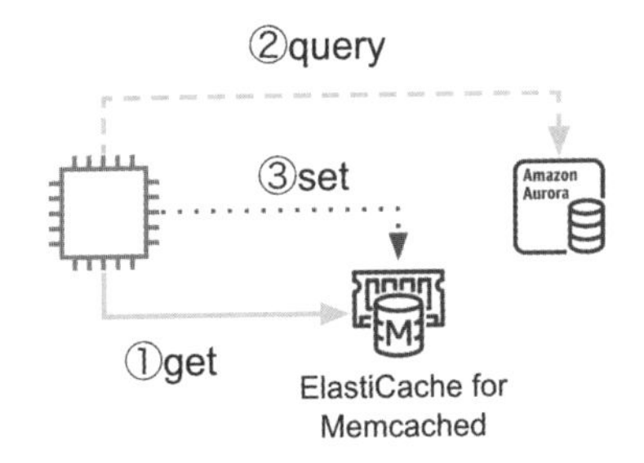

まずキャッシュをゲットしてみて、あれば使います。なければデータベースにクエリを実行して、キャッシュをセットします。

●書き込みスルー（ライトスルー）

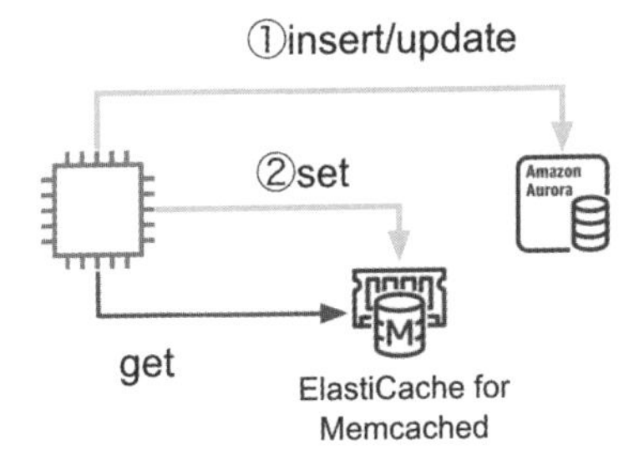

データベースを更新するときは、ElastiCacheにも書き込んでおきます。読み込みは必ずElastiCache から行います。

●すべてのレイヤーでセキュリティを実装する

ネットワークレイヤーでもアプリケーションレイヤーでもセキュリティを設定します。

各サービスや各機能で、どのようにセキュリティが設定できるかについては、SECTION 3で確認してください。

●増え続けるデータを処理する

S3やDynamoDBなどのストレージ無制限のサービスを利用して、増え続けるデータを管理します。

データレイクとしてS3を使用するケースがよくあります。

次の図はその一例です。

▼データレイク例

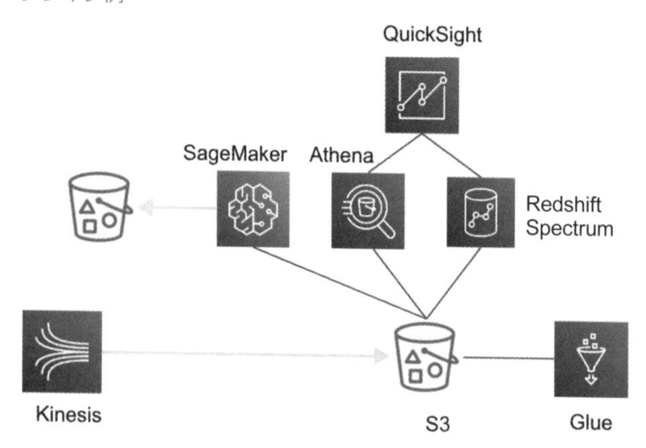

この設計例では、S3のデータをSageMaker、Redshift Spectrum、Athena、Glueなどで分析、集計、変換して出力用のS3バケットに格納したり、QuickSightで可視化したりしています。

5　章末サンプル問題

■問題

Q 1. CloudWatchで独自のカスタムメトリクスをモニタリングしたいです。次のうちのどれが必要でしょうか？　1つ選択してください。

A. PutLogEvents APIアクションを使用してログを送信する。
B. GetMetricData APIアクションを使用してメトリクスを取得する。
C. PutMetricData APIアクションを使用してメトリクスを送信する。
D. CloudWatchでは、標準メトリクス以外はモニタリングできない。

Q 2. EC2の標準メトリクスは次のどれですか？　2つ選択してください。

A. FreeableMemory
B. CPUUtilization
C. VolumeReadOps
D. VolumeWriteOps
E. StatusCheckFailed

Q 3. EBSの標準メトリクスは次のどれですか？　1つ選択してください。

A. CPUUtilization
B. DatabaseConnections
C. VolumeReadOps
D. FreeableMemory

Q 4. RDSの標準メトリクスは次のどれですか？　1つ選択してください。

A. ProvisionedReadCapacityUnits
B. ProvisionedWriteCapacityUnits
C. ThrottledRequests
D. FreeableMemory

Q 5. AWS SDKアプリケーションからDynamoDBへの書き込み遅延が発生しています。どのメトリクスを確認しますか？ 1つ選択してください。

A. TimeToLiveDeletedItemCount
B. ReturnedItemCount
C. ReturnedBytes
D. ThrottledRequests

Q 6. S3の標準メトリクスを2つ選択してください。

A. GetRequests
B. BucketSizeBytes
C. PutRequests
D. DeleteRequests
E. NumberOfObjects

Q 7. Lambdaの実行時間をCloudWatchメトリクスで確認するには、どのメトリクスを使用しますか？ 1つ選択してください。

A. Invocations
B. Errors
C. Duration
D. Throttles

Q 8. サードパーティのAPIをさらに呼び出すAPIをAPI Gatewayで構築しています。設定変更は一切していませんが、最近5xxErrorメトリクスの数が増えています。何を確認しますか？ 1つ選択してください。

A. 呼び出し元が呼び出し方を変えていないかヒアリングする。
B. サードパーティ製品に問題が起こっていないか確認する。
C. API Gatewayのリソースポリシーを調査する。
D. 調査のためAPIを再デプロイする。

Q 9. SQSの利用コストの見直しをすることになりました。まず空の応答数を減らすことを検討したいです。どのメトリクスを確認しますか？　1つ選択してください。

A. SentMessageSize
B. NumberOfEmptyReceives
C. NumberOfMessagesSent
D. ApproximateNumberOfMessagesVisible

Q10. CloudWatchアラームでSNSトピックからEメールエンドポイントにメール通知をしていますが、管理者にメールが届いていないようです。どのメトリクスを確認しますか？　1つ選択してください。

A. NumberOfMessagesDeleted
B. NumberOfMessagesPublished
C. PublishSize
D. NumberOfNotificationsFailed

Q11. Step Functionsステートマシンの実行時間が異常に長い場合はCloudWatchアラームを設定することになりました。どのメトリクスを使用しますか？　1つ選択してください。

A. ExecutionThrottled
B. ExecutionsFailed
C. ExecutionTime
D. ExecutionsSucceeded

Q12. EC2インスタンスで動作しているアプリケーションのログをモニタリングしたいです。どうするのが最適ですか？　1つ選択してください。

A. EC2インスタンスにSSH接続してログファイルをコマンドでモニタリングする。
B. 別途ログサーバーを構築してログサーバーでモニタリングする。
C. CloudWatch Logsをセットアップしてモニタリングする。
D. CloudWatchイベントでモニタリングする。

Q13. CloudWatch LogsにログをEC2をセットアップします。ログデータを送信するために最適な認証設定は次のどれですか？　1つ選択してください。

A. 同じアカウント、同じリージョンのEC2からのログデータ送信なら認証は必要ない。
B. CloudWatch Logsのロググループポリシーに、許可設定を直接記述する。
C. IAMユーザーを作成してPutLogEventsなどのAPIアクションを許可するポリシーをアタッチし、アクセスキーIDとシークレットアクセスキーを発行して、EC2インスタンスでaws configureを実行する。
D. IAMロールにPutLogEventsなどのAPIアクションを許可するポリシーをアタッチして、EC2インスタンスに割り当てる。

Q14. CloudWatch Logsにログを送信するようにEC2をセットアップします。適切な方法を次から1つ選択してください。

A. 何もしなくても固定のログが送信される。
B. PutLogEvents APIを使って独自のコードを実装する。
C. CloudWatchエージェントをインストールしてセットアップする。
D. EC2起動時の詳細設定で、ログ取得パラメータを有効にする。

Q15. EC2インスタンスで起動しているアプリケーションからログファイルに出力されている情報で、定期的に発生しているイベントの回数をモニタリングしたいです。次のどの方法を使えば、最も早く簡単に安定して実現できるでしょうか？　1つ選択してください。

A. アプリケーションから、イベントが発生するごとにPutMetricData APIを使ってカスタムメトリクスとして送信する。
B. ログデータをCloudWatch Logsに送信するようセットアップする。メトリクスフィルターのフィルターパターンに、定期発生するイベントを特定する文字列を設定して、カスタムメトリクスでモニタリングする。
C. CloudWatch Logsにログが送信されたイベントによってLambdaを実行し、ログメッセージに特定文字列が含まれていれば、PutMetricData APIを使ってカスタムメトリクスとして送信する。
D. CloudWatch Logsにログが送信されたイベントによって、データを

OpenSearch Serviceに格納して、OpenSearchダッシュボードでモニタリングする。

Q16. EC2インスタンスで運用しているアプリケーションからログファイルに出力されている数値情報をモニタリングして、しきい値を特定時間上回った場合に通知したいです。どの方法を使えば、最も早く簡単に安定して実現できるでしょうか？　1つ選択してください。

A. アプリケーションから数値情報をPutMetricData API を使ってカスタムメトリクスとして送信する。
B. ログデータをCloudWatch Logsに送信するようセットアップする。メトリクスフィルターのフィルターパターンに、変数を設定して、メトリクス値を該当変数にする。カスタムメトリクスでモニタリングする。
C. CloudWatch Logsにログが送信されたイベントによってLambdaを実行し、ログメッセージの該当数値をPutMetricData APIを使ってカスタムメトリクスとして送信する。
D. CloudWatch Logsにログが送信されたイベントによって、データをOpenSearch Serviceに格納して、OpenSearchダッシュボードでモニタリングする。

Q17. 企業のモニタリングルームで、各サービスのメトリクスを定期自動更新モニターで常に可視化表示したいです。どの方法を使えば、最も早く簡単に安定して実現できるでしょうか？　1つ選択してください。

A. OpenSearch Serviceにすべてのメトリクスを格納して、OpenSearchダッシュボードでモニタリングする。
B. メトリクスをS3バケットに書き出して、Athena、QuickSightと連携してグラフで可視化する。
C. Redshiftにメトリクスを格納して、サードパーティBI製品を使用して可視化する。
D. CloudWatchダッシュボードを構成する。

Q18. 複数のVPCとVPCエンドポイントで構築しているアプリケーションがあります。特定のサーバーからRDSデータベースに対するリクエストがタイムアウトします。どこまでの接続が許可されていて、どこで拒否されているかを調べたいです。どの機能を使うのが適切ですか？　1つ選択してください。

A. CloudWatch Logs
B. RDSイベントログ
C. CloudTrail
D. VPCフローログ

Q19. VPCフローログの発行先を次から2つ選択してください。

A. S3バケット
B. DynamoDBテーブル
C. CloudTrailログ
D. CloudWatch Logs
E. EBS

Q20. VPCフローログをCloudWatch Logsに発行するためのIAMロール信頼ポリシーでは、Principalの設定は次のうちどれですか？　1つ選択してください。

A. ec2.amazonaws.com
B. ec2.vpc.amazonaws.com
C. vpc.amazonaws.com
D. vpc-flow-logs.amazonaws.com

Q21. VPCフローログをS3バケットに発行するためのIAMロール信頼ポリシーでは、Principalの設定は次のうちどれですか？　1つ選択してください。

A. cloudwatch.amazonaws.com
B. cloudwatch.logs.amazonaws.com
C. delivery.logs.amazonaws.com
D. logs.amazonaws.com

Q22. EC2インスタンスを終了したユーザーや時間、リクエスト送信元を特定したいです。何を確認しますか？　1つ選択してください。

A. マネジメントコンソールのEC2メニュー
B. aws ec2 describe-instances
C. CloudTrail
D. CloudWatch

Q23. Lambdaで実装したアプリケーションで、処理に想定以上の時間がかかっています。どこがボトルネックになっているか確認するにはどうすればいいですか？　1つ選択してください。

A. CloudTrailを確認する。
B. CloudWatchメトリクスを確認する。
C. CloudWatch Logsを確認する。
D. アクティブトレースを有効にして、X-Ray SDKを使ったコードを追加して、サービスマップとトレースを確認する。

Q24. PythonアプリケーションをX-Rayによるモニタリングの対象とするために必要な設定は次のどれですか？　2つ選択してください。

A. アプリケーションにPutMetricDataを許可する。
B. アプリケーションにPutTraceSegmentsを許可する。
C. Boto3を使う。
D. X-Ray SDKを使って送信する。
E. X-Rayで対象のアプリケーションとして選択する。

Q25. アプリケーションからのAWS APIへの直接リクエストに対して、5xxエラーメッセージが返されました。どう対応しますか？　1つ選択してください。

A. アプリケーションのプログラムソースコードをデバッグする。
B. エクスポネンシャルバックオフアルゴリズムで再試行する。
C. リソースを再起動する。
D. 何もしない。

Q26. アプリケーションからのAWS APIへの直接リクエストに対して、4xxエラーメッセージが返されました。どう対応しますか？　1つ選択してください。

A. アプリケーションのプログラムソースコードをデバッグする。
B. エクスポネンシャルバックオフアルゴリズムで再試行する。
C. リソースを再起動する。
D. 何もしない。

Q27. Lambda関数でスロットリングエラーが発生しました。何を確認しますか？　1つ選択してください。

A. IAMロールにアタッチされているIAMポリシー
B. アクティブトレースの設定
C. Lambda関数の同時実行数
D. Lambda関数のメモリを減少する

Q28. KMSへのAPIリクエストでスロットリングエラーが発生しました。何を検討しますか？　1つ選択してください。

A. クォータ引き上げリクエスト
B. API リクエストの並列処理
C. キーのローテーション
D. Secrets Managerの使用

Q29. 開発ユーザーにリザーブドインスタンスの購入は許可したくありません。そして、EC2のほとんどの権限は許可しています。本当にこのユーザーでリザーブドインスタンスの購入アクションがブロックされているか、確認しておきたいです。どうすればいいですか？

A. 開発ユーザーにパスワードを教えてもらって、マネジメントコンソールにログインして操作する。
B. 開発ユーザーにアクセスキーを教えてもらって、CLIで試してみる。
C. 開発ユーザー自身にリザーブドインスタンスの購入を試してもらう。万が一のことを考えて一番コストの低いインスタンスにしておく。
D. IAMポリシーシミュレーターで確認する。

Q30. EC2インスタンスにスケーラビリティを確保する方法を次から2つ選択してください。

A. CPU使用率に応じて設定するEC2 Auto Scaling
B. EC2 Auto Recovery
C. EC2スポットインスタンス
D. SQSメッセージ数によるEC2 Auto Scaling
E. Application Load Balancer

Q31. ALBとEC2オートスケーリングで構成されているアプリケーションで、時々、リクエストが1つのインスタンスに偏っていることがあります。どうすればこの問題を解消し、均等負荷分散ができるようになりますか？　次から2つ選択してください。

A. Connection Drainingを有効にする。
B. セッションの維持を無効化する。
C. オートスケーリングを無効化する。
D. クールダウン時間を増やす。
E. セッション情報をDynamoDBに格納する。

Q32. データベースのフェイルオーバーのタイミングでも、ユーザーからのリクエストは受け続けたいです。どうすればいいですか？　次から1つ選択してください。

A. フェイルオーバー中はソーリーページを表示する。
B. リクエストは受け続けて、データベースがリクエストを拒否した場合はアプリケーションが再試行し続ける。
C. データベースのリードレプリカを用意して、フェイルオーバー中はリードレプリカに書き込む。
D. リクエストメッセージをキューに格納し、コンシューマーアプリケーションがメッセージを受信してデータベースに書き込む。

Q33. S3バケットに格納された画像のサムネイル化、モバイル向けのサイズ調整、ウェブ向けのサイズ調整を並列化したいです。どのようなデザインパターンで実装しますか？　次から1つ選択してください。

A. S3バケットから3つのSQSに対して通知する。SQSをトリガーとしたLambdaをそれぞれデプロイする。
B. S3バケットから3つのLambdaに対して通知する。
C. S3バケットからSNSに対して通知し、3つのSQSにサブスクライブする。SQSをトリガーとしたLambdaをそれぞれデプロイする。
D. S3バケットから1つのLambdaに対して通知し、そのLambda関数でサムネイル化と各サイズ調整をまとめて行う。

Q34. ユーザーからのリクエストを処理している静的なWebフォームがあります。バックエンドはAPIリクエストを受け付けて処理しています。両方ともEC2インスタンスを1つ起動しています。今後、このアプリケーションに多くのアクセスとリクエスト発生の可能性があります。どのように対応するのが最適ですか？　次から1つ選択してください。

A. WebフォームとバックエンドのEC2インスタンスのサイズを大きくする。
B. WebフォームのEC2インスタンスを大きくして、バックエンドアプリケーションをAPI GatewayとLambdaに移行する。
C. WebフォームをS3バケットへ、バックエンドアプリケーションのEC2インスタンスサイズを大きなものに変更する。
D. WebフォームをS3バケットへ、バックエンドアプリケーションをAPI GatewayとLambdaに移行する。

Q35. MySQLを必要とするアプリケーションがあります。リクエスト量が予測できないのでインスタンスクラスを決定できません。どのデータベースサービスを使用しますか？　次から1つ選択してください。

A. RDS
B. DynamoDB
C. Aurora
D. ElastiCache

Q36. DynamoDBで、コストが2倍かかってもいいので、強い整合性の読み込みが必要です。どうしますか？

A. 結果整合性の読み込みを2回行う。
B. BatchGetItemを実行する。
C. GetItem、Query、Scanを実行するときに、ConsistentReadパラメータを追加する。
D. GetItem、Query、Scanを実行するとデフォルトで強い整合性になるので、何も指定しない。

Q37. 常に最新の情報をGetCacheできるのはどの方法でしょうか？　1つ選択してください。

A. ファンアウト
B. ライトスルー
C. 遅延キャッシュ
D. スティッキーセッション

Q38. データレイクとしてデータをため続ける先に最も適したサービスは次のどれですか？　1つ選択してください。

A. Redshift
B. SageMaker
C. S3
D. Athena

■正解と解説

Q 1 正解 C

A：PutLogEventsはCloudWatch Logsへのログデータ送信に必要です。

B：GetMetricDataはメトリクスデータの取得に使用します。

D：PutMetricDataを使用すると、独自の数値情報をカスタムメトリクスとして管理が可能です。

Q 2 正解 B, E

A：EC2インスタンスのメモリ情報はカスタムメトリクスとして取得できます。

C, D：EBS の標準メトリクスです。

Q 3 正解 C

A：EC2などの標準メトリクスです。

B, D：RDS の標準メトリクスです。

Q 4 正解 D

A, B, C：DynamoDBの標準メトリクスです。

Q 5 正解 D

書き込み遅延の発生可能性として、プロビジョニングされたキャパシティユニットを超えてリクエストが発生した可能性があります。スロットリングされたリクエストがないか確認します。SDKはエクスポネンシャルバックオフアルゴリズムによる自動再試行をします。

A：有効期限設定によって削除された項目数です。

B：Queryなどで返された項目数です。

C：Queryなどで返された項目サイズです。

Q 6 正解 B, E

A, C, D：S3のリクエストメトリクスはカスタムメトリクスです。追加の設定が必要です。

Q 7 正解 C

Q 8 正解 B

5xxErrorはサーバー側の原因です。設定変更はしていないということですので、サードパーティ製品で問題があった可能性が高いです。

A：5xxErrorはサーバー側の問題ですので、クライアントの問題ではありません。

C：変更していないのでリソースポリシーに原因はありません。

D：一度デプロイしたものが勝手に変わることはありません。

Q 9 正解 B

SNSトピックからの配信失敗はNumberOfNotificationsFailedで確認できます。

Q10 正解 D

A：SQSキューから削除されたメッセージ数です。SNSではメッセージを任意に削除できません。

Q11 正解 C

Q12 正解 C

任意のアプリケーションの任意のログをモニタリングする最適解はCloudWatch Logsです。

A：手間がかかるので最適ではありません。

B：手間もコストもかかるので最適ではありません。

D：CloudWatchイベントはAWSのAPIイベントをトリガーにします。

EC2インスタンス上のアプリケーションではありません。

Q13 正解 D

A：同じアカウント、同じリージョンであっても必要です。

B：ロググループポリシーというリソースベースのポリシーはありません。

C：可能ですが、EC2インスタンスにアクセスキーID、シークレットアクセスキーを直接設定するよりもIAMロールを使ったほうがよりセキュアなので、望ましくありません。

Q14 正解 C

CloudWatchエージェントをインストールするのが最もシンプルで素早い方法です。

A：何もなしでは送信されません。対象ログファイルも、必要なログファイルを指定します。

B：独自のコードを実装しなくてもCloudWatchエージェントがあります。

D：このようなパラメータはありません。

Q15 正解 B

どの方法でも実現できますが、「最も早く簡単に安定して実現できる」のはBです。メトリクスフィルターでは、シンプルに文字列の出現回数をメトリクスにできます。

A：アプリケーションのカスタマイズが必要です。

C：Lambda関数を開発する必要があります。

D：OpenSearch Serviceをデプロイする必要があります。

Q16 正解　B

どの方法でも実現できますが、「最も早く簡単に安定して実現できる」のはBです。メトリクスフィルターでは、ログに含まれる数値情報をメトリクスとして扱えます。

A：アプリケーションのカスタマイズが必要です。

C：Lambda関数を開発する必要があります。

D：OpenSearch Serviceをデプロイする必要があります。

Q17 正解　D

どの方法でも実現できますが、「最も早く簡単に安定して実現できる」のはDです。CloudWatchダッシュボードには、複数のメトリクスとグラフで可視化し、特定周期で自動更新する機能があります。

A：OpenSearch Serviceをデプロイする必要があります。

B：S3バケット、Athena、QuickSightをデプロイする必要があります。

C：RedshiftとBI製品をデプロイする必要があります。

Q18 正解　D

VPCに関係するネットワークログは、VPCフローログで確認するのが最適です。

A：CloudWatch Logsは主にアプリケーションのログを確認するために使います。

B：RDSイベントは、RDSインスタンスに対してのAWS APIによるログです。ネットワークのログではありません。

C：CloudTrailに記録されるのはAWS APIのログです。ネットワークのログではありません。

Q19 正解　A, D

Q20 正解　D

Q21 正解　C

Q22 正解　C

A：EC2コンソールでは操作の詳細情報は確認できません。

B：AWS CLIでも直前操作の詳細情報は確認できません。

D：CloudWatchでは操作の詳細情報は確認できません。

Q23 正解　D

アプリケーション（特にマイクロサービス）のパフォーマンスボトルネックやバグを特定するのは、X-Rayが最適です。

Q24 正解　B, D

A：PutMetricDataはCloudWatchにカスタムメトリクスを送信するときに使用します。

C：X-Ray SDKはBoto3には含まれません。

E：そんな機能はありません。

Q25 正解　B

Q26 正解　A

Q27 正解　C

スロットリングエラーが発生している場合は、Lambda関数ごとの同時実行数で制限していないか確認してください。

アカウントのデフォルト制限に達しているときは、クオータ引き上げ申請を検討してください。

A：実行ポリシーの権限は関係ありません。

B：X-Rayへのアクティブトレースではスロットリングエラーの発生回数を確認できます。スロットリングエラーを検知したあとの問題なので、除外します。

D：メモリを減らすと、処理時間が伸びる可能性があり逆効果です。

Q28 正解　A

B：並列処理により秒間リクエストが集中する可能性があります。

C：ローテーションは関係ありません。

D：Secrets Managerの利用も関係ありません。

Q29 正解　D

A, B：認証情報の共有はリスクがあります。

C：シミュレーターで確認できます。

Q30 正解　A, D

代表的な方法はWebアプリケーションのオートスケーリングおよびSQSと組み合わせたオートスケーリングです。

B：Auto Recoveryは、障害復旧目的でEC2インスタンスを同じAZで自動再起動させます。スケーラビリティとは関係ありません。

C：スポットインスタンスはEC2の料金オプションの1つで、AZで余っている容量を使ってコストを削減します。

E：Application Load Balancer（ALB）を使って、複数のEC2にリクエストを分散できますが、ALBそのものがEC2のスケーラビリティを確保するというわけではありません。

Q31 正解　B, E

「スティッキーセッション」は機能名であってメニュー名ではありませんの

で、「セッションの維持」など、ふるまいを示すような記述になっていることもあります。

セッション情報をサーバーローカルに保存しているので、セッションを維持しなければならず、そのためにリクエストの偏りが発生しているので、セッション情報をEC2以外に保存して、セッション維持を無効化します。

A：Connection Drainingは、ALBからインスタンスを安全に切り離す機能です。

C：オートスケーリングの有効無効も影響しません。

D：クールダウンはオートスケーリングアクションの連続実行を抑制する機能です。

Q32 正解　D

アプリケーションサーバーはキューのメッセージを受信して処理することで、データベースへの書き込みができなかったときには、キューにメッセージを残します。これにより安全なリトライができます。

A：リクエストを受け続けたいので、ソーリーページを表示する方法では要件を満たせません。

B：非同期化せずに再試行だけを繰り返す場合は、処理が完了するまでユーザーが待たされる設計が考えられます。また、受け続けているリクエストがたまり続けることによって、アプリケーションサーバーが新しいリクエストを受け付けられなくなってしまうことも考えられます。

C：整合性が維持できなくなりますので、リードレプリカには書き込みを許可しません。

Q33 正解　C

ファンアウトを実装します。

A, B：S3の通知は、SQS、Lambdaに対しても行えますが、1つのパスに対して複数の通知先は設定できません。

D：並列化したいという要件を満たしていません。

Q34 正解　D

静的なWebフォームはS3が適しています。APIはAPI GatewayとLambdaが適しています。

A, B, C：EC2インスタンスを1つしか使わない単一障害点が残ります。それぞれの役割に適したサービスを選択していません。

Q35 正解　C

リクエスト状況に応じてリソースを増減させられるAurora Serverlessが使用できます。

A：RDSはインスタンスクラスを決める必要があります。

B, D：MySQLが必要という要件が満たせません。

Q36 正解　C

強い整合性の読み込みにはConsistentReadパラメータが必要です。

A：結果整合性の読み込みを２回行っても強い整合性にはなりません。

B：BatchGetItemは並列処理です。

D：デフォルトは結果整合性です。

Q37 正解　B

Q38 正解　C

MEMO

SECTION 6

本試験想定問題集

このSECTIONには本試験と同様のアプローチで現場の要件を想定した問題を用意しました。これらはあくまでも想定問題なので、本試験とは問題数や形式、内容などが異なることをご承知おきください。

本試験想定問題集

■問題

Q 1. 企業はコーポレートサイトをAWSに移行しました。画像やHTML、CSS、JavaScriptは、S3に配置しました。サイトには資料請求フォームがあります。顧客が情報を入力して、送信ボタンを押下したあと、情報をDyanamoDBに格納し、担当者に通知するPythonのプログラムがあります。JavaScriptからはREST APIにリクエストできます。どのサービスを使えば、素早く構築し、コスト効率よく運用ができますか？　2つ選択してください。

A. CloudWatch
B. API Gateway
C. Glue
D. Lambda
E. ElastiCache

Q 2. 企業はコーポレートサイトをインターネット上に展開します。グローバルに展開していく必要があり、通信プロトコルはHTTPS必須にします。動的なコンテンツは、Application Load Balancer、EC2インスタンスのオートスケーリンググループ、Aurora MySQLで構築済です。静的コンテンツはS3バケットに配置済みです。あとはどのようにして構成しますか？　1つ選択してください。

A. Application Load BalancerにCertificate Managerの証明書を設定して、HTTPリクエストをHTTPSにリダイレクトします。
B. CloudFrontにCertificate Managerの証明書を設定して、HTTPリクエストをHTTPSにリダイレクトします。
C. CloudFrontにCertificate Managerの証明書を設定して、HTTPリクエストをHTTPSにリダイレクトします。オリジンにS3とALBを設定します。

D. CloudFrontにCertificate Managerの証明書を設定して、HTTPリクエストをHTTPSにリダイレクトします。オリジンにS3を設定してOACを設定します。もう1つのオリジンにALBを設定し、カスタムヘッダーとAWS WAFルールを設定します。

Q 3. Application Load BalancerやEC2インスタンスのオートスケーリンググループ、Aurora MySQLで構成しているアプリケーションがあります。それぞれのセキュリティグループのアウトバウンドは、デフォルトのすべて許可から変更して、必要最低限のポートと送信先に限定しています。Aurora MySQLを起動しているサブネットでは、ネットワークACLもデフォルトから変更して、必要最低限の通信しか許可しないようにインバウンド、アウトバウンドともに設定しています。設定どおりに通信が許可され、無関係な通信がブロックされているかどうかを、何かがあったときに追跡調査する必要がありますが、何もなければモニタリングする必要はありません。次のどれを設定すれば、コストの最適化を図りながら実現できますか？　1つ選択してください。

A. CloudTrailでS3バケットへ出力する。
B. CloudWatchメトリクスとダッシュボード。
C. VPCフローログをS3バケットへ出力する。
D. VPCフローログをCloudWatch Logsへ出力する。

Q 4. SQSキューやEC2インスタンスのオートスケーリンググループ、DynamoDBで構築しているジョブアプリケーションがあります。EC2インスタンス上のアプリケーションからジョブによって取得されるアイテムの属性値をカスタムメトリクス値としてCloudWatchに書き込む必要があります。EC2インスタンスに割り当てるIAMロールにアタッチするIAMポリシーには、次のうちどのAPIアクションを設定する必要がありますか？　1つ選択してください。

A. SetAlarmState
B. PutLogs
C. PutMetricData
D. PutMetricAlarm

Q 5. アプリケーションの開発時に、AWS Key Management Service(KMS)のキーへのリクエストでスロットリングエラーが発生していることを確認しました。対応として何を検討しますか？　1つ選択してください。

A. 暗号化／復号化のバッチ処理
B. クォータの引き上げ申請リクエスト
C. CloudHSMの利用
D. 暗号化処理の削減

Q 6. 企業はEC2インスタンスのセキュリティレベルを向上するために、EC2インスタンス上のアプリケーションが使用する他サービスへの認証認可をIAMロールで設定することにしました。各アプリケーションが必要とするIAMポリシーを調査して、それぞれ最小権限の原則に従ったIAMロールを作成しました。IAMロールを設定する作業が完了したので、既存のEC2インスタンスに設定されていたアクセスキー情報をIAMユーザーコンソールで無効化しました。その直後から、各アプリケーションで権限エラーが発生するようになりました。どう対応するべきでしょうか？　1つ選択してください。

A. アクセスキー情報を無効化ではなく削除する。
B. IAMポリシーをそれぞれフルアクセスできる権限に変更する。
C. 各EC2インスタンスから.aws/credentialsファイルを削除する。
D. IAMロール割り当て後にEC2インスタンスを再起動していなかったので、再起動する。

Q 7. AWS SDKがない言語で開発されているアプリケーションをカスタマイズして、一部でAWSのサービスを使用しています。AWSサービスのAPIに署名バージョン4で作成した認証情報を使ってリクエストしています。5xxエラーが発生したときの対応として望ましいものを次から1つ選択してください。

A. 再試行ロジックを実装する。
B. エクスポネンシャルバックオフアルゴリズムで再試行ロジックを実装する。

C. AWSサポートへ連絡する。
D. クォータ引き上げ申請をリクエストする。

Q 8. DynamoDBテーブルを使用するアプリケーションを開発しています。2KBの結果整合性の読み込みが1秒間に100回発生します。読み込みキャパシティユニット（RCU）はいくつ必要でしょうか？　1つ選択してください。

A. 25
B. 50
C. 75
D. 100

Q 9. DynamoDBテーブルを使用するアプリケーションを開発しています。1.5KBの項目の書き込みが1秒間に200回発生します。書き込みキャパシティユニット（WCU）はいくつ必要でしょうか？　1つ選択してください。

A. 100
B. 200
C. 300
D. 400

Q10. 企業がエンドユーザー向けのゲームアプリケーションを開発します。現時点ではどれくらいの利用者アカウントが登録されるかはわかりません。全世界のユーザーランキングを一元管理して、定期的にキャンペーンを行いたいです。データはシンプルで、複雑な制約を持つ予定はありません。全世界のユーザーについて可能な限りレイテンシーを考慮した設計にしたいです。次のうちどの構成が望ましいでしょうか？　1つ選択してください。

A. Auroraのグローバルデータベースを使用する。
B. RDSのクロスリージョンリードレプリカを使用する。
C. DynamoDBテーブルでグローバルテーブル機能を使いアプリケーションからのレイテンシーを抑える。オンデマンドモードで使用する。
D. DynamoDBテーブルでグローバルテーブル機能を使いアプリケーションからのレイテンシーを抑える。プロビジョニング済みキャパシティモードで使用する。

Q11. 企業はDynamoDBを使用してダイレクトメールを送信したあとのアクティビティを管理しています。エンドユーザーがメール内のリンクをクリックしたときにDynamoDBテーブルへ新しいアイテムが書き込まれます。ユーザーがリンクをクリックしたことをレコメンドエンジンに通知するLambda関数を開発しました。DynamoDBとLambda関数で追加の設定は何が必要でしょうか？　1つ選択してください。

A. Lambda関数でトリガーにDynamoDBテーブルを設定する。
B. DynamoDBテーブルでストリーミングを有効にする。Lambda関数でトリガーにDynamoDBテーブルを設定する。
C. Lambda関数でトリガーにDynamoDBテーブルを設定する。Lambda関数のIAMロールのポリシーに、ストリームのレコードを取得する権限を設定する。
D. DynamoDBテーブルでストリーミングを有効にする。Lambda関数でトリガーにDynamoDBテーブルを設定する。Lambda関数のIAMロールのポリシーに、ストリームのレコードを取得する権限を設定する。

Q12. 企業はゲームアプリケーションのセッション情報をDynamoDBテーブルに格納して、EC2インスタンス上のアプリケーションサーバーから読み書きしています。この処理に数ミリ秒のレイテンシーが発生しており、企業はさらなるパフォーマンス向上を目指したく、開発者に改善を要求しました。開発者はどのように対応しますか？　1つ選択してください。

A. オブジェクト永続性モデルを使用するようコードをカスタマイズする。
B. WCU／RCUを倍にする。
C. オンデマンドモードに変更する。
D. DAXをセットアップする。

Q13. ユーザーIDをパーティションキーとして個人文書を管理しているDynamoDBテーブルがあります。自分がオーナーになっている文書しか表示させてはいけません。アプリケーション上でもこの仕様に沿って開発していますが、企業はさらにAWSのAPIレベルでの制御も要件に追加しました。どのようにして実現しますか？　1つ選択してください。

A. ユーザーIDごとにDynamoDBテーブルを分けて、ResourceARNのテーブル名にポリシー変数を使用する。リクエストごとに認証情報を切り替える。
B. DynamoDBのリソースベースのテーブルポリシーで制御する。
C. アプリケーションに適用するIAMポリシーにConditionを追加してdynamodb:LeadingKeysを含める。
D. S3に移行してバケットポリシーにポリシー変数を追加する。

Q14. オフラインストアの商品売上記録を管理しているDynamoDBテーブルがあります。パーティションキーは商品ID、ソートキーは伝票明細Noです。このDynamoDBテーブルはすでに運用中です。属性の販売地域軸で販売日時明細Noの範囲での検索を、アプリケーションから迅速に行えるようにしたいと考えています。どのようにしますか？　1つ選択してください。

A. 販売地域をパーティションキー、販売日時明細Noをソートキーとしたローカルセカンダリインデックスを作成する。
B. 販売地域をパーティションキー、販売日時明細Noをソートキーとしたグローバルセカンダリインデックスを作成する。
C. 商品IDをパーティションキー、販売日時明細Noをソートキーとしたローカルセカンダリインデックスを作成する。
D. グローバルテーブルを作成する。

Q15. プロフィール写真の情報を管理しているDynamoDBテーブルを新規作成します。プロフィール写真はS3バケットに格納しています。パーティションキーはユーザーID、画像ファイルIDがソートキーです。このDynamoDBテーブルにはRekognitionで解析した結果を属性として保管します。人事部門がユーザーIDごとにSmile値のレンジで検索をします。どのようにしますか？　1つ選択してください。

A. ユーザーIDをパーティションキー、Smileをソートキーとしたグローバルセカンダリインデックスを作成する。
B. ユーザーIDをパーティションキー、Smileをソートキーとしたローカルセカンダリインデックスを作成する。

C. 画像ファイルIDをパーティションキー、Smileをソートキーとしたグローバルセカンダリインデックスを作成する。
D. 画像ファイルIDをパーティションキー、Smileをソートキーとしたローカルセカンダリインデックスを作成する。

Q16. 注文を管理するDynamoDBテーブルを設計しています。パーティションキーは注文日にする必要が要件としてあります。注文ID属性をソートキーにします。しかし、このままでは当日の注文記録の項目が頻繁に書き込まれるので、特定のパーティションに書き込みが集中することが想定されます。複数のパーティションに効率よく分散させながら、特定の項目を簡単にGetItemするためにはどのようにすればいいでしょうか？　1つ選択してください。

A. 注文IDをパーティションキーにする。
B. ランダムなサフィックス値1～200を注文日の後ろに付加して、パーティションが均一に分散されるようにする。
C. 注文IDをもとに計算したサフィックス値1～200を注文日の後ろに付加して、パーティションが均一に分散されるようにする。
D. ソートキーに注文ID_商品IDとして連結する。

Q17. 企業はポータルサイトの会員向けにAPIを提供します。APIはAPIGatewayとAWS Lambdaで構築しています。ポータルサイトの会員の認証は独自の認証ロジックで実装しており、認証のためのAPIも存在します。ユーザーはポータルサイトで発行したアクセスキーをAuthorizationヘッダーに含んでリクエストを実行することで、APIを使用できます。APIの認証の際にも、ポータルサイトと同様に独自の認証ロジックを利用します。APIの認証結果や利用結果はLambda関数によってS3に記録されます。以上を実現するためにはAPI Gatewayをどのように構成しますか？　1つ選択してください。

A. APIリソースベースのポリシーを設定して、Conditionで条件を追加する。
B. IAM認証を選択し、APIリソースベースのポリシーを設定して、Conditionで条件を追加する。

C. Lambda Authorizerを作成し、認証APIを使って認証して、結果をS3に保存する認証のためのLambda関数を作成する。
D. Cognito Authorizerを作成して、Cognitoユーザープールで認証をする。

Q18. 企業は学習結果をチェックする確認テストAPIをリリースします。顧客はこのAPIを利用して独自の学習ポータルを自社向けに開発したり、コンシューマー向けに開発したりします。企業は顧客ごとにAPIリクエスト数の上限を設けてサブスクリプション形態での提供を考えています。なるべく少ない工数で実現したいと考えています。どうやって実現しますか？ 1つ選択してください。

A. API Gatewayのデフォルトのクォータにより制限されているので、何もする必要はない。
B. APIステージのスロットリングを設定する。
C. 使用量プランをステージとAPIキーに紐付けて顧客に専用のAPIキーを渡す。
D. 使用量プランをステージとAPIキーに紐付けて顧客に専用のAPIキーを渡す。メソッドリクエストでAPIキーの必要性を有効にする。

Q19. API GatewayのGETメソッドリクエストのステージでキャッシュを有効にしています。ほとんどのクライアントからはキャッシュされた特定時点のデータが得られますが、特定のクライアントからはクライアント側のリクエストにより最新の結果を取得する必要があります。どうすれば実現できますか？ 1つ選択してください。

A. マネジメントコンソールより、ステージ設定でキャッシュ全体のフラッシュを実行する。
B. API Gatewayのキーごとのキャッシュの無効化で認可を設定し、クライアントアプリケーションにはexecute-api:InvalidateCacheを許可する。クライアントからCache-Control:max-age=0ヘッダーを含むリクエストを送信する。
C. API Gatewayのキーごとのキャッシュの無効化で認可を設定し、クライアントからCache-Control:max-age=0ヘッダーを含むリクエストを送信する。
D. クライアントからCache-Control:max-age=0 ヘッダーを含むリクエストを送信する。

Q20. EC2で構築しているHTTPS APIサーバーをAPI Gatewayで保護することになりました。EC2へのアクセスはパブリックアクセスですが、API Gateway設定後は直接的なリクエストアクセスを制限する必要があります。次のどの設定によって実現できますか？　2つ選択してください。

A. APIキーを有効化する。
B. IAM認証を有効化する。
C. API Gatewayでクライアント証明書を作成する。
D. Lambdaオーソライザーを設定する。
E. APIステージで作成した証明書を選択する。バックエンドサーバーで証明書を検証するよう設定する。APIのテストでクライアント証明書を指定してテストする。

Q21. 企業はパートナー企業とコラボレーションすることになり、パートナー企業のポータルサイトから連携送信されたときに、サービスコード情報を確認してインセンティブコードを返却するAPIを開発しています。パートナー企業のIPアドレスは固定化されていて、送信元IPアドレス範囲は明確に決まっているので、そのIPアドレス範囲のみリクエストを許可するようにAPIを構成します。以下のどの方法を使用しますか？　1つ選択してください。

A. IAM認証を有効化する。
B. Cognitoオーソライザーを設定する。
C. APIのリソースポリシーを作成してCondition aws:SourceIpで制御する。
D. APIのリソースポリシーを作成してCondition aws:SourceVpceで制御する。

Q22. Application Load BalancerとEC2オートスケーリングで構築しているシンプルなAPIがあります。DynamoDBでクエリした結果をレスポンスとして返します。Python 3.x で開発されています。リクエストがいつ発生するかわからないので、EC2は最低限必要な数を常時稼働させています。急激にリクエストが発生してEC2インスタンスの起動が間に合わなかったり、リクエストがまったく発生しない時間は無駄なコストが発生したりしています。次のうちどの方法が最もコストを削減できる可能性がありますか？　1つ選択してください。

A. DynamoDBをオンデマンドモードにする。
B. API GatewayとALBとEC2でAPIを構築し、DynamoDBをオンデマンドモードにする。
C. API GatewayとLambdaでAPIを構築し、DynamoDBをオンデマンドモードにする。
D. API GatewayとLambdaでAPIを構築し、DynamoDBをプロビジョンドキャパシティモードにする。

Q23. 企業では特定のチャットツールに書き込むための共通モジュールを開発、運用しています。複数のLambda関数で利用しているので、各Lambda関数にZIPでパッケージ化して含めてアップロードしています。パフォーマンス改善のため共通モジュールを改修しました。各関数の再デプロイに非常に時間のかかることが考えられます。今回は仕方ないとして次回からは効率的な管理をしたいです。また、共通モジュールを使用するために追加のレイテンシーはなるべく発生させたくないです。どうすればいいですか？ 1つ選択してください。

A. 共通モジュールをレイヤーでバージョン管理して、各Lambda関数から使用する。
B. 共通モジュールをAPI化して、各Lambda関数から外部APIとしてリクエストを実行する。
C. 共通モジュールをS3バケットにアップロードして、各関数からダウンロードして使用する。
D. 共通モジュールをCodeCommitで管理して、各Lambda関数でgit pullして使用する。

Q24. 次のAからDまでのうち、やるべきでない設計はどれですか？ 1つ選択してください。

A. DynamoDBテーブルの読み込みで強力な整合性を必要としない場合に結果整合性を使用する。
B. DynamoDBテーブルのパーティションキーに分散しやすいID値を使用する。
C. Lambda関数に冪等性（べきとうせい）を実装する。

D. Lambda関数のトリガーに、同じLambda関数によって更新されるDynamoDBテーブルストリームを指定する。

Q25. 企業のデプロイ担当者はSAM (Serverless Application Model) を使用してサーバーレスアプリケーションをデプロイします。samコマンドの順番として正しいものは次のうちどれですか？　1つ選択してください。

A. sam init, sam deploy
B. sam init, sam create
C. sam init, sam build, sam deploy
D. sam init, sam build, sam execute

Q26. CloudFormationテンプレートでEC2のユーザーデータを記述する必要があります。どの関数を使用しますか？　1つ選択してください。

A. Fn::FindInMap
B. Fn::Base64
C. Fn::ImportValue
D. Ref

Q27. 開発者は東京リージョンとシンガポールリージョンにデプロイするLambda関数を開発しています。デプロイパッケージをZIPで作成したところ、50MBを超えることがわかりました。どうやってデプロイしますか？　1つ選択してください。

A. それぞれのリージョンのLambda関数を作成して、マネジメントコンソールでローカルのZIPファイルをそれぞれアップロードする。
B. それぞれのリージョンのLambda関数を作成して、東京リージョンのS3バケットにアップロードしたZIPファイルを、それぞれのLambda関数にアップロードする。
C. それぞれのリージョンのLambda関数を作成して、AWS CLIでローカルのZIPファイルをそれぞれアップロードする。
D. それぞれのリージョンのLambda関数を作成して、それぞれのリージョンのS3バケットにアップロードしたZIPファイルを、それぞれのLambda関数にアップロードする。

Q28. アプリケーションからS3にアップロードされた分析情報について、アップロードされるごとに判定・加工処理をする必要があります。どの選択肢が最もコスト効率がいいでしょうか？　1つ選択してください。

A. S3のイベントでSNSに通知して、サブスクリプションのSQSにメッセージを送信する。SQSメッセージを受信するEC2コンシューマーアプリケーションで判定・加工処理をする。
B. 10分おきにS3バケットを見に行くLambda関数を開発して、判定・加工処理をする。
C. S3のイベントでSQSにメッセージを送信する。SQSメッセージを受信するEC2コンシューマーアプリケーションで判定・加工処理をする。
D. S3のイベントでLambda関数に通知して、Lambda関数で判定・加工処理をする。

Q29. 開発者は、Lambda関数の実行ログを、開発時はデバッグモードで、統合テストの間は通常モードで、本番運用時はエラーメッセージのみをモニタリングしたいと考えています。どうやってモニタリングしますか？　1つ選択してください。

A. CloudWatch LogsでSDKの出力をモニタリングする。
B. ログサーバーをデプロイしてロギングする。
C. 開発時はCloudTrailでモニタリングする。
D. X-Rayを使ってモニタリングする。

Q30. 開発者はLambda関数の実行が途中で終了していることに気付きました。ログメッセージを確認すると、Task timed out after 3.00 secondsというメッセージが出力されていました。まず、どの対応をしますか？　1つ選択してください。

A. メモリサイズを増やす（最大10,240MB）。
B. IAMロールを変更する。
C. タイムアウト時間を長くする（最大900秒）。
D. 同時実行数を増やす。

Q31. 開発者は、Lambda関数が継続的に実行されているときと、時間が空いてから実行されたときの実行時間の違いがあることに気がつきました。このようなことが発生する原因は次のどれでしょうか？　1つ選択してください。

A. ランダムに発生する。
B. コールドスタートによって発生する。
C. リージョンによって発生する。
D. アベイラビリティーゾーンによって発生する。

Q32. Application Load Balancerから、複数のEC2インスタンスで構成されるオートスケーリングにリクエストを分散しています。セッション情報はEC2インスタンスのローカルで保持しています。CloudWatchダッシュボードでEC2インスタンスごとのリクエスト状況をモニタリングしていると、負荷が特定のインスタンスに偏っていることがわかりました。このままでは起動テンプレートのインスタンスサイズを大きくしなければなりません。どのように対応しますか？　1つ選択してください。

A. Application Load Balancerのスティッキーセッションを無効にする。
B. Application Load BalancerをNetwork Load Balancerに変更する。
C. Application Load Balancerのスティッキーセッションを無効にして、セッション情報をElastiCacheに保存する。
D. オートスケーリングポリシーをターゲティングポリシーからステップポリシーに変更して、時間ベースのポリシーと並行設定する。

Q33. S3バケットをKMSの顧客管理キーでデフォルト暗号化設定しています。このS3バケットに他のアカウントのIAMユーザーがオブジェクトをダウンロード、アップロードするには、次のうちどのポリシー設定が必要でしょうか？　1つ選択してください。

A. 対象リソースに対してkms:Decryptとkms:GenerateDataKey、s3:GetObject、s3:PutObject、s3:ListBucketを許可したアイデンティティベースのポリシーを対象のIAMユーザーにアタッチする。

B. キーポリシーで対象IAMユーザーに対してkms:Decryptとkms:GenerateDataKeyを許可、バケットポリシーで対象IAMユーザーに対してs3:GetObject、s3:PutObject、s3:ListBucket を許可。
C. このデフォルト暗号化にポリシー設定は必要ない。
D. キーポリシーで対象IAMユーザーに対してkms:Decryptとkms:GenerateDataKeyを許可、バケットポリシーで対象IAMユーザーに対してs3:GetObject、s3:PutObject、s3:ListBucketを許可。また対象リソースに対してkms:Decryptとkms:GenerateDataKey、s3:GetObject、s3:PutObject、s3:ListBucketを許可したアイデンティティベースのポリシーを対象のIAMユーザーにアタッチする。

Q34. S3バケットでSSE-S3のデフォルトの暗号化を設定しました。ユーザーがバケットに保存するオブジェクトを確実に暗号化したいと考えています。どのようなバケットポリシーを設定する必要がありますか？　1つ選択してください。

A. バケットポリシーには何も設定する必要はない。
B. Conditionのs3:x-amz-server-side-encryptionにaws:kmsを指定する。
C. Conditionのs3:x-amz-server-side-encryptionにtrueを指定する。
D. Conditionのs3:x-amz-server-side-encryptionにAES256を指定する。

Q35. S3バケットにSSE-KMSでのユーザー管理のキーを使ったデフォルト暗号化を設定しました。設定したキーで暗号化されたオブジェクトのみをバケットにアップロード許可したいです。どうすればいいですか？　1つ選択してください。

A. バケットポリシーには何も設定する必要はない。
B. Conditionのs3:x-amz-server-side-encryptionでAES256のPutObjectリクエストを拒否する。
C. Conditionのs3:x-amz-server-side-encryption-aws-kms-key-idで指定したCMK以外のPutObjectリクエストを拒否する。
D. Conditionのs3:x-amz-server-side-encryptionで、AES256とs3:x-amz-server-side-encryption-aws-kms-key-idで指定したCMK以外のPutObjectリクエストを拒否する。

Q36. HTML、CSS、JavaScript をホスティングしているS3バケットがあります。この静的サイトでは、写真のアップロードが行えます。モバイルからアクセスして、イベント会場の入口で来場者の写真を撮影してアップロードしています。写真画像ファイルは別のS3バケットにアップロードされて解析されます。開発者がテストを行っていると、写真画像のアップロード時にブラウザ側で「has been blocked by CORS policy: No 'Access-Control-Allow-Origin' header is present on the requested resource.」というようなエラーが発生していることに気付きました。どのようにしてこの問題を解決しますか？　1つ選択してください。

A. 写真画像の保存用のS3バケットのバケットポリシーで許可設定をする。
B. 写真画像の保存用のS3バケットのCORSで許可設定をする。
C. JavaScript側で認証が行えるようにCognitoIDプールのセットアップをする。
D. JavaScript側で認証が行えるようにCognitoユーザープールのセットアップをする。

Q37. 本社が東京にある企業のシンガポールブランチがあります。基幹システムのデータベースは本社のRDS for MySQLで管理しています。シンガポールブランチでは、データベースのデータを使って読み込み専用のアプリケーションを運用しています。このアプリケーションではデータベースへのクエリの結果を画面上に表示します。ユーザーからアプリケーション、アプリケーションサーバーからデータベースへのレイテンシーを抑えるためにはどのような構成にしますか？　1つ選択してください。

A. RDSのクロスリージョンスナップショットコピーから毎日リストアしたデータベースに接続する。
B. シンガポールリージョンのアプリケーションサーバーから東京リージョンのデータベースに接続する。
C. RDSのクロスリージョンリードレプリカをシンガポールリージョンに作成して接続する。
D. 東京リージョンのアプリケーションサーバーにシンガポールブランチからアクセスする。

Q38. 企業ではPub/Sub機能を使ってチャットツールを開発中です。応答を高速にするためにインメモリデータベースを使用することを検討しています。どのデータベースサービスが適していますか？　1つ選択してください。

A. RDS for MySQL
B. ElastiCache for Memcached
C. ElastiCache for Redis
D. Aurora for PostgreSQL

Q39. 開発者は、ElastiCache for Memcachedを使って、遅延読み込み(LazyLoading)を実装しようとしています。以下の擬似コードのうち、遅延読み込みを実装しているコードはどれですか？　1つ選択してください。

A.

```
data = GET_FROM_CACHE()
data = GET_FROM_DATABASE()
SET_CACHE(data)
return data
```

B.

```
data = GET_FROM_DATABASE()
return data
```

C.

```
data = GET_FROM_CACHE()
return data
```

D.

```
data = GET_FROM_CACHE()
if (data not exist){
  data = GET_FROM_DATABASE()
  SET_CACHE(data)
}
return data
```

Q40. 開発者はElastiCache for Redisを使って、書き込みスルー（Write Through）を実装しようとしていますが、書き込みスルーのデメリットがアプリケーションで許容できるかどうか検討する必要があります。書き込みスルーのデメリットは次のうちどれでしょうか？　1つ選択してください。

A. キャッシュのデータが古くなる可能性がある。
B. すべてのデータをキャッシュするため、スペースの無駄が生じる。
C. キャッシュミスの際にキャッシュヒットに比べてレイテンシーが発生する。
D. キャッシュの障害が致命的にはならない。

Q41. モバイルとWebからログインできるアプリケーションを計画しています。エンドユーザーはサインアップとサインインをアプリケーション独自のログイン情報として登録して認証することも、ソーシャルネットワークサービスの認証を使うこともできるようにします。どのようにして実現すると開発効率を高めることができますか？　1つ選択してください。

A. 独自の認証基盤を開発する。
B. Cognito IDプールを使用してサインアップ、サインインを実装する。
C. Cognitoユーザープールを作成して、サインアップ、サインインを実装する。
D. IAMにエンドユーザーを登録するようSDKで開発する。

Q42. Webブラウザからサインインなしでパブリックに情報を表示するアプリケーションがあります。アプリケーションはDynamoDBテーブルから情報を読み込んでいます。アプリケーションはクライアントサイドJavaScriptで実行されています。WebサーバーはEC2インスタンスで起動しています。どのようにして実現しますか？　1つ選択してください。

A. IAMロールをEC2インスタンスに割り当てて、IAMポリシーでDynamoDBテーブルへの読み込み権限を設定する。
B. CognitoユーザープールでDynamoDBテーブル読み取り権限を設定する。
C. Cognito IDプールの認証されていないロールに、DynamoDBテーブルへの読み込み許可ポリシーを設定する。

D. Cognito IDプールの認証されたロールに、DynamoDBテーブルへの読み込み許可ポリシーを設定する。

Q43. モバイルとWebからログインできるアプリケーションを計画しています。エンドユーザーがサインインする際に、MFA(Multi-Factor Authentication)を使用できるようにします。どうすれば最も簡単に開発できますか？　1つ選択してください。

A. Cognitoユーザープールで MFA を有効にする。
B. 独自のMFA認証ロジックを開発する。
C. IAMユーザーにMFAを割り当てる。
D. IAMのメニューからルートユーザーのMFAを有効にする。

Q44. エンドユーザーがサインインするフォームのデザインにはこだわりませんが、企業のロゴだけは表示しておきたいです。ウェブアプリケーションの開発はほぼ完了していますが、サインインフォームはまだ開発していません。1日も早く開発を完了するためにはどうすればいいですか？　1つ選択してください。

A. S3バケットの静的なサインインフォームを開発し、企業ロゴをアップロードする。
B. EC2インスタンスにPHPで開発したサインインフォームをデプロイし、企業ロゴはS3バケットにアップロードする。
C. EC2インスタンスにPHPで開発したサインインフォームをデプロイする。企業ロゴはS3バケットにアップロードしてCloudFront経由で配信し、ACMで証明書を設定してHTTPS接続を強制する。
D. Cognitoユーザープールの組み込みログインフォームに企業ロゴファイルをアップロードして使用する。

Q45. 開発者はVPCフローログをCloudWatch Logsに書き込むためにIAMロールを作成しています。IAMロールの信頼ポリシーはどのような設定が必要でしょうか？　1つ選択してください。

A. vpc-flow-logs.amazonaws.comにlogs:PutLogEventsを許可する。
B. vpc.amazonaws.comにlogs:PutLogEventsを許可する。
C. vpc-flow-logs.amazonaws.comにsts:AssumeRoleを許可する。
D. vpc.amazonaws.comにsts:AssumeRoleを許可する。

Q46. 企業で個人向けオブジェクトをS3バケットcorpbucketで管理しています。IAMユーザーは自分の名前がプレフィックスとして付いているオブジェクトのみにしかアクセスできないよう制限されます。IAMユーザーにアタッチするポリシーの効率的な設定は次のどれでしょうか？　1つ選択してください。

A. ListBucketを許可するResourceにcorpbucketを指定して、PutObjectとGetObjectを許可するResourceにarn:aws:s3:::corpbucket/*を設定する。
B. ListBucketを許可するResourceにcorpbucketを指定して条件Conditionにs3:prefix:${aws:username}/*を設定し、PutObjectとGetObjectを許可するResource にarn:aws:s3:::corpbucket/* を設定する。
C. ListBucketを許可するResourceにcorpbucketを指定し、PutObjectとGetObjectを許可するResourceにcorpbucket/${aws:username}/*を設定する。
D. ListBucketを許可するResourceにcorpbucketを指定して条件Conditionにs3:prefix:${aws:username}/*を設定し、PutObjectとGetObjectを許可するResource にcorpbucket/${aws:username}/* を設定する。

Q47. 開発ユーザーにSavings Plansの購入は許可したくありません。そして、他のほとんどの権限は許可しています。本当にこのユーザーでSavings Plansの購入アクションがブロックされているか、確認しておきたいです。どうすればいいですか？　1つ選択してください。

A. 開発ユーザーにパスワードを教えてもらって、マネジメントコンソールにログインして操作する。
B. 開発ユーザーにアクセスキーを教えてもらって、CLIで試してみる。
C. 開発ユーザー自身にSavings Plansの購入を試してもらう。万が一のことを考えて一番低いコストでコミットしてもらう。
D. IAMポリシーシミュレーターで確認する。

Q48. 稼働中のサービスに機能を追加することになり、起動中のEC2インスタンスにIAMロールを割り当てることになりました。以下から必要なコンポーネントを2つ選択してください。

A. 起動中のEC2インスタンスにIAMロールを割り当てることはできないので、新規のEC2インスタンスを起動する。
B. EC2インスタンスにIAMロールを割り当てるIAMユーザーへの、GetRoleとPassRoleアクションを許可したIAMポリシー。
C. ec2.amazonaws.comからのsts:AssumeRoleを許可をした信頼ポリシーが設定されているIAMロールとインスタンスプロファイル。
D. ec2.amazonaws.comからのsts:AssumeRoleを許可をした信頼ポリシーが設定されているIAMロール。
E. インスタンスプロファイル。

Q49. 企業は現在稼働中のサービスに新機能を追加することを発表します。サービスの環境はElastic Beanstalkで構築されています。新機能のリリースはなるべく影響の少ない時間を予定していますが、サービスの停止はせずに行います。次のどの方法を使用しますか？　1つ選択してください。

A. All at onceデプロイを実行する。
B. 起動中のサービスを停止して、ソフトウェアをインストールしてサービスを再開する。
C. 現環境のクローンを作成して、現環境に新バージョンのソフトウェアをデプロイする。環境URLのスワップを行う。これらの操作によるBlue／Greenデプロイを実行する。
D. 現環境のクローンを作成して、新しく作成された環境に新バージョンのソフトウェアをデプロイする。環境URLのスワップを行う。これらの操作によるBlue／Greenデプロイを実行する。

Q50. API GatewayとLambda関数とRDSインスタンスでREST APIを開発しました。GETリクエストによりRDSデータベースを検索して結果を返します。APIの呼び出しは提携企業のキャンペーンサイトからのみ実行されるようにAPIポリシーで制限しています。ある日、提携企業から連絡があ

り、API呼び出しにエラーが含まれていたことが判明しました。該当時間のCloudWatchメトリクスを確認したところ、API GatewayのCount、LambdaのInvocations、RDSのDatabaseConnectionsが上昇していることがわかりました。次のどの方法で改善しますか？　1つ選択してください。

A. DynamoDB Accelerator(DAX) をセットアップしてLambda関数からのリクエストをDAXに向ける。
B. Lambda関数の同時実行数を増やす。
C. RDS ProxyをセットアップしてLambda関数からのリクエストをRDS Proxyに向ける。
D. API Gatewayの認可オプションをCognitoに変更する。

Q51. チャットサービスを開発しています。データベースはDynamoDBを使用しています。サービスの要件としてチャットメッセージは投稿を作成してから24時間だけは保存しているが、24時間経過したメッセージは保存しなくても良いとしています。この要件をもっともシンプルに実装する方法を1つ選択してください。

A. EventBridgeで定期的にLambda関数を実行して、作成日時から24時間経過した項目を削除する。
B. DynamoDB TTLを作成日時から24時間経過した時間を属性指定してONにする。
C. DynamoDB TTLを作成日時を属性指定してONにする。
D. DynamoDBストリームを作成日時から24時間経過した時間を属性指定してONにする。

Q52. なるべくプログラムの依存関係を少なくしなければならず、AWSサービスのAPIリクエストを直接実行する必要があります。次のどの手順で実行できますか？　1つ選択してください。

A. IAMユーザーのアクセスキーとシークレットアクセスキーを.aws/credentialsファイルに設定する。
B. IAMユーザーのアクセスキーとシークレットアクセスキーを環境変数に設定する。
C. Authorizationヘッダーにアクセスキーとシークレットアクセスキーをそのまま含んでリクエストを送信する。
D. Authorizationヘッダーにキーをもとに作成した署名を含んでリクエストを送信する。

Q53. 開発エンジニアが本来注力し、AWSを効率的に利用することで、何度でも繰り返しチャレンジできるものは何でしょうか？　1つ選択してください。

A. 高価なハードウェアの調達
B. 会議資料の作成
C. 抵抗勢力の説得
D. アプリケーション開発による課題解決と新たな価値の創造

■正解と解説

Q１　正解　B, D

典型的なサーバーレスアプリケーションです。コードをLambdaにデプロイして、API Gatewayから呼び出せるようにします。API GatewayのAPIエンドポイントにJavaScriptからリクエストします。他の選択肢は、カスタムAPIを実現するサービスではないので除外できます。

Q２　正解　D

「グローバルに展開」という要件があるので、CloudFrontを使用します。S3やALBへの直接のリクエストを防ぐために、S3はOAC、ALBはカスタムヘッダーとAWS WAFを使って、直接発生するリクエストをブロックしています。

Q３　正解　C

「通信のログを追跡調査できるようにしておく」ことが要件です。VPC内の通信ログは、VPCフローログでモニタリングしますので、A、Bは除外します。選択肢のうちコスト効率がいいのはログデータをS3へ保存する方法です。追跡調査だけできればいいので、CloudWatch Logsでモニタリングできるようにしておく必要もありません。

Q４　正解　C

カスタムメトリクスの書き込みは、PutMetricDataアクションです。

Q５　正解　B

まずはKMSへのリクエストクォータの引き上げ申請を検討します。バッチ処理にしてもリクエスト回数は変わりませんし、必要な暗号化／復号化を削減するべきではありません。CloudHSMは専用ハードウェアを使用するサービスですので、厳しいコンプライアンス要件の際に検討します。

Q６　正解　C

EC2インスタンスでは、.aws/credentialsファイルが優先されるので、そこにアクセスキー、シークレットアクセスキーが書かれていると、SDKやCLIはそれを使おうとします。そして、無効化されているのでエラーになります。削除すれば、IAMロールによって一時的に設定された認証情報を使用するようになります。A、Bは必要ありませんし、Dの再起動も必要ありません。IAMロールを割り当てたときに認証情報が渡されます。

Q７ 正解 B

SDKがある言語が使用できるのであれば、開発の効率化のために優先するべきですが、ない言語の場合は仕方ありません。500番台のエラーはAWS側の一時的な問題という可能性があるので、再試行します。再試行にあたっては、エクスポネンシャル（指数）バックオフアルゴリズムを使用して効率的な再試行をします。AWSサポートへの連絡が必要になるケースもありますが、第一選択肢ではありません。クォータ引き上げ申請は、スロットリングエラーがデフォルト制限に対して発生しているときに検討します。

Q８ 正解 B

読み込みキャパシティユニットは1RCUで、最大4KBの項目を１秒に結果整合性で２回読み込めます。100回の読み込みが必要ですので、50RCU必要です。

Q９ 正解 D

書き込みキャパシティユニットは1WCUで、最大1KBの項目を１秒に１回書き込めます。1.5KBの項目書き込みなので、１回につき2WCU必要です。200回発生するので、400WCUが必要です。

Q10 正解 C

全世界向けキャンペーンにより大量なアクセスが発生する可能性があるので、DynamoDBのオンデマンドモードを使用します。AuroraもRDSも、DynamoDBのプロビジョニング済みキャパシティモードもスパイクアクセスに対応できない可能性があります。グローバルテーブルを必要な各リージョンに作成することで、リクエストのレイテンシーを考慮します。

Q11 正解 D

DynamoDBテーブルをトリガーにする際には、ストリームの有効化が必要です。プル型のイベントなので、Lambda関数のIAMロールには、レコードを取得する権限を許可したIAMポリシーが必要です。

Q12 正解 D

DynamoDB Accelerator（DAX）を使用すると、インメモリキャッシュを使ってDynamoDBテーブルへの数ミリ秒のレイテンシーを数マイクロ秒に短縮できます。オブジェクト永続性モデルは、テーブルをクラスオブジェクトとして扱うことで開発効率を向上させます。WCU／RCUは１秒間のスループットを向上させます。オンデマンドモードは予測できないスパイクアクセスに対応します。

Q13 正解 C

特定項目だけを許可するIAMポリシーをアプリケーションに設定することで実現できます。AとDでも要件は満たせますが、そのために構成変更も伴いますので最善策ではありません。DynamoDBテーブルにはリソースベースのポリシーはありません。

Q14 正解 B

ローカルセカンダリインデックスはテーブルと同じパーティションキーである必要がありますし、そもそも運用中のテーブルにはローカルセカンダリインデックスは作成できません。グローバルテーブルはこの要件には関係ありません。

Q15 正解 B

テーブルのパーティションキーのユーザーIDごとの検索なので、ローカルセカンダリインデックスが使用できます。画像ファイルIDをパーティションキーにするグローバルセカンダリインデックスは要件を満たせません。

Q16 正解 C

注文日をパーティションキーにするという要件があるので、注文IDをパーティションキーにはできません。ソートキーの内容を変更してもパーティションの分散には影響しません。ランダムなサフィックス値の場合は特定項目のGetItemが簡単にはできません。よって、計算したサフィックス値を付加することで要件を満たせます。

Q17 正解 C

独自の認証APIを使用するので、リソースベースのポリシーやIAM認証では実現できません。Cognitoユーザープールではなく、独自のポータルサイトのユーザー情報を利用するので、Lambda Authorizerを使用します。

Q18 正解 D

使用量プランを設定すると、紐付けたAPIキーごとに制限回数を設けることができます。APIキーを顧客ごとに配布することで、顧客ごとの制限値管理ができます。APIステージでもスロットリング設定で制限回数を設けることはできますが、顧客ごとではありません。

Q19 正解 B

キャッシュ全体のフラッシュは管理者側の操作であり、クライアント側のリクエストによるものではありません。キャッシュの無効化で認可を設定しなければ、どのクライアントからでもCache-Control:max-age=0ヘッダーを含むリクエストが送信できてしまいます。「ほとんどのクライアントからはキャッシュされた特定時点のデータが得られます」という要件があるので、認可を有効にします。クライアントは、execute-api:InvalidateCacheアクションが許可されていればCache-Control:maxage=0ヘッダーを含むリクエストが送信できるようになり、最新の情報が取得できます。

Q20 正解 C, E

バックエンドのサーバーを認証で保護する方法が問われています。APIキー、IAM認証、Lambdaオーソライザーは、APIそのものにリクエストするときの認証です。バックエンド認証の実装では、クライアント証明書を作成して、ステージに設定します。バックエンドサーバーでは、その証明書を検証するように設定します。クライアント証明書はリソースのメソッドのテストでも指定できます。

Q21 正解 C

IPアドレスで制御するリソースポリシーを作成します。IAM認証、Cognito認証では、この要件は満たせません。aws:SourceVpceはプライベートなAPIで、リクエスト元のVPCエンドポイントを限定します。

Q22 正解 C

リクエストがまったく発生しない時間のコストを削減して、急激なリクエスト増加に対応するには、DynamoDBをオンデマンドモードにします。APIをAPI GatewayとLambdaに移行することで、リクエストが発生していないときのコストを削減でき、リクエストの数だけLambdaを同時実行できます。

Q23 正解 A

Lambda関数で使用する共通モジュールや外部ライブラリは、レイヤーで管理するのが効率的です。他の方法はすべて追加のレイテンシーが発生します。

Q24 正解 D

再帰的な実行となり、Lambda関数の実行もDynamoDBへのリクエストも永続的に行われるためやってはいけません。ほかはベストプラクティスです。強力な整合性を必要としない読み込みは、結果整合性のほうがコストを抑えられます。パーティションキーは、分散しやすい値のほうがスループットの最適化を実現できます。冪等性を実装したほうが、処理の重複を防ぐことができます。

Q25 正解 C

init：プロジェクトの作成。

build：パッケージング、ビルド。

deploy：デプロイ。

Q26 正解 B

ユーザーデータはBase64でエンコードされている必要があるので、Fn::Base64を使用します。

Fn::FindInMap：Mappings定義のマップから参照する。

Fn::ImportValue：別のスタックのエクスポート値を参照する。

Ref：指定したリソース値、パラメータを参照する。

Q27 正解 D

デプロイパッケージが50MBを超えるLambda関数のデプロイは、S3バケットからアップロードする必要があります。S3バケットは同じリージョンである必要があります。マネジメントコンソールからもCLIからも、この制限はあります。

Q28 正解 D

リソースが少なく、EC2を使用せずにLambda関数で処理をしています。アップロードイベントで実行できるので、定期的にS3バケットをポーリングする必要もありません。

Q29 正解 A

言語にもよりますが、デバッグモードにしていればSDKからモードに応じた出力がCloudWatchに書き込まれるので、モニタリングができます。わざわざログサーバーを別途用意する必要はありません。CloudTrailは、AWSサービスへのAPIリクエストの記録を確認します。X-Rayは、サービスマップやトレース情報でボトルネックやバグをモニタリングするので、開発ライフサイクルに応じてログが変わるものではありません。

Q30 正解 C

「Task timed out after 3.00 seconds」なので、タイムアウト時間がデフォルトの3秒のままで3秒を超過しました。「まず、どの対応」なので、タイムアウト時間を長くします。実行が完了してからもう一度結果を確認し、最大使用メモリを確認して、メモリを増やすことで実行時間の短縮を図れるのであれば検討します。

Q31 正解 B

Lambda関数が実行された環境がまだある場合はすぐに実行されますが、環境がまったくない状態、もしくは待機中の実行環境がない状態では、新規の実行環境が起動します。その分のレイテンシーが発生します。コールドスタートを考慮した設計をするのですが、コールドスタートが許容できないアプリケーションでは、「同時実行数のプロビジョニング」の検討もできます。

Q32 正解 C

ALBでリクエストが偏る原因の多くはスティッキーセッションです。セッション情報をEC2インスタンスのローカルディレクトリで保持しているのなら、ほぼスティッキーセッションが原因なのでオフにして、セッション情報をインスタンス外で保持します。Network Load Balancerとスケーリングポリシーの違いは関係ありません。

Q33 正解 D

KMS暗号化が有効なS3バケットで、クロスアカウントアクセスの許可をどうするかが問われています。S3バケットとKMSキーはリソースベースのポリシーで、対象のIAMユーザーに対してアクションを許可します。IAMユーザーはアイデンティティベースのポリシーで、対象のリソースに対してアクションを許可する必要があります。KMSにはAWSが管理するキーもあって、そのAWSが管理するキーにはリソースベースのキーポリシーは設定できないので、クロスアカウントアクセスの許可をする際は顧客管理キーを使用する必要があります。

Q34 正解 A

SSE-S3でデフォルトの暗号化を有効にすると、暗号化ヘッダーなしでアップロードされたオブジェクトも確実に暗号化されます。暗号化ヘッダーがない場合に拒否するバケットポリシーを設定する必要はありません。バケットのデフォルト暗号化がない時代は、バケットポリシーで暗号化ヘッダーx-amz-server-side-encryptionを条件としてPutObjectを制限し、アップロード時にも明示的な暗号化を行うようにしていました。

Q35 正解 D

「設定したキーで暗号化されたオブジェクトのみをバケットにアップロード許可」という要件があるので、それ以外を拒否します。異なる暗号化方式（AES256はSSE-S3を指しています）と異なるキーを使った暗号化オブジェクトをブロックするバケットポリシーを記述します。
具体的には以下のとおりです

```
{
    "Version": "2012-10-17",
    "Statement": [
        {
            "Effect": "Deny",
            "Principal": "*",
            "Action": "s3:PutObject",
            "Resource": "arn:aws:s3:::bucketname/*",
            "Condition": {
                "StringEquals": {
                    "s3:x-amz-server-side-encryption": "AES256"
                }
            }
        },
{
            Effect": "Deny",
            "Principal": "*",
            "Action": "s3:PutObject",
            "Resource": "arn:aws:s3:::bucketname/*",
            "Condition": {
                "StringNotLikeIfExists": {
                    "s3:x-amz-server-side-encryption-aws-kms-key-id":
"arn:aws:kms:us-east-1:01234567890912:key/*"
                }
            }
        }
    ]
}
```

Q36 正解 B

エラーメッセージから、CORSで許可されていないことがわかるので、CORSの設定をします。明記はされていませんが、アクセス権限や認証の問題でないことがエラーメッセージからわかります。問題に、このような具体的なエラーメッセージが示されていないとしても、クライアントサイドスクリプトやCSSのホスティングドメインと、オブジェクトリソースのバケットに関する出題の場合はCORSの設定が必要です。

Q37 正解 C

レイテンシーを抑えたいので、リージョンをまたいだ接続は除外します。スナップショットから毎日リストアする運用は現実的ではありませんし、更新頻度も1日1回となってしまいます。

Q38 正解 C

インメモリなデータベース、またはデータストアが必要な場合、最優先選択肢はElastiCacheです。MemcachedとRedisのうち、今回はPub/Sub要件があったので、Redisを選択します。MemcachedはシンプルなKey-Valueキャッシュデータを扱うアプリケーションで選択してください。機能性が問われる場合はRedisを選択します。

Q39 正解 D

AWS SDKは各言語向けに用意されています。開発者は使い慣れた言語ですぐにAWSの開発を始めることができます。また、ElastiCacheのようにOSSとして広く使われているソフトウェアに対しては、これまでどおりの開発手法が使用できます。ですので、特定言語のコーディングについて問われることはほぼないと考えていいかと思います。ただし、このような特定言語に依存しない擬似コードは出題される可能性があります。遅延読み込みなので、まずキャッシュを取得して、データがなければデータベースから取得してキャッシュをセットします。

Q40 正解 B

書き込みスルーは、データベースを更新する際にキャッシュにも書き込むので、常に最新のデータをキャッシュし、レイテンシーは一定です。その反面、取得されない可能性のあるデータもキャッシュしているので、スペース効率が悪いのがデメリットです。また、常にキャッシュを取得するので、キャッシュノードの障害が致命的になる可能性があります。

Q41 正解 C

Cognitoユーザープールを使用して、ユーザープールでの認証、Facebook、Googleなどソーシャルネットワークサービスの認証を実現できます。認証基盤を独自で作成するよりも高速で効率的な開発ができます。IAMユーザーはエンドユーザー管理には使用しません。Cognito IDプールはAWSのサービスを使用するための一時的な認証情報を提供します。

Q42 正解 C

Cognito IDプールでは、認証していないケースでもIAMロールを設定できます。これによって、アクセスキーなどの認証情報を公開することなく、安全にAWSリソースへのアクセスを有効にできます。クライアントサイドのJavaScriptなので、EC2インスタンスに割り当てられているIAMロールの一時的認証キーは使用できません。ユーザープールはサインイン、サインアップの機能です。IDプールの認証されたロールは認証プロバイダで認証される必要があるので、「サインインなしで」の要件を満たせません。

Q43 正解 A

Cognitoユーザープールに MFAオプションがあります。SMSテキストメッセージ、または時間ベースのワンタイムパスワードを設定できます。IAMにもMFAの機能はありますが、今回のエンドユーザー向けのアプリケーションとは関係ありません。

Q44 正解 D

Cognitoユーザープールの組み込みフォームを使用するのが、最も早く開発を完了できる方法です。他の方法はすべてフォーム開発とリソースへのデプロイが必要です。

Q45 正解 C

IAMロール信頼ポリシーのアクションはsts:AssumeRoleです。VPCフローログのサービス名はvpc-flow-logs.amazonaws.comです。
logs:PutLogEventsはCloudWatch Logsに書き込むためのアクションで、IAMロールへアタッチするIAMポリシーに設定します。

Q46 正解 D

ListBucket、PutObject、GetObjectについて特定プレフィックスだけに限定できているのは、Dのみです。ポリシー変数aws:usernameを使用して、全ユーザー共通で使用できるポリシーにしています。

Q47 正解 D

IAMポリシーシミュレーターで、指定したIAMユーザーのアクションが許可されているか拒否されているかを確認できます。

Q48 正解 B, C

起動中のEC2インスタンスにIAMロールを割り当てることができます。IAMロールを割り当てることで、IAMロールにアタッチされたポリシーで許可された操作もEC2経由で実行できます。GetRoleとPassRoleアクションを許可するユーザーは限定することが望ましいです。EC2のIAMロールを使用した一時的認証にはインスタンスプロファイルも必要なので、忘れないようにしましょう。

Q49 正解 D

All at onceはサービス停止を伴います。サービスを停止することなくリリースするために、Blue/Greenデプロイを実行します。ElasticBeanstalkを使ったBlue/Green デプロイの正しい手順はDです。

Q50 正解 C

DatabaseConnectionsまでが上昇しているので、データベースの接続数が制限に達したことが想定されます。選択肢の中ではRDS Proxyを使用して対応できる可能性が高いです。AのDAXはDynamoDBを使用していないので誤りです。BのLambda関数の同時実行数の制限値には達しておらず、データベースまでのリクエストの到達がDatabaseConnectionsの上昇によってわかります。そのためDのAPI認可はエラーの原因ではありません。

Q51 正解 B

DynamoDB TTLにより指定した属性の有効期間を過ぎた項目を削除できます。Aでも実現できますがLambda関数の開発が必要です。Cは作成日時が有効期限になってしまうので24時間メッセージを残せません。Dのストリームは更新情報が入る機能でLambda関数などのトリガーとなり、自動削除する機能ではありません。

Q52 正解 D

AWSサービスのAPIを直接実行する場合は、アクセスキーIDとシークレットアクセスキーはそのまま使用できません。署名バージョン4の手順で署名を作成して、Authorizationヘッダーに含むか、URLパラメータに設定する必要があります。

Q53 正解 D

AWSを利用することで、ハードウェアの調達のための初期投資費用の確保や、失敗を許容できない調整が避けられます。ビジネス現場の課題解決や新たなビジネス価値を創造するためのチャレンジがしやすくなります。そして最適なマネージドサービスを選択することで、OSのメンテナンス、設定、運用などの様々な作業からも開放され、スピードを高めた開発そのものに注力できます。

INDEX 索引

あ行

か行

さ行

た行

な行

は行

ま行

や・ら行

アルファベット

■技術校閲

金井　仁（かない　じん）

トレノケート株式会社勤務。AWS認定インストラクター。
ユーザー系SIerのエキスパートエンジニアとして、物理作業からクラウド上での開発業務、社内研修の企画から実施まで、様々なレイヤでの業務に従事したのち現職。
トレノケートでは、AWSトレーニングのほか、クラウド各種のコースを担当。
好きなAWSのサービスはAWS CDK、好きなネットワークレイヤは、L3。

難波和生（なんば かずお）

トレノケート株式会社勤務。AWS認定インストラクター。
システム監視MSPでネットワーク運用業務やデータセンターの環境整備を担当したのち、レンタルサーバやCATV事業者のネットワーク・サーバ環境の構築・運用業務など、インフラエンジニアとして約20年間従事。
その後、SaaSサービスのクラウド環境構築やプリセールスエンジニアとして、クラウドとオンプレミスのハイブリッド構成の環境構築、社内情報システム管理者としてIdP（Identity Provider）とクラウドのシングルサインオン環境の構築や運用などを担当。
トレノケートではAWSやクラウド関連のコースを担当し、休日は耕運機と草刈り機で家庭菜園の環境整備を担当する日々。

■著者プロフィール

山下　光洋（やました　みつひろ）

トレノケート株式会社勤務。AWS認定インストラクター兼クラウドトレーニングアドボケイト兼プロトタイプビルダー。AWS最優秀インストラクターアワード2018、2019連続受賞。
著書：『AWS認定資格試験テキスト AWS認定クラウドプラクティショナー』(SBクリエイティブ)、『AWSではじめるLinux入門ガイド』(マイナビ出版)

ポケットスタディ AWS認定 デベロッパーアソシエイト [DVA-C02対応]

発行日　2023年12月5日　第1版第1刷

著　者　山下　光洋

発行者　斉藤　和邦
発行所　株式会社　秀和システム
〒135-0016
東京都江東区東陽2-4-2　新宮ビル2F
Tel 03-6264-3105（販売）Fax 03-6264-3094
印刷所　三松堂印刷株式会社　Printed in Japan

ISBN978-4-7980-7069-8 C3055